重点领域气候变化影响与风险丛书

# 气候变化影响与风险
## 气候变化对冰川影响与风险研究

刘时银 张 勇 刘 巧 孙美平等 著

"十二五"国家科技支撑计划项目

科学出版社

北 京

# 内 容 简 介

本书系统介绍了近年来关于冰川、积雪和冰湖变化监测与研究、冰雪变化影响以及冰湖灾害风险评估等领域研究的新进展,包括利用多源遥感技术进行冰川与冰湖编目、冰川(跃动)运动速度提取、冰川表面高程(冰量)变化监测、冰川湖突发洪水预警、潜在危险性冰碛湖判别与灾害风险评估研究方法和典型应用;融雪径流模拟与融雪型洪水评估、冰川物质平衡模拟、冰川水资源评估、流域尺度包含冰川模块的水文过程模拟等内容。

本书可供从事全球变化与冰雪资源利用与灾害防治有关的科研和技术人员以及大专院校师生使用和参考。

**图书在版编目(CIP)数据**

气候变化影响与风险. 气候变化对冰川影响与风险研究/刘时银等著. —北京:科学出版社,2017.4

(重点领域气候变化影响与风险丛书)

"十二五"国家科技支撑计划项目

ISBN 978-7-03-051915-3

Ⅰ. ①气… Ⅱ. ①刘… Ⅲ. ①气候变化–影响–冰川–研究

Ⅳ. ①P467②P343.6

中国版本图书馆 CIP 数据核字(2017)第 040167 号

责任编辑:万 峰 朱海燕 / 责任校对:张小霞
责任印制:肖 兴 / 封面设计:北京图阅盛世文化传媒有限公司

**科 学 出 版 社** 出版

北京东黄城根北街 16 号
邮政编码:100717
http://www.sciencep.com

**中国科学院印刷厂** 印刷

科学出版社发行 各地新华书店经销

\*

2017 年 4 月第 一 版 开本:787×1092 1/16
2017 年 4 月第一次印刷 印张:16
字数:379 000

**定价:128.00 元**

(如有印装质量问题,我社负责调换)

# 《重点领域气候变化影响与风险丛书》编委会

主　编　吴绍洪

编　委（按姓氏汉语拼音排序）

　　　丁文广　凌铁军　刘时银　吕宪国

　　　马　欣　潘　韬　潘根兴　吴建国

　　　吴绍洪　辛晓平　严登华　杨志勇

　　　尹云鹤　张九天

1. 科技支撑计划项目重点领域气候变化影响与风险评估技术研发与应用课题七：气候变化对冰川影响与风险评估技术（2012BAC19B07）
2. 科技基础性工作专项中国西部主要冰川作用中心冰量变化调查（2013FY111400）
3. 国家自然科学基金项目西北干旱区流域尺度雨雪冰产流过程模拟研究（41130641）
4. 中国科学院重点部署项目专题新疆山区冰川动态与冰表热参数（KZZD-EW-12-1）
5. 国际科技合作中亚地区应对气候变化条件下的生态环境保护与资源管理联合调查与研究课题 23：气候变化对中亚冰雪变化的影响及空间差异（2010DFA92720-23）

共同资助出版

# 各 章 作 者

第 1 章　刘时银
第 2 章　郭万钦　蒋宗立　魏俊锋　李弘毅
第 3 章　刘时银　姚晓军　郭万钦　许君利
第 4 章　刘　巧　魏俊锋　刘时银
第 5 章　张　勇　孙美平　刘　巧　刘时银
第 6 章　孙美平　刘时银
第 7 章　李弘毅　李　晶　戴礼云　王　建
第 8 章　姚晓军　王　欣
第 9 章　王　欣　姚晓军　上官冬辉
第 10 章　刘时银　张　勇　刘　巧　孙美平　王　欣

# 总　序

　　气候变化是当今人类社会面临的最严重的环境问题之一。自工业革命以来，人类活动不断加剧，大量消耗化石燃料，过度开垦森林、草地和湿地土地资源等，导致全球大气中 $CO_2$ 等温室气体浓度持续增加，全球正经历着以变暖为主要特征的气候变化。政府间气候变化专门委员会（IPCC）第五次评估报告显示，1880~2012 年，全球海陆表面平均温度呈线性上升趋势，升高了 0.85℃；2003~2012 年平均温度比 1850~1900 年平均温度上升了 0.78℃。全球已有气候变化影响研究显示，气候变化对自然环境和生态系统的影响广泛而又深远，如冰冻圈的退缩及其相伴而生的冰川湖泊的扩张；冰雪补给河流径流增加、许多河湖由于水温增加而影响水系统改变；陆地生态系统中春季植物返青、树木发芽、鸟类迁徙和产卵提前，动植物物种向两极和高海拔地区推移等。研究还表明，如果未来气温升高 1.5~2.5℃，全球目前所评估的 20%~30%的生物物种灭绝的风险将增大，生态系统结构、功能、物种的地理分布范围等可能出现重大变化。由于海平面上升，海岸带环境会有较大风险，盐沼和红树林等海岸湿地受海平面上升的不利影响，珊瑚受气温上升影响更加脆弱。

　　中国是受气候变化影响最严重的国家之一，生态环境与社会经济的各个方面，特别是农业生产、生态系统、生物多样性、水资源、冰川、海岸带、沙漠化等领域受到的影响显著，对国家粮食安全、水资源安全、生态安全保障构成重大威胁。因此，我国《国民经济和社会发展第十二个五年规划纲要》中指出，在生产力布局、基础设施、重大项目规划设计和建设中，需要充分考虑气候变化因素。自然环境和生态系统是整个国民经济持续、快速、健康发展的基础，在国家经济建设和可持续发展中具有不可替代的地位。伴随着气候变化对自然环境和生态系统重点领域产生的直接或间接不利影响，我国社会经济可持续发展面临着越来越紧迫的挑战。中国正处于经济快速发展的关键阶段，气候变化和极端气候事件增加，与气候变化相关的生态环境问题越来越突出，自然灾害发生频率和强度加剧，给中国社会经济发展带来诸多挑战，对人民生活质量乃至民族的生存构成严重威胁。

　　应对气候变化行动，需要对气候变化影响、风险及其时空格局有全面、系统、综合的认识。2014 年 3 月政府间气候变化专门委员会正式发布的第五次评估第二工作组报告《气候变化 2014：影响、适应和脆弱性》基于大量的最新科学研究成果，以气候风险管理为切入点，系统评估了气候变化对全球和区域水资源、生态系统、粮食生产和人类健康等自然系统和人类社会的影响，分析了未来气候变化的可能影响和风险，进而从风险管理的角度出发，强调了通过适应和减缓气候变化，推动建立具有恢复力的可持续发展社会的重要性。需要特别指出的是，在此之前，由 IPCC 第一工作组和第二工作组联合发布的《管理极端事件和灾害风险推进气候变化适应》特别报告也重点强调了风险管理对气候变化的重要性。然而，我国以往研究由于资料、模型方法、时空尺度缺乏可比性，导致目前尚未形成对气候变化对我国重点领域影响与风险的整体认识。《气候变化国家评估报告》、《气候变化国家科学报告》和《气候变化国家信息通报》的评估结果显示，目前我国气候变化影响与风险研究比较分散，对过去影响评估较少，未来风险评估薄弱，气候变化影响、脆弱性和风险的综合评估技术方法落后，更缺乏全国尺度多领域的系统综合评估。

气候变化影响和风险评估的另外一个重要难点是如何定量分离气候与非气候因素的影响，这个问题也是制约适应行动有效开展的重要瓶颈。由于气候变化影响的复杂性，同时受认识水平和分析工具的限制，目前的研究结果并未有效分离出气候变化的影响，导致我国对气候变化影响的评价存在较大的不确定性，难以形成对气候变化影响的统一认识，给适应气候变化技术研发与政策措施制定带来巨大的障碍，严重制约着应对气候变化行动的实施与效果，迫切需要开展气候与非气候影响因素的分离研究，客观认识气候变化的影响与风险。

鉴于此，科技部接受国内相关科研和高校单位的专家建议，酝酿确立了"十二五"应对气候变化主题的国家科技支撑计划项目。中国科学院作为全国气候变化研究的重要力量，组织了由地理科学与资源研究所作为牵头单位，中国环境科学研究院、中国林业科学研究院、中国农业科学院、国家海洋环境预报中心、兰州大学等16家全国高校、研究所参加的一支长期活跃在气候变化领域的专业科研队伍。经过严格的项目征集、建议、可行性论证、部长会议等环节，"十二五"国家科技支撑计划项目"重点领域气候变化影响与风险评估技术研发与应用"于2012年1月正式启动实施。

项目实施过程中，这支队伍兢兢业业、协同攻关，在重点领域气候变化影响评估与风险预估关键技术研发与集成方面开展了大量工作，从全国尺度，比较系统、定量地评估了过去50年气候变化对我国重点领域影响的程度和范围，包括农业生产、森林、草地与湿地生态系统、生物多样性、水资源、冰川、海岸带、沙漠化等对气候变化敏感，并关系到国家社会经济可持续发展的重点领域，初步定量分离了气候和非气候因素的影响，基本揭示了过去50年气候变化对各重点领域的影响程度及其区域差异；初步发展了中国气候变化风险评估关键技术，预估了未来30年多模式多情景气候变化下，不同升温程度对中国重点领域的可能影响和风险。

基于上述研究成果，本项目形成了一系列科技专著。值此"十二五"收关、"十三五"即将开局之际，本系列专著的发表为进一步实施适应气候变化行动奠定了坚实的基础，可为国家应对气候变化宏观政策制定、环境外交与气候谈判、保障国家粮食、水资源及生态安全，以及促进社会经济可持续发展提供重要的科技支撑。

刘燊华

2016 年 5 月

# 序

编著一部反映中国西部冰川（含积雪）变化及其影响的专著，没有项目推动很难完成，这部气候变化对冰川影响与风险研究专著正是在这一背景下完成的。"十二五"国家科技支撑计划项目"重点领域气候变化影响与风险评估技术研发与应用"，设立了第七课题"气候变化对冰川影响与风险评估技术"，该项目集合中国科学院寒区旱区环境与工程研究所和成都山地灾害与环境研究所、西北师范大学地理与环境科学学院和湖南科技大学建筑与城乡规划学院等从事冰川资源、冰雪遥感、冰川灾害等方向的研究力量，经过近 5 年的研究，完成了课题设定的研究任务，并在此基础上形成了本书。值得庆幸的是，该项目研究促成了一批年轻骨干快速成长，他们作为主笔牵头撰写各章，确保专著成果代表了当前该领域的最新进展。需要特别说明的是，中国科学院寒区旱区环境与工程研究所王建研究员所在团队的大力支持，由李弘毅博士系统总结了该团队近年来在积雪变化及其影响方面的进展，丰富了专著内涵。

在全球变化影响日益突显的大背景下，冰冻圈变化及其影响成为热点话题，在中国尤其如此，主要原因在于中国西部冰冻圈分布范围广大，极端干旱的内陆地区大部分水源来自于高山和高原的冰雪融水，长江、黄河、雅鲁藏布江、澜沧江、怒江等外流水系的河源区是冰冻圈地区，因为这个原因，冰冻圈与水资源和灾害主题，成为科技部、中国科学院和自然科学基金委员会等长期支持的重点方向之一，因此，国内有多个团队围绕这一主题开展研究，取得了众多突出的成果。参与这一课题研究的各成员长期坚持从事冰川编目与冰川资源、积雪变化与水资源、冰湖溃决洪水灾害等研究，为本专著奠定了坚实的基础。

中国科学院寒区旱区环境与工程研究所、地理科学与资源研究所、青藏高原研究所、新疆生态与地理科学研究所；清华大学、北京师范大学、河海大学、武汉大学；水利科学研究院等相关团队，在流域水文模型研发中，尤其是包含冰雪产流过程模块的引入，取得了大量成果，推动了面向冰冻圈水文与水资源研究的快速发展。课题组借鉴这些团队的先进成果，在西部区域冰川水资源评估、典型流域或冰川的融水径流过程及机理研究等方面取得了突出的成绩，发展出基于能量平衡过程，包含表碛影响的复杂冰川下垫面物质平衡/融水径流模型，代表了当前发展方向；利用传统冰川平均融水径流—夏季平均温度方法，结合大尺度再分析数据和零度层高度信息，计算得到中国西部近数十年来的平均冰川水资源量，是目前方法一致性程度高，且较为系统的中国西部冰川水资源的评估结果，有重要的参考价值。

西部冰川灾害广泛发育，对一些干线工程、城镇居民和水电设施等有重大影响。水是这些灾害的主要诱因，其中，冰川阻塞湖和冰碛阻塞湖溃决洪水影响较突出，因而也是过去研究的重点方向之一。该项目课题组在已有积累基础上，重点开展了基于遥感和地理信息系统的冰湖编目、冰湖变化、潜在危险冰碛湖识别与危害风险评估方法，典型冰川湖监测与溃决风险预报方法研究等在区域冰湖危险性评估和典型冰川湖溃决预报中得到应用，为地方政府冰湖灾害防治提供了科技支撑。

近 20 年来，冰冻圈科学的快速发展与国家经济发展高度一致，在相关领域产生了一大批有国际影响的成果，该项目课题组与国内外相关领域发展保持一致，个别领域保持领先方面不懈努力，因而，本专著仅是这种努力的表现，全面反映学科发展态势的论著尚需本领域的大家来完成，本专著对正在从事学位学习和研究的青年学者有较大的启示作用，同时，对地方水资源利用规划、防灾减灾规划等有重要的参考价值。

刘时银

2016 年 5 月

# 前　言

本书是"十二五"国家科技支撑计划项目"重点领域气候变化影响与风险评估技术研发与应用"第七课题"气候变化对冰川影响与风险评估技术"的成果总结。课题旨在分析中国西部冰川变化基础上，系统评估冰川变化的水资源和灾害影响。

本书分为10章，各章主要内容如下：第1章介绍了中国冰川调查和编目历史、方法及其结果，冰川变化对水资源影响评估以及本书研究思路等。第2章系统从冰川边界提取和属性参数计算、冰川表面数字高程模型提取和基于大地测量的冰量变化研究方法、冰川表面运动速度提取等现代监测方法及其误差评估，进行了系统梳理。第3章介绍了利用现代遥感和地理信息系统技术完成的中国第二次冰川编目结果及第一次冰川编目数据修订，以及在此基础上获得的中国西部冰川过去50年来的变化。第4章围绕冰川物质平衡和融水径流展开，包括中国冰川物质平衡观测概况，分析了由共同时段观测所得冰川物质平衡的空间差异特征，之后介绍了冰川融水径流观测情况，以及基于观测得到的冰川径流变化基本特征。第5章介绍了冰川尺度物质平衡和融水径流模拟，以及流域尺度耦合冰雪产流过程的水文模型研究等近期进展，本章分别介绍了度日物质平衡模型、基于能量平衡的物质平衡模型、包含表碛区产流过程的物质平衡模型和流域尺度考虑冰川变化影响的水文模型方法、参数率定及其应用示例。第6章从水资源角度介绍了冰川资源评估现状、不同流域冰川径流补给比例，利用平衡线高度上的消融代表冰川平均消融量思路，系统评估了中国西部冰川水资源现状，此外，给出了典型流域基于模型方法的未来冰川水资源变化预估。第7章是本书围绕积雪变化与影响研究的唯一一章，本章首先总结了中国西部及其主要地区的积雪分布及基于遥感的积雪变化，之后介绍了融雪径流模拟方法及其应用，并总结了部分流域气候变化对融雪径流变化的影响及其可能趋势。第8章介绍了中国西部冰川灾害类型和分布，气候变化对主要冰川灾害类型的影响及其可能趋势。第9章重点介绍中国西部冰湖分布与变化、潜在危险性冰湖识别方法及其结果，重点地区冰湖突发洪水危害范围评估结果等。第10章对全书进行了总结，并指出了冰川变化与影响研究的发展趋势。

本研究除得到科技支撑计划项目（2012BAC19B07）、科技基础性工作专项（2013FY111400），国家自然科学基金重点和重大计划项目专题（41130641和41190084）及中国科学院重点部署项目专题（KZZD-EW-12-1）等联合支持外，本书各章作者还得到以下项目的支持：国家自然科学基金项目阿尼玛卿山地区跃动冰川近期表面变化监测研究（412012068，主持人郭万钦）；国家自然科学基金项目典型山地温冰川排水系统演化及其对冰川运动的影响机理研究（41371094，主持人刘巧）；国家自然科学基金项目天山乌鲁木齐河流域冰川水文过程试验研究（41561016，主持人孙美平）；国家自然科学基金项目多源遥感数据支持的无资料地区积雪模型参数化研究（41471358，主持人李弘毅）；国家自然科学基金项目典型冰碛湖水量平衡过程研究（41261016，主持人姚晓军）；国家自然科学基金项目冰碛湖坝温度场与内部结构变化的耦合机制及其对坝体稳定性的影响研究（41271091，主持人王欣）。

此外，本书所用冰川编目及变化数据为科技基础性工作专项中国冰川资源及其变化调查（2006FY110200）产出的数据集，各章节涉及的遥感数据、数字高程模型数据、气象与水文数据、气候模式输出数据等，分别来源于中国资源遥感与应用中心、国家气象局、水利部水文局，美国宇航局和雪冰数据中心；世界冰川监测服务处及国际气候模式比较计划第5阶段数据中心等。

丁良福、上官冬辉、吴立宗、盖春梅、赵井东、武震、张迎松、张震、鲍伟佳、冯童、吴坤鹏、王荣军、张秀娟、徐成琳等，先后参与了冰川数据处理、野外调查、辅助制图等。秦大河院士、吴绍洪研究员、罗毅研究员、赵成义研究员、姜彤研究员、王宁练研究员、刘潮海研究员、谢自楚研究员等对完善本书提出了有益的建议和指导，在此一并感谢。

刘时银

2016 年 6 月

# 目　　录

# 第1章 绪 论

高亚洲,外文文献中多以 High Asia 或 High Mountain Asia 表述,泛指包括青藏高原、帕米尔高原、天山和阿尔泰山等山系,拥有连片且海拔超过 2000 m 山地所构成的地区。高亚洲不仅是除极地之外最大的冰川发育区,冰川面积约占全球冰川面积的 1/6(Pfeffer et al., 2014),而且是中低纬度地区最大的多年冻土发育区和季节积雪分布区。冰川和冻土发育的高海拔地区是与高亚洲约 20 亿人口密切相关的数条大河(额尔齐斯河、锡尔河、阿姆河、伊犁河、黄河、长江、怒江、澜沧江、雅鲁藏布江、恒河、印度河,以及塔里木盆地内流区、准噶尔盆地内流区、河西走廊内流区、柴达木盆地内流区、青藏高原内流区)的水资源形成区,冰雪冻土波动在这些河流径流的季节、年际和年代际变化中扮演了十分重要的角色。受全球变暖影响,世界各地的冰川纷纷表现出退缩趋势,一些流域因冰川退缩,河川径流季节和年际过程有所改变,一些地区冰川洪水及其诱发泥石流有加剧趋势,因而,监测冰川变化,评估冰川变化对水资源变化和利用带来的深刻影响有巨大的现实需求。

## 1.1 中国西部冰川分布与变化评估

根据 Randolph Glacier Inventory(RGI5.0)统计,全球除南极和格陵兰两大冰盖之外的冰川面积约为 $72.68\times10^4 km^2$,其中,高亚洲冰川面积约占全球冰川总面积的 13.6%,而高亚洲冰川面积的 52.4% 位于中国。中国冰川主要分布于青藏高原、帕米尔高原、天山和阿尔泰山等地区。1978~2002 年完成的中国第一次冰川编目首次查明我国冰川家底,结果表明我国是中低纬度地区冰川资源大国,也是世界上第三大冰川资源国(图 1.1)。

自 1958 年祁连山冰川考察以来,我国科学家先后对西部各山脉主要冰川作用中心开展了野外考察和短期观测,并建立了天山冰川观测试验站。大量考察和观测数据,结合系统性的冰川编目数据,在理论分析和数值计算的基础上,对我国冰川的性质、各流域冰川数量及其融水补给作用、冰川灾害分布及其变化等有了较深入的认识,这些积累为不断深化冰川变化及其对水资源变化和灾害演化机理的认识水平奠定了基础。根据早期有限的冰川数据,施雅风和谢自楚(1964)将我国冰川划分为海洋型和大陆型,后者又可区分亚大陆型和极大陆型,这一分类系统在国内外被广为接受。赖祖铭和黄茂桓(1988)根据测得的 22 条冰川冰温、表面运动速度、平衡线高度上的年平均气温、夏季平均气温和年降水等指标,将中国冰川划分为温型(海洋型)、亚极地型(亚大陆型)和极地型(极大陆型)三种类型,并首次从区划角度给出上述各类型冰川的大致分布范

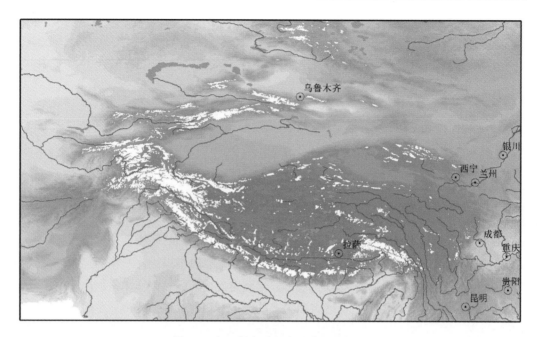

图 1.1　高亚洲水系和冰川分布示意图

围。之后，Shi 和 Liu（2000）指出温型（海洋型）冰川主要分布在藏东南和川西滇西北地区，包括喜马拉雅山东段、念青唐古拉山中东段和整个横断山系，占我国现代冰川总面积的 22%；亚极地型（亚大陆型）冰川分布于阿尔泰山、天山、祁连山中东段、昆仑山东段、唐古拉山东段、念青唐古拉山西段、冈底斯山部分、喜马拉雅山中西段的北坡及喀喇昆仑山北坡，占我国冰川总面积的 46%；极地型（极大陆型）冰川分布于昆仑山中西段、羌塘高原、帕米尔高原东部、唐古拉山西部、冈底斯西段和祁连山的西部，占我国冰川总面积的 32%。

　　基于冰川性质的分类和分区，为大范围监测冰川变化，研究冰川变化对气候变化响应的空间分异规律奠定了理论基础。但是，受地形和气候双重控制的冰川发育规模和对气候变化响应的差异性，远比上述基于有限数据的冰川分类和分区要复杂得多，即使是范围不大的同一个流域，冰川进退幅度、融水径流影响程度等差别显著，甚至有前进与退缩共存的现象，如喀喇昆仑山、西昆仑山、慕士塔格山、公格尔久别峰地区等。这就要求在不断积累不同冰川各类属性和变化数据基础上，通过定量分析，揭示其差异响应的机理（谢自楚和刘潮海，2010）。

　　20 世纪 90 年代之前，受观测条件和财力人力限制，冰川监测和研究是一项极为奢侈的活动，当时航空摄影测量和卫星遥感极为昂贵，只能在有限区域开展，地面考察和观测也较为有限，数据积累不足。随着国际地球观测系统（EOS）计划的推动和一批面向 EOS 的卫星投入运行，大量开源遥感数据面向公众开放，地理信息系统技术的快速发展使得冰川变化监测得到同步腾飞，这也为利用多源遥感数据快速监测冰川变化提出了挑战，发展高效监测方法，快速更新冰川信息，可为相关学科应用研究提供准确数据。为适应技术发展，20 世纪 90 年代我国第一次冰川编目完成了数字化工作，建立了冰川编目数据库和基于小比例尺和一定数量的大比例尺地形图的冰川边界矢量数据集，并提交国际相关组织和机构，产生了较大影响（施雅风等，2005）。近期对第一次冰川编目数据修订、基于遥感的中国第二次冰川编目及其方法研究，均产生了较大的影响（刘时银等，2015；Guo et al.，2015）。

## 1.2 冰川变化影响评估

冰雪广阔的分布范围、高反射率特性和受温度控制的相态变化，使其成为地球表层系统最为活跃的组分，被视作气候系统五大圈层之一。冰雪一方面与大气间进行物质和能量交换，影响区域气候、海平面变化等；另一方面则直接参与水循环，成为流域水量平衡构成的重要组成部分，因而是重要的水资源。获取冰川变化数据，是流域冰川水资源评估的基础；利用冰川学理论知识，发展面向冰雪冻融过程的流域水文模型，是准确评估冰川变化对水资源影响的基础，因此，冰川水资源变化研究总是随着冰川数据信息完善和人们认识水平提高而不断深化。

所谓冰川水资源是指冰川融水径流转化为可利用的水资源，包括冰川区液态降水产生的径流。我国最早的冰川水资源系统评估始于 20 世纪 80 年代后期，是在西部经济建设和社会发展巨大需求推动下发展起来的。在当时仅掌握有限冰川数据，冰川水文监测站点稀少、数据稀缺背景下，借鉴苏联基于大量观测数据建立的冰川消融与夏季气温的关系，并在我国有限观测数据基础上进行完善，进而对无资料流域开展应用。在中国开展冰川研究之初，曾在祁连山开展过小范围冰雪黑化促进消融的试验（施雅风，1958；朱岗昆，1959）；采用径流分割法计算冰雪和积雪融水量（李涛和汤成奇，1958；刘昌明和张云枢，1959），得到玛纳斯河流域及河西内流区的径流组成，这些研究成果可谓是冰川水资源研究的开山之作。1962～1963 年在乌鲁木齐河源天山冰川观测试验站开展了系统的冰川和水文实验观测，其研究成果汇编于《天山乌鲁木齐河冰川与水文研究》一书中，此后对珠穆朗玛峰、希夏邦马峰、托木尔峰、西藏南部和东南部、贡嘎山等相继开展了大规模的考察和观测，这些积累为中国首次冰川水资源系统评估所采用的消融-气温估算法、径流模数/径流深法等推算冰川水资源奠定了基础，即便如此，首次给出的中国冰川水资源评估成为我国西部水资源规划的重要参考（杨针娘，1991）。

20 世纪 80 年代以来，随着面向流域尺度的概念性水文模型兴起，融雪径流模型在国内一些流域开始应用，通过改进其对雪冰的模拟，新安江水文模型也在新疆开都河流域开展了应用试验（杨秀松等，1987）。20 世纪 90 年代以 HBV 为模型平台，以 GCM 气候模式及其降尺度数据为驱动的流域水文模拟研究，迎来了冰川流域水文过程研究的新纪元（康尔泗等，2002），此外，冰川系统模型的提出，为开展第二次全国冰川水资源评估提供了新的工具和更新的评估结果（谢自楚等，2002）。

近年来，耦合冰川变化过程的水文模型（Zhao et al.，2015；Luo et al.，2013）在一些流域得到了应用。区域气候模式、遥感和地理信息系统技术、数据同化技术的飞速发展，推动了陆面模式以及流域尺度基于物理过程的分布式水文过程模拟的快速发展，使得区域尺度冰川变化及其对水资源影响的评估成为可能。然而，如何准确刻画冰川动态响应，能否在区域尺度或大流域尺度利用能量平衡原理模拟冰雪消融仍面临巨大挑战。

冰川灾害不同于一般的水灾或地质灾害，前者包括冰雪崩、冰川洪水及冰湖溃决突发洪水、冰川诱发的泥石流等，其评估方式既要考虑产流过程和特征，也需考虑冰川冰坝体或冰碛坝体稳定性，因而，需要在水文模拟基础上开展评估。气候变化导致的极端气温和降水事件，促使冰川消融型洪水的强度、季节特征和频率都有不同程度的变化，调查与冰川变化相关的冰川湖、冰碛湖、冰川周边地区松散堆积物分布、下游基础设施和居民分布等，模拟潜在洪水淹没和损失，才能给出可靠的评估结果，继而为政府部门提供经济而合理的应对策略。

## 1.3 冰雪变化及其影响的评估思路

已有的研究显示，我国西部冰川正经历以退缩为主的快速变化，对我国的水资源与潜在的冰川洪水灾害产生了较大的影响。目前的观测资料显示，我国的冰川融水径流呈增加趋势，此外，冰川退缩及其相伴而生的冰川湖泊的扩张、灾害性冰川水资源——冰川洪水事件也正频繁出现，这些都是气候变化背景下影响到我国山区的生产建设与规划、水资源合理调配与使用、生态恢复与安全保障等的现实问题。为了维持我国西北生态环境脆弱地区社会经济的可持续发展，亟须对我国冰川变化的水资源影响、冰川突发洪水、冰湖溃决洪水等问题进行系统综合的评估。我国以往的冰川研究由于模型方法、时空尺度以及资料等限制，导致对冰川变化过去影响评估较少，未来风险评估较薄弱，存在气候变化影响、脆弱性和风险的综合评估技术方法落后等不足。因此，在国家"十二五"科技支撑计划项目课题《气候变化对冰川的影响与风险评估技术》支持下，拟在前期研究和积累基础上研发我国冰川变化影响评估与风险预估的关键技术，从区域尺度系统、定量评估冰川变化的影响，降低影响评估的不确定性，以便更好地应对气候变化的迫切需求与制定适应气候变化的措施与法规。

综观国内外众多水文模型，基本以降雨-径流产汇流过程为主要研究对象，冰雪径流模拟相对缺失，原因在于基于物理机制的冰雪产汇流过程复杂，模拟困难；而参数化冰雪产流模型也因冰川/积雪观测数量少、参数确定代表性难以评估，从而导致面向区域尺度的模拟分析存在不确定性。课题拟在以往研究的基础上，充分利用现有各典型冰川和代表性流域定位观测数据，开展基于物理机制和参数化方案的冰雪产流模型对比研究，优选最佳冰雪产流参数化方案，从而构建耦合冰雪产流模拟面向流域尺度的水文模型，使冰川变化影响的评估结果更加准确可信。为确保上述模拟结果的可靠性，拟对提高面向无观测流域驱动数可靠性方面做些尝试，以高分辨率气候数据为本底，结合各类卫星数据产品及西部地区不同时期短期观测数据，改善山区网格气候数据精度。为更好地率定模型主要参数，拟充分使用项目已有的冰川规模变化和基于遥感的区域冰川物质平衡变化数据资源，从而改善冰川积累和消融的模拟水平。

本书是上述研究成果的总结，系统介绍了冰川和积雪动态监测方法、流域尺度冰川变化对径流过程的影响模拟方法、冰湖动态监测和潜在危险性识别方法等最新进展，以及基于这些方法对重点流域冰川变化对水资源和灾害影响的评估结果，以期为其他地区的相关研究及流域水资源利用和灾害风险管理领域提供参考。

# 参 考 文 献

康尔泗, 刘潮海, 董增川. 2002. 中国西北干旱区冰雪水资源与出山径流. 北京: 科学出版社

赖祖铭, 黄茂桓. 1988. 国冰川的模糊聚类分析. 科学通报, 33(16): 1250～1250

李涛, 汤成奇. 1958. 新疆玛纳斯地区山区河流径流的形成及其估算. 地理学报, 24(4): 385～405

刘昌明, 张云枢. 1959. 甘肃内陆河流水文特性的初步分析. 地理学报, 25(1): 67～88

刘时银, 姚晓军, 郭万钦, 等. 2015. 基于第二次冰川编目的中国冰川现状. 地理学报, 70(1): 3～16

施雅风, 谢自楚. 1964. 中国现代冰川的基本特征. 地理学报, 31(3): 183～213

施雅风. 1958. 祁连山冰雪利用研究初步开展. 科学通报, 18: 574

谢自楚, 冯清华, 刘潮海. 2002. 冰川系统变化的模型研究——以西藏南部外流水系为例. 冰川冻土, 24(1): 16～27

谢自楚, 刘潮海. 2010. 冰川学导论. 上海: 上海科学普及出版社

杨秀松, 姜卉芳, 黄昌荣, 等. 1987. 融雪型新安江模型在开都河流域的应用研究. 八一农学院学报, (4): 82～90

杨针娘. 1991. 中国冰川水资源. 兰州: 甘肃科学技术出版社

中国科学院地理研究所冰川冻土研究室. 1965. 天山乌鲁木齐河冰川与水文研究. 北京: 科学出版社

朱岗昆. 1959. 要使高山冰雪为人类服务——关于祁连山人工加速冰雪消融的试验和问题. 科学通报, (3): 76～79

Guo W Q, Liu S Y, Xu J L, et al. 2015. The second Chinese glacier inventory: data, methods and results. Journal of Glaciology, 61(226): 357～372

Luo Y, Arnold J, Liu S, et al. 2013. Inclusion of glacier processes for distributed hydrological modeling at basin scale with application to a watershed in Tianshan Mountains, northwest China. Journal of Hydrology, 477: 72～85

Pfeffer W T, Arendt A A, Bliss A, et al. 2014. The Randolph Glacier Inventory: a globally complete inventory of glaciers. Journal of Glaciology, 60(221): 537～552

Shi Y, Liu S. 2000. Estimation on the response of glaciers in China to the global warming in the 21st century. Chinese Science Bulletin, 45(7): 668～672

Zhao Q, Zhang S, Ding Y J, et al. 2015. Modeling Hydrologic Response to Climate Change and Shrinking Glaciers in the Highly Glacierized Kunma Like River Catchment, Central Tian Shan. Journal of Hydrometeorology, 16(6): 2383～2402

# 第 2 章　冰雪遥感监测技术与方法

进入 21 世纪以来，遥感技术（Remote Sensing，RS）、地理信息系统（Geographic Information System，GIS）和全球定位系统（Global Positioning System，GPS）等（统称为 3S 技术）新型地理数据测量与处理技术获得了飞速发展。作为冰冻圈地面观测的重要补充，3S 技术在对冰冻圈各要素的监测及信息提取方面发挥着日益重要的作用。本章首先介绍了遥感等技术在冰川编目中的应用，其次描述了在冰川学研究中（如物质平衡、运动速度、雪线等）的相关遥感技术与方法，最后介绍了遥感技术在积雪调查中的应用。

## 2.1　遥感在冰川编目中的应用

遥感在冰川学研究中最早的应用就是用于冰川编目。在中国第一次冰川编目中，大量地参考了航空遥感的成果（即航空像片）和早期 Landsat MSS 传感器获得的遥感影像（施雅风，2005）。而进入 21 世纪以来，大量携带高分辨率传感器的卫星的成功发射，尤其是伴随着 Landsat 系列传感器影像的免费开放（Wulder et al.，2012），基于遥感的全球各地冰川编目成果纷纷涌现。

在冰川编目中，遥感主要用于冰川分布范围的提取，也即冰川的分类过程中。对于大多数无表碛覆盖的中小型冰川，用基于冰雪光谱特征的光学遥感就可以准确提取。但对于有表碛覆盖的冰川，由于表碛的光谱特征与周围地物极其类似，很难用简单的光谱分类方法来进行有效提取，因此，大多数的研究都是用手工数字化的方法来进行的。此外，在部分地区，由于气候湿润，常年被积雪和云所覆盖，光学遥感对这类地区冰川信息的分类和提取也存在很大困难。而微波遥感由于不受天气的影响，同时其对地表形变的敏感性使其能够探测到具有微弱运动特征的表碛覆盖冰川区的边界，因此，近年来被逐渐应用于积雪/云和表碛覆盖冰川边界的提取中。

### 2.1.1　基于遥感的冰川分类方法

#### 1. 基于光学遥感的冰川分类

##### 1）光学遥感数据源和数据处理方法

光学遥感是最早用于冰川编目的遥感手段，目前也仍然是国际上编制大区域冰川目录的主要方法。目前国际上用于监测冰川变化的遥感数据源如图 2.1 所示，2000 年以来可利用的各种类型的遥感数据不断出现，高时空分辨率的遥感影像也不断增多（Pope et al.，2014）。在遥感和 GIS 技术的支持下，冰川变化遥感技术一般要经过选取合适的遥感数据、几何纠正、辐射纠正、冰川识别、冰川属性赋值和冰川特征分析等几个步骤，进而基于多个时期的冰川调查数据进行冰川变化特征分析。

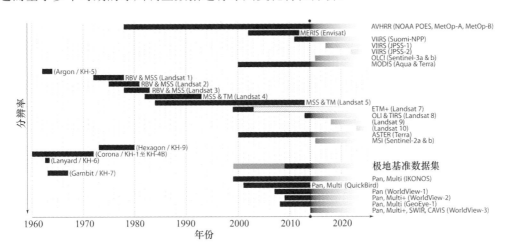

图 2.1    冰川变化监测的主要遥感数据源一览（Pope et al.，2014）

采用光学遥感数据进行冰川提取，首先需要对遥感数据进行一定的处理后，才能用于冰川信息的提取。包括：

（1）辐射校正。辐射校正是大多数遥感图像预处理不可缺少的环节，在晴朗天气状况下获得的遥感数据可以不进行辐射校正处理。辐射校正主要影响冰川表面各种类型的识别精度，而对于增强冰川与周围地物的区别无明显作用。也可以选择合适的地形校正方法，增强阴影内的地物亮度信息，提高冰川识别的精度，或者通过对比不同时期的遥感影像（由于太阳高度角和方位角不同，地形遮蔽范围也不同），来辅助冰川识别。

（2）几何校正。冰川区遥感数据的地形畸变非常严重，对冰川编目结果影响很大，必须通过正射校正的方法来消除这种变形。正射纠正是借助于卫星姿态参数和地形高程模型（DEM），对图像中的每个像元进行地形变形的纠正，使图像符合正射投影的要求。控制点一般选择在图像和地形图上都容易识别定位的明显地物点，如道路、河流等交叉点，田块拐角，桥头等。控制点要有一定的数量，并且要求分布比较均匀，丘陵山区应尽可能选在高程相似的地段。地面控制点一般有 3 种来源：①地形图；②经过几何精纠正遥感影像；③地面 GPS 实测数据。几何校正后的 RMS 误差要求不大于 1 个像元，且与周围 4 景图像的平均衔接误差小于 1 个像元。

**2）基于光学遥感的洁净冰川自动分类**

图 2.2 为冰雪在不同的冰雪面条件、不同太阳高度角之下的冰雪反射率分布及其对应的 Terra/ASTER 和 Landsat/TM 两种传感器的波段。其中，反射率曲线 a 为厚度 1～2cm 的积雪在太阳高度角为 52°50′时的反射率，b 为薄层积雪覆盖下冰川冰在太阳高度角为 57°28′时的反射率，c 为冰川冰在太阳高度角为 56°01′时的反射率，d 为冰川冰在太阳高度角为 52°44′时的反射率。从中可以看出，冰雪在短波红外频段（1.55～1.75 μm）对太

阳辐射有强烈吸收的特性，而在可见光至近红外频段（0.45～0.90 μm）则表现出强烈的反射。

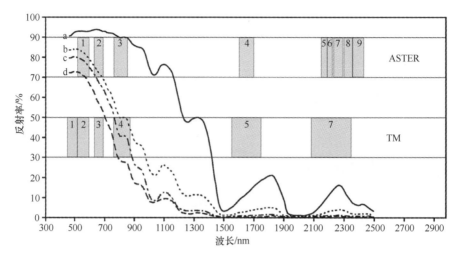

图 2.2　冰雪在不同条件下对不同波段太阳辐射的反射率及其对应的 ASTER 和 TM 传感器波段

（依据 Zibordi 等（1996）转绘）

基于冰雪对不同波段太阳辐射的这种独特的、易辨识的反射特征，国外学者提出了多种洁净冰川的自动分类方法。这些方法可分为两大类，一类是传统的遥感图像分类方法，如监督和非监督分类法（Gratton et al.，1990；Aniya et al.，1996；Sidjak and Wheate，1999）；另一类则是基于多光谱遥感影像的波段比值阈值分割方法（Hall et al.，1988；Bayr et al.，1994；Rott，1994；Jacobs et al.，1997；Paul et al.，2002；Bolch et al.，2010）。其中，波段比值法由于参数简单且不需要进行训练、循环迭代等复杂运算，被证明是效率最高、所需人工干预最少的一种方法（Paul et al.，2002；Racoviteanu et al.，2009），因而被广泛应用于冰川编目和冰川变化研究中。

波段比值法的原理就是基于图 2.2 所示的冰雪在短波红外波段的强烈吸收和可见光波段的强烈反射特性。波段比值法通过计算两个波段的比值来扩大冰雪与其他地物之间的反差，再用比值的阈值来将冰雪与其他地物分割开来。常用的 TM 波段比值为红色波段与短波红外（TM3/ TM5）和近红外波段与短波红外波段（TM4/TM5）之间的比值。其中，TM3/TM5 倾向于把大多数水体（依赖于水体浑浊度）辨别为冰川，但 TM4/TM5 则倾向于遗漏较大斑块阴影中的冰川，另外还会把阴影中的植被错认为冰川（Paul et al.，2014）。因此，具体波段组合的选择是依据所提取区域的水体和植被存在条件来决定。

波段比值阈值分割方法中一个很重要的参数就是用于分割冰川和非冰川的波段比值阈值。该阈值用来将浮点型波段比值图像转换为二值冰川和非冰川图像。现有的所有研究中，典型的波段比值阈值的取值都在 2.0±0.5（Paul et al.，2014）。但具体的波段比值阈值的选取依赖于所提取区域的地表特征和大气条件，因而没有能够通用的波段比值阈值，每个冰川边界提取区域都需要用人工目视检查的方式来确定最佳的波段比值阈值。同时，所选择区域不宜太大，以免区域内不同部位的最优波段比值阈值有较大差别。

波段比值阈值分割方法中通常还联合使用一个蓝色波段（TM1, 0.45～0.52 μm）的阈值，用于区分比值图像阈值分割结果中在阴影中无法正确辨识的冰川。蓝色波段阈值分割的原理是冰雪对蓝色波段电磁辐射也具有很高的反射率，并且大气对蓝色波段电磁辐射具有很高的散射率。因此，即使是在阴影区域，也会有大量的蓝色光被散射到冰川表面而进一步被反射到卫星传感器中。但采用蓝色波段区分阴影中冰川和非冰川这一方法的一大缺点在于其结果对阈值选择非常敏感，因此在应用过程中需要更多的人工干预来确定合适的阈值（Paul et al., 2014）。

### 3）表碛覆盖冰川的自动分类

如前所述，由于冰川表碛覆盖区被从积累区和冰川两侧坡地坠落而来的厚层石块和砂砾所覆盖，其表现出的光学特征与周围山地和坡地非常相似，因此很难利用传统分类方法进行有效区分。因此一些学者尝试采用其他方法或者考虑其他因素来进行表碛覆盖冰川的自动分类。

Bishop 等和其他研究者早在 20 世纪 90 年代就采用了人工神经网络方法（Artificial Neuaral Network，ANN）进行表碛覆盖冰川的自动辨识（Bishop et al., 1995；Bishop et al., 1999；Shroder et al., 2000）。Shukla 等（2009）利用了监督分类的方法进行了表碛覆盖冰川的自动分类。Racoviteanu 和 Williams（2012）则利用了决策树和纹理分析的方法进行表碛覆盖冰川分类。但这两种方法的缺点是其精度依赖于预先进行的大量人工分类训练，因此效率较低，并且其精度和普适性也很有限。

部分学者认为可以通过下伏冰的冷却作用导致的低温来识别表碛（Lougeay，1974；Taschner and Ranzi，2002；Ranzi et al., 2004；Mihalcea et al., 2006；Mihalcea et al., 2008）。但 Taschner 等（2002）发现仅在部分有表碛覆盖的冰裂隙分布区能够被识别。Ranzi 等（2004）也证明了热红外遥感仅能探测到厚度不超过 50cm 的表碛，因而只能用于薄层表碛的识别（Racoviteanu et al., 2008）。Bolch 等（2007）认为表碛覆盖冰川的热红外信息仅可作为额外的辅助信息来用于其分类。

目前研究最多的表碛覆盖冰川分类方法是利用冰川与周围地物地貌特征有明显差异的特点，同时结合表碛区表面温度特征进行分类的尝试。由于部分表碛覆盖冰川的地表曲率在表碛与冰川侧碛相接的地方会发生突然的变化，最早在 2000 年，Kieffer 等利用表碛覆盖冰川的地貌特征，如坡度和曲率等，基于 DEM 分析结合冰川中流线进行了表碛覆盖区的辨识（Kieffer et al., 2000）。而 Bishop 等（2000）利用 DEM 基于水文模拟的方法，获取了冰川周围的流线，并基于流线会在冰川末端汇合的特点，模拟出了表碛覆盖冰川大致的分布区域。在此基础上，Bishop 等（2001）发展出了同时考虑高程、坡度、坡向和地形曲率的面向对象的地貌学冰川分类方法，并在巴基斯坦的 Raikot 冰川上进行了应用。Paul 等（2004）则基于部分表碛覆盖冰川表面通常比较平坦、植被不太发育且需与裸冰相接的特征，进行了瑞士阿尔卑斯山 Oberaletschgletscher 地区表碛覆盖冰川的分类尝试。

Bolch 等（2007）和 Bhambri 等（2011）综合考虑了地形坡度和地表曲率，并参考地表温度进行了 Khumbu Himalaya 和 Barhwal Himalaya 地区表碛覆盖冰川的分类尝试。

类似的研究还有 Bhambri 等（2011）、Karimi 等（2012）、Bhardwaj 等（2014）、Alifu 等（2015a）和 Alifu 等（2015b）。Smith 等（2015）提出了表碛覆盖冰川分类的另外一种思路，即冰川表面的运动特征。但问题在于运动速度提取的精度一般较有限，并且应该划归冰川的末端死冰区基本是不存在运动，因此也很难被探测到。

基于遥感的表碛覆盖分类方法面临的一个最大问题是：不论哪种方法，不管在其研究区能够达到什么样的分类精度，一旦应用到其他研究区，则会产生严重的问题，甚至完全失效（Bhambri et al.，2011）。其原因有以下几个方面。

（1）通用的遥感图像分类方法（如 ANN、监督分类和决策树等），由于其精度依赖于所选择的训练区和训练的深度和强度，因此普适性差，很难广泛地应用；

（2）依赖于冰川温度的分类方法只能探测较薄的冰川表碛，而对厚层的表碛无能为力；

（3）对于参考冰川表面运动的分类方法受到了表面运动速度提取精度的限制，并且无法探测表碛覆盖冰川末端广泛存在的死冰区；

（4）对于依赖冰川表面地形特征的分类方法，由于冰川表面形态千差万别，不同地质条件、不同海拔高度和不同气候背景条件形成的表碛覆盖冰川，其表面形态都有各自的特点，很难用单一的坡度、坡向和表面曲率等阈值进行准确分类。

综上所述，目前已经开展的各类表碛覆盖冰川遥感分类方法都不同程度地还处于探索阶段，尚未形成一个类似于波段比值阈值分割法这样的能够应用于所有冰川的普适性分类方法，还需更多研究者的努力来进行广泛的探索。因此，目前在大多数的研究中，对表碛覆盖区冰川边界的提取都采用的是手工数字化的方法（Hall et al.，1992；Bayr et al.，1994；Jacobs et al.，1997；Williams et al.，1997；Paul，2002；Guo et al.，2015）。GLIMS 计划也建议以手工数字化为主，而仅仅将各类自动提取方法的结果作为参考（Racoviteanu et al.，2009；Paul et al.，2015）。

从遥感影像上准确辨识表碛覆盖冰川需要扎实的冰川学知识和大量的工作经验，同时需要参考地形、植被、河流水系、图像纹理等多个要素，对普通人来说存在较大的困难。一般来说，判别表碛覆盖冰川需要从以下几个方面入手。

（1）表碛区影像色彩和纹理特征

表碛覆盖区一般具有较低的温度，同时鲜有植被分布。同时，由于表碛厚度不同引起的强烈差异性消融，使得表碛覆盖区冰川表面坑洼不平，形成与周围地形强烈的反差。因此与冰川两侧基岩和其他裸露地表相比，在不同波段合成的影像中，表碛覆盖冰川区表面的颜色和纹理特征会与周围地物有明显不同，形成判别冰川表碛区的一个重要标志。

（2）冰川表碛区冰面湖的分布

表碛覆盖冰川的表碛物下部一般还是渗透条件不良的冰川冰，同时冰川的差异性消融形成大小各异的洼地地形，使冰川表面的融水集聚，形成不同规模的冰川表面湖，并且与冰川侧碛湖和末端湖有明显差异，其中规模较大者可从遥感影像中轻易辨识。这是辨识冰川表碛区的另一个典型特征。

（3）冰川末端水文特征

表碛覆盖下的冰川末端地形相对稳定，并且冰川融水/冰下出水的长期冲刷，形成了冰川末端较为明显的水系出露特征，成为辨别表碛覆盖冰川末端位置的一个重要标志。

（4）冰川两侧地形及水系特征

冰川冰舌区具有连续的物质补给，因而冰舌部位有非常明显的拱形特征。即使近几十年冰川表面的快速消融使裸冰区和表碛覆盖区冰川表面高程下降，但活动冰舌部位与冰川两侧地形相比，依然有较大的高程差。此外，由于冰川融水在冰川两侧的长期冲刷，使部分冰川两侧形成较大规模的稳定河流和沟渠，提供了区分冰面表碛覆盖区和两侧侧碛与基岩的另一个典型特征。

## 2. 基于 SAR 的冰川分类方法

主动微波遥感传感器之一的合成孔径雷达（Synthetic Aperture Radar，SAR）具有全天时和全天候的优点，能弥补光学遥感受云遮蔽影响的不足。同时，由于 SAR 传感器对地表运动和变形的独特探知能力，因此对于存在运动和快速消融等变形现象的各类冰川，无论洁净冰川还是表碛覆盖冰川，都可以有效地探测。但由于 SAR 影像在山区固有的缺陷（叠掩、顶底倒置及阴影），而冰川通常分布在地形起伏较大的山区，特别是冰川积累区的地形坡度很大，与光学图像相比，在山区 SAR 图像的质量较低，因而目前在冰川编目工作中，合成孔径雷达遥感仅是光学遥感的一种补充。

### 1）基于 SAR 干涉相干的冰川分类

在 SAR 干涉测量中，相干性（Coherence）是一个非常关键的量值，提供了散射体的信息，并且不同地物表面呈现的相干性差别很大（Zebker and Villasenor，1992；Strozzi et al.，2000）。例如，戈壁、沙滩的图像在长时间段里能表现出高相干，而冰川由于运动或表面消融而使图像相干性难以保持，呈现低相干的特征。因此，可利用重复轨道干涉测量中的合成孔径雷达图像时间相干性来区分冰川与周围地物。

蒋宗立（2011）采用覆盖天山科其卡尔冰川区域的不同波段数据进行了相干性估计（图 2.3）。对比发现，L 波段的 ALOS/PALSAR 数据在相干性保持方面能力最强，时间基线为 2 年的非冰川区域的相干度仍然很高，与冰川区域差异很明显。ENVISAT/ASAR C 波段数据由于入射角较小而在地形崎岖地区获取的影像上存在许多叠掩区域，冰川区与非冰川区相干性差别不明显。而周期为 16 天的 X 波段 CosmoSkymed 数据在科其卡尔冰川获得的相干图中的地物对比十分不明显，冰川区域与非冰川区域都表现为低相干。因此，采用 ALOS/PALSAR 的干涉相干估计表碛覆盖的冰川类型有独特的优势（周建民等，2010；蒋宗立等，2012）。

根据图 2.3 中托木尔峰地区冰川编目边界与干涉相干图对比，在地形复杂的区域，干涉相干度很低，难以区分冰川区与非冰川区；但相对平坦的高原面上的冰帽区分类精度比较高（周建民等，2010）。

### 2）基于全极化 SAR 影像的冰川分类

极化是电磁波电场或磁场的相对传播方向，是电磁波的矢量特性，不同散射体对极化地磁波有不同的响应，地物标的极化特征是地物物理特征的反映。相比于单极化

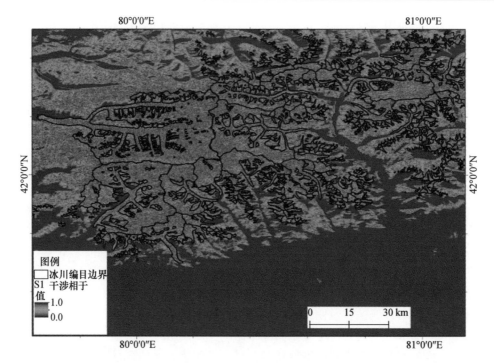

图 2.3　托木尔峰地区 Sentinel-1A 数据干涉相干图

SAR，全极化 SAR 以极化矩阵的形式提供 4 个极化通道（HH，HV，VH，VV）的后向散射信息，且极化散射矩阵常与相应的散射机理相关联，因此，提供更加丰富的地物信息。在分类与地物识别方面，极化 SAR 可以提供的特征参数包括：4 个通道的后向散射系数及其之间的比值、相关系数等，极化分解，极化干涉等。极化分解的一个主要目标是从观测的散射矩阵中提取地物对微波散射特性的物理信息；极化干涉融合 SAR 的几何信息以及极化 SAR 的地物散射信息，为地物反演和分类提供了新的方法和思路。应用极化分解的方法，Huang 等（2011）在冬克玛底冰川区实现了裸冰带与周边地物的有效区分，裸冰的识别精度达到 85% 以上（图 2.4）。当冰川裸冰与湿雪的分类精度足够高时，就可以同光学遥感一样开展冰川末端的进退监测，以及冰川编目各个要素的提取，但是目前还没有研究可以真正实现用 SAR 进行冰川末端的变化监测（Huang et al.，2011）。

### 2.1.2　基于遥感的冰川编目和变化监测流程

不论是冰川编目，还是冰川变化研究，其核心都是基于遥感的冰川边界提取。冰川边界的提取不仅包括如上所述的冰川分类（即冰川最外围边界范围的确定），同时还包括临近不同冰川间边界（即分冰岭）的提取，以及冰川属性参数的计算等。冰川编目的主要流程如图 2.5 所示。

1. 冰川分类和边界提取

冰川识别或冰川分类的目的是将冰川与周围地物区分出来，在可能的情况下进一步

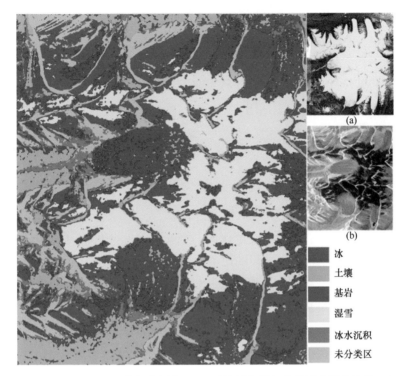

冰
土壤
基岩
湿雪
冰水沉积
未分类区

图 2.4　RADARSAT-2 全极化图像（b）及冰川分类与光学遥感图像比较（a）

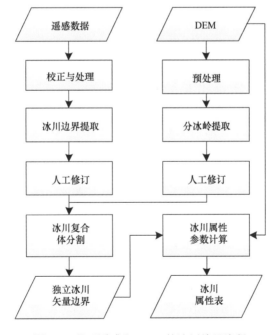

图 2.5　基于遥感和 DEM 的冰川编目流程

区分冰川表面的不同分区（如冰川积累区、冰川消融区、冰川裸露冰区、表碛覆盖区等），冰川的识别结果最终需要转化为矢量图层，并进一步统计冰川的其他特征参数。目前尚没有比较完善的适合大范围冰川自动提取的方法，根据国际上基于遥感进行较大范围冰川编目的经验，一般采用自动分类+人工解译的综合方法。其中，冰川自动分类采用波段比值法对冰川边界进行提取，然后采用手工的方法将自动识别出来的栅格化冰川边界进行数字化，将其转换为矢量图层，并利用解译者的冰川学知识，将自动分类无法识别的部分识别出来。具体方法如下（图 2.6）。

图 2.6　冰川边界提取流程图

### 1）采用比值法对冰川进行自动识别

针对不同传感器，Landsat TM、ETM 第 3 波段与第 5 波段的比值效果最好，对于 ASTER 而言，第 1 波段和第 4 波段的比值效果较好。波段比值法仅仅是为了增强冰川区的信息，要将冰川区提取出来还需要经过一个关键的步骤，即阈值的设置。受辐射传输的影响，采用波段比值法获得的冰川区比值会在一定范围内浮动，因此，选取阈值需要针对具体影像分析确定。

### 2）冰川自动识别结果的栅格转矢量过程及其后续处理

冰川识别结果经过阈值处理后，得到的是二值化的图像数据，这种结果要通过栅格转矢量的处理才能获得在 GIS 软件中编辑的数据。这种栅格转矢量的过程通常是通过找到所有具有不同取值相邻像元，然后逐个提取不同取值相邻像元的角点，并依次将其存入矢量多边形的边界拐点序列，以此来构成冰川边界多边形，并输出为矢量多边形文件，供后续人工修订过程使用。

一些特殊地物也具有高波段比值，比值法在识别冰川时也会将其误判为冰川，除大面积积雪覆盖物，这些特殊地物一般面积较小；同时受裸岩、阴影、冰碛物等因素的影响，冰川表面会产生许多微小多边形。以上两种原因产生的微小多边形在冰川识别结果转换为矢量数据后，会造成矢量编辑工作的急剧增加。要减少这些微小多边形的影响，可以通过两种途径实现，一种是通过图像处理领域的开运算和闭运算，但这种方法会在一定程度上影响冰川的边界；第二种方法是直接处理栅格转矢量后的矢量数据，通过判断多边形的面积，直接删除小于某一阈值的小多边形，这种方法不会改变大多边形的面积和边界。

### 3）自动提取结果的人工修订

受遥感影像中云、雪、阴影等的影响，很多情况下经过上述两个步骤之后的冰川边界还需要对剩余的冰川边界进行细致的检查和人工修订，才能直接作为冰川编目中的冰川边界使用（Racoviteanu et al.，2009）。冰川边界的修订过程与手工数字化类似。在早期洁净冰川边界的提取也是以人工数字化方法为主（Hall et al.，1992；Williams et al.，1997）。GLIMS 计划认为人工数字化是进行冰川编目的最好方法（Raup et al.，2007）。2000 年之前的大多数冰川调查和冰川编目工作都是基于手工数字化完成的。最新的日本亚洲冰川编目（Glacier Area Mapping for Discharge from the Asian Mountains，GAMDAM）也完全是基于手工数字化完成的（Nuimura et al.，2015）。根据 Guo 等（2015）的研究，经过人工修订的自动提取冰川边界，其边界定位精度能够提高约 1/3。冰川边界的人工修订通常是由经验丰富的冰川学研究者来进行，通过将遥感影像与自动提取的冰川边界相叠加，仔细检查边界不同区段对应的遥感影像特征，同时参考谷歌地球等高分辨率遥感影像和地形信息，对冰川边界进行细致的修订。

## 2. 冰川分冰岭提取

山脊线的提取分为流域边界提取和山脊线提取两个部分（郭万钦等，2011），其中，流域边界的提取又可分为水系提取和流域边界提取两个步骤（图 2.7）。在提取河流水系之前，先进行 DEM 填洼处理，填平 DEM 中的所有洼地。基于填洼后的 DEM，计算像元坡向，并采用圆形邻域和给定邻域半径计算正负地形。然后采用 D8 算法计算流向、累积汇流量，并通过给定累积汇流量阈值来提取河流水系。提取出的河流各河段经过重新编码，作为子流域汇流区，提取所有子流域边界，并转化为矢量流域边界线。然后，将生成的栅格水系转换为矢量弧段，并与矢量流域边界做相交运算，提取其交点作为各子流域出口。

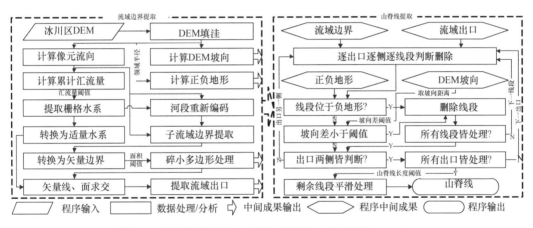

图 2.7　冰川区分冰岭自动提取流程图（郭万钦等，2011）

山脊线的提取基于上述矢量子流域边界线、子流域出口与像元正负地形指标和坡向进行。具体提取过程是按流域出口进行逐个判断，从出口两侧最近的边界线拐点出发，分别沿两侧流域边界往上游方向，对边界弧段两两拐点之间线段是否是山脊线进行判断。判断时首先检测线段所在像元地形是否为负地形，若是，则标记为删除；否则取线段两侧一定距离内地形平均坡向，将两边像元平均坡向差值小于给定阈值的线段标记为删除；重复上述步骤，直至检测到第一段位于正地形上，并且坡向差大于给定阈值的线段，将剩余流域边界作为山脊线。由于直接栅矢转换的流域边界是南北和东西向线段相接的锯齿形多段线，因此，计算线段两侧一定距离内地形平均坡向在实际操作中是通过提取线段两侧一定数目像元坡向的平均值来实现的。

受制于与国际通用分冰岭提取方法同样的原因（即冰舌区的隆起形特征和冰川表面凹凸不平的地形），基于上述山脊线提取方法所提取的山脊线在冰川表面同样会残余若干不合理分布的流域边界线。其中，大部分为终止于冰川内部的边界线，对分割冰川不产生影响。但也有小部分流域边界线受末端小地形的影响贯穿整个冰川，若不进行修改，则会将冰川分割为不合理的独立冰川，进而对冰川分割产生影响。因此，在进行冰川分割前还需对不合理的山脊线进行修改，修改的过程同样参考 Google Earth，同时参考冰川边界多边形，修改的对象也主要针对上述贯穿冰川的不合理山脊线。

## 3. 冰川属性参数计算

冰川编目中的冰川属性按照其来源和指代特征，可以分为以下 4 个类型。

（1）冰川指代属性：包括冰川名称、冰川编码、流域编码、冰川类型、所在山系名称和所在行政区划（省和市/地区）等；

（2）冰川几何属性：包括冰川经纬度、冰川长度、冰川面积、冰川宽度、面积精度、冰川周长等；

（3）冰川高程属性：包括冰川最大和最小高度、平均高度、中值面积高度和平均坡向、平均坡度等；

（4）冰川来源属性：包括主要数据源、参考数据源、冰川编目代表日期、高程数据源、高程日期、编目编制者和检验者名称等。

上述冰川属性数据一部分是手工录入（如冰川名称），一部分是通过对单一对象进行空间数据分析得出（如冰川面积、长度等），提取基本流程见图 2.8。

冰川属性数据的具体计算方法为（图 2.8）：①冰川编码（ID）：将冰川经纬度加进编码以避免重复，冰川编码格式如下：GnnnnnnEmmmmm[N|S]，其中，nnnnnn 和 mmmmm 数值为冰川的经纬度坐标值，（以度为单位乘以 1000），[N|S]中 N 表示北纬，S 表示南纬。②冰川名称（Name）：将已知名称冰川的名称录入，并可编辑、修改，名称未知的冰川值为空。③冰川位置（Location）：包括纬度、经度和海拔、流域编码、所属山系、省区等。④冰川几何特征：包括冰川长度、冰川面积、冰川平均宽度、冰川朝向等，其中，每项数据对冰川的积累区（粒雪盆）和消融区分别进行计算，如冰川面积应包括总

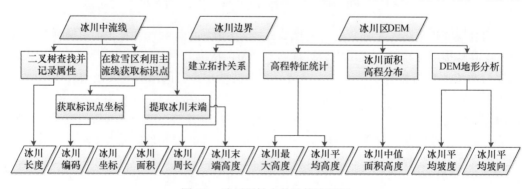

图 2.8　冰川属性参数计算流程图

面积、积累区面积和消融区面积。⑤冰川特征分类：冰川可按形态分类（参考《中国冰川信息系统》）。⑥参考资料信息：包括遥感影像来源、操作人员、类型、年代、比例尺等，以及其他参考信息资料来源和作者信息。

## 4. 基于遥感的冰川分类精度评估

当前世界各国和不同研究者进行冰川编目时所用的方法各式各样，并且由于高分辨率遥感影像价格高昂并且处理要求较高，因此，目前大多数的遥感冰川编目研究都是基于中等分辨率的 Landsat TM/ETM+（15～30m）和 EOS-Terra/ASTER（15m）多光谱影像来进行的。这带来的问题就是所得冰川编目成果的精度也很难统一。为了评估世界冰川编目数据集的精度，早在 2004 年 GLIMS 计划就着手进行了分析对比试验（GLIMS Analysis Comparison Experiments，即 GLACE 1 和 2），结果显示，不同编目者用不同方法和数据编制的冰川编目精度有明显的差别（Raup et al.，2007）。

为了研究不同编目方法和数据对冰川编目成果精度的影响，Paul 等（2013）分别选择了美国阿拉斯加和欧洲阿尔卑斯山两个不同冰川分布区域的高分辨率遥感影像（如 QuickBird、IKONOS 和航空像片），由来自全球各地不同机构的约 20 位冰川学研究者进行数字化，并与基于 Landsat TM 影像自动提取的冰川边界进行对比。结果发现，根据不同研究者数字化结果量算的冰川面积平均存在 3%～6% 的差异。

然而，世界各地的冰川面积大小存在非常大的差异。这类基于面积差异对比的误差评估对所选择冰川的大小有严重的依赖性，因此很难保证无偏性。为提高冰川面积误差评估的全面性，在中国第二次冰川编目中，采用了另外一种方法来评估冰川编目成果的面积误差（Guo et al.，2015）。该方法以从不同遥感影像和来源提取的冰川边界间的距离差异为边界定位误差，并结合冰川的周长来评估冰川的面积误差。

中国第二次冰川编目的误差评估选用了从 Google Earth 下载的高清遥感影像（分辨率优于 1m），以手工数字化的冰川边界作为参考标准。验证过程是随机从 Google Earth 中选取了中国西部 7 个具有高分辨率遥感影像的区域，收集这些区域的 Google Earth 影像以及相近时段的 Landsat 影像，并分别进行冰川边界的提取（图 2.9）。根据从两种数据源得来的冰川边界的对比，首先获得其边界的定位误差。

为了更精确评估编目编制方法的冰川边界定位误差，中国在第二次冰川编目还引入了野外实测 GPS 数据来对边界定位误差进行评估（图 2.10），总计使用了中国西部 23 条冰川共计约 1500 个 GPS 边界测量点，并与从相近时段 Landsat 遥感影像提取的冰川边界进行对比，评估其边界定位误差。

两种方法验证的中国第二次冰川编目边界的定位误差在裸冰区平均约为±10m，而在表碛覆盖区平均也能够达到±30m。基于此成果，中国第二次冰川编目采用了式（2-1），对冰川面积误差进行了评估。

$$E_A = L_c \cdot E_{pc} + L_d \cdot E_{pd} + L_i \cdot E_{pi} \tag{2-1}$$

式中，$E_A$ 为冰川面积误差；$E_{pc}$ 和 $E_{pd}$ 分别为裸冰区和表碛区的冰川边界误差；$E_{pi}$ 为分冰岭的定位误差；$L_c$、$L_d$ 和 $L_i$ 分别为裸冰区和表碛区冰川边界长度以及分冰岭的长度。由

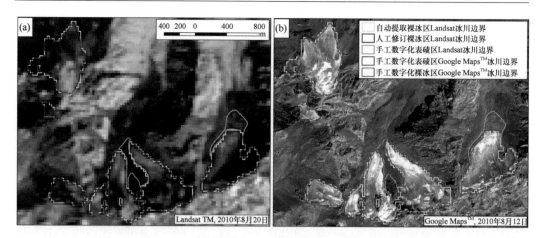

图 2.9　基于高分辨率遥感影像的冰川编目方法精度验证.
（a）基于 Landsat 影像提取的冰川边界；（b）基于 Google Earth TM 影像手工数字化

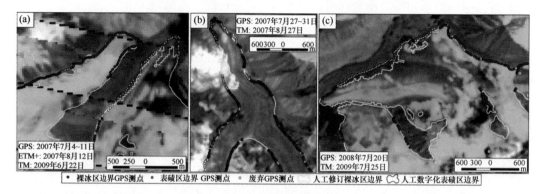

图 2.10　基于野外 GPS 测量成果的冰川编目方法精度验证
（a）祁连山水管河 1 号和 5 号冰川；（b）祁连山老虎沟 12 号冰川；（c）天山博格达峰北坡分流冰川

于分冰岭的误差对所用 DEM 有严重的依赖性，并且很难评估，因此，在评估过程中使用一个 DEM 像元的大小（30m）来代替。评估结果显示，中国第二次冰川编目中整个西部冰川面积的误差约为±3.3%，与大多数冰川编目和冰川变化研究者的误差评估结果类似。不同流域由于冰川面积和形状的差别，其误差也有很大差别。冰川面积越小，误差越大，反之亦然。同时，由于表碛区边界很难定位，其面积精度也相对很低，整个中国西部表碛覆盖区的冰川面积相对误差达 17.3%，河西内流盆地的表碛区误差甚至达到约 60%。

## 2.2　遥感冰川物质平衡研究

　　传统冰川物质平衡研究是基于雪坑或冰川消融花杆来进行的，需要实际到达冰川并现场挖掘雪坑或提前布设消融花杆，因此可被称为接触式研究。由于冰川通常位于气候条件恶劣、交通不便，并且后勤难以保障的高海拔区域，这种物质平衡观测方法仅仅局限在部分区域，很难广泛展开。而遥感的优势在于能够观测地球任何地区的冰川物质平衡变化，因而近年来逐渐被广大冰川学研究者所采用。

### 2.2.1　遥感冰川物质平衡研究的主要原理

#### 1. 基于遥感大地测量法的冰川物质平衡研究原理

遥感大地测量法冰川物质平衡研究是通过多时期冰川数字高程模型对比来探测冰面高程的变化的，并将其转换为冰川体积变化和对应的水当量变化，来获知冰川的物质平衡信息（Kaser et al.，2003；Bamber and Rivera，2007；Zemp et al.，2013；Radic and Hock，2014）。图 2.11 对 DEM 对比法进行了简单阐述，其中，$h_1$ 和 $h_2$ 分别表示 $t_1$ 和 $t_2$ 时期的冰川表面高程，则 $h_2$–$h_1$ 表示在 $t_2$–$t_1$ 时期内冰川厚度变化信息，通过对冰川不同位置的厚度变化在冰川面积上进行积分，可计算冰川在调查时期（$t_2$–$t_1$）内的体积变化，该体积变化包含了冰川表面物质交换、内部消融、底部物质损耗、冰体流动、冰川形态变化等多种物质变化信息（Fischer，2011）。冰川物质平衡 $B$ 是冰川物质变化在冰川面积上的平均，通过 DEM 数据在像元尺度上离散化后可采用式（2-2）计算（Schluetz and Lehmkuhl，2007；Fischer et al.，2015）：

$$B = \frac{\sum_{i=1}^{Q} \Delta h_i S_{\mathrm{p}} \rho_i}{\overline{S_g}^* (t_2 t_1)} \tag{2-2}$$

式中，$\rho_i$ 为计算像元点 $i$ 处的冰川密度；$\overline{S_g}$ 为 $t_1$ 和 $t_2$ 两个时期冰川面积的平均值；$Q$ 为最大冰川发育边界所包含的像元总数；$\Delta h$ 为不同时期 DEM 数据间像元点高程差值；$S_{\mathrm{p}}$

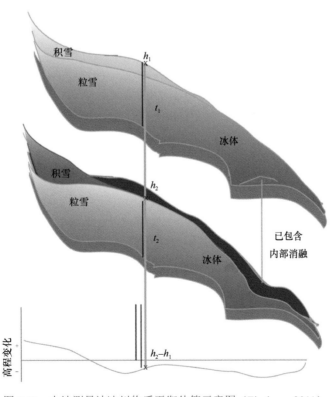

图 2.11　大地测量法冰川物质平衡估算示意图（Fischer，2011）

为单个像元面积，即 DEM 数据空间分辨率。大地测量法是基于冰川表面高程变化估算冰川体积变化，因此，$\rho_i$ 主要考虑冰川近表层的密度。受冰川表面积雪、粒雪、冰的含量和分布影响，冰川近表层密度值随时间和空间变化（Zemp et al.，2010；Fischer，2011），且该变化分布较难获取或模拟（Sapiano et al.，1998；Elsberg et al.，2001；Huss et al.，2013）。因此，可采用冰川密度近似（Larsen et al.，2007；Huss，2013；Pieczonka et al.，2013）或分区域讨论冰川密度（Schiefer et al.，2007；Zemp et al.，2010；Kääb et al.，2012）的方式，对冰川物质平衡进行估算。

虽然遥感大地测量法是监测冰川物质平衡变化比较适用的方法，但仍存在一定缺陷，即一般获取时间间隔较长（从几年到几十年不等）的物质平衡数据，难以反映物质平衡年内分布和变化；冰川表面高程变化并非完全由表面物质收支水平控制，冰川运动速度波动也有影响，因此，大地测量法无法反映冰川某一断面的物质平衡状态；DEM 数据在坡度陡峭或地形复杂区域精度较低，甚至严重畸变，从而影响整条冰川的物质平衡估算精度；冰川不同区域（粒雪盆、末端等）垂直方向上的冰雪密度差异大，且在不同海拔带之间也有较大差异，目前仍无易于应用的参数化方案，因此，采用不同冰川密度的概化方案，也会带来不同程度误差（Hagg et al.，2004；Bamber and Rivera，2007；Racoviteanu et al.，2008）。

## 2. 基于卫星重力测量的冰川物质平衡研究原理

卫星重力法是在重力卫星（Gravity Recovery and Climate Experiment GRACE）成功发射和运行后才开始广泛应用的方法（Tapley et al.，2004；Chen et al.，2006；Cazenave et al.，2009；Jacob et al.，2012；Radic and Hock，2014；Schrama et al.，2014；Song et al.，2015）。GRACE 卫星计划包含运行在同一近圆轨道的两颗相同卫星，于 2002 年 3 月成功发射，设计寿命 5 年，旨在每 30 天获取空间分辨率 400～40 000 km 的地球重力场（Tapley et al.，2004）。两颗卫星在轨道上相距 220 km，每天绕行地球 15 次，轨道海拔约 500 km，倾角 89.5°。GRACE 通过高精度的 K 波段微波测距系统探测两颗卫星之间持续空间距离差异，对地球重力场微小变化进行测算，获取探测对象物质变化（Tapley et al.，2004）。

GRACE 能提供优于月尺度时间分辨率的物质变化数据，但空间分辨率较为粗糙，仅为 300～400 km（Andersen and Hinderer，2005；Arendt et al.，2009；Cazenave et al.，2009）。此外，由于较大空间尺度内探测对象存在多种成分物质的变化，因此，需要通过复杂模型对地球系统引起物质变化的过程进行模拟，通过量化这些过程相关的物质变化，来提取冰川组分的质量变化。例如，地壳均衡回弹、板块构造、水文、大气等，这些过程的估算误差会通过误差传递，给基于 GRACE 的地表（冰）水体变化估算带来较大的不确定性（Radic and Hock，2014）。Jacob 等（2012）采用卫星重力法对全球冰川物质平衡对海平面变化的影响进行了估算，结果显示在阿尔泰山地区、青藏高原和祁连山地区冰川均为正物质平衡，帕米尔和昆仑山地区为强负平衡，这与其他研究相矛盾（Narozhniy and Zemtsov，2011；Gardelle et al.，2012；Yao et al.，2012；Gardelle et al.，

2013）。Zhang 等（2013）的研究结果显示青藏高原地区的正物质平衡由湖泊水量增加所致；Song 等（2015）的研究表明，气温和降水等气候因素对卫星重力法的估算结果存在较大影响。

## 2.2.2　基于遥感大地测量法的冰川区 DEM 获取

### 1. DEM 的获取方法

冰川区 DEM 可以通过多种遥感手段获取，例如机载激光扫描（Light detection and ranging，LiDAR）、干涉合成孔径雷达（Interferometric Synthetic Aperture Radar，InSAR）、光学立体像对等（Gardner et al.，2013；Neckel et al.，2013）。随着可获取的 DEM 数据在数量、分辨率、精度等方面的发展，以及该方法在对难以接近区域应用的独特优势，遥感已经成为获取大空间尺度冰川物质平衡的一种较为普遍的监测方法（Bolch et al.，2008；Berthier et al.，2010；Nuth et al.，2010；Gardelle et al.，2012；Fischer et al.，2015）。

21 世纪之前拥有立体测图能力的卫星传感器较少，最主要的数据源为各国采用航空摄影测量、近景摄影测量或其他测绘技术手段获取并生成的历史地形图数据。Vignon 等（2003）采用秘鲁国家地理局（National Institute of Geography，IGN）于 1962 年基于地形测量和航空摄影制作的 1∶100000 地形图数据，通过对比提取自 2001 年 ASTER 立体像对的 DEM 数据，对布兰卡山系（Cordillera Blanca）的冰川体积变化进行了研究，IGN DEM 的垂直误差为±10 m，其与 ASTER DEM 数据之间整体偏移不明显，但是在积累区等典型区域存在显著偏差。Surazakov 和 Aizen（2006）与 Aizen 等（2006）利用 1943 年和 1977 年的地形图数据，结合 SRTM DEM 数据对天山地区冰川体积变化进行了研究，该地形图数据比例尺为 1∶25 000，基于航空摄影制作，标称垂直精度为 1/3 等高距（3.3 m），平面精度为 5 m，地形图 DEM 与 SRTM DEM 数据之间存在西北向的系统误差。Xu 等（2013）采用中国 1966 年基于航空摄影制作的 1∶50 000 地形图数据，对比 SRTM DEM 数据后发现，前者在平坦和丘陵区域的垂直精度为 3~5 m，在山区为 8~14 m，并估算了祁连山团结峰地区冰川体积变化。随着 1995 年 CORONA 和 Hexagon 等间谍卫星数据的解密，采用该数据反映 1960s~1980s 冰川表面高程信息的冰川学研究逐渐增多。Bolch 等（2008）采用 CORONA 数据，通过对比 ASTER 立体像对提取的 DEM 数据，研究了 1962~2001 年尼泊尔昆布喜马拉雅地区的冰川体积变化；Pieczonka 等（2013）采用 Hexagon KH-9 数据，结合 SPOT5 立体像对和 SRTM DEM 数据，对 1976~1999 年、1999~2009 年和 1976~2009 年天山托木尔峰南坡地区的冰川体积变化进行了研究。

2000 年之后，随着卫星遥感技术的飞速发展，拥有立体测图能力的卫星传感器迅速增加，空间分辨率也越来越高（图 2.12）。拥有 15 m 中等空间分辨率的 ASTER 立体像对数据自 2000 年以来，积累了覆盖较大空间范围和较长时间序列的影像数据，并以其较低的使用经济成本，使其在全球不同研究区域获取适宜 DEM 数据的能力显著增加（Racoviteanu et al.，2007；Kääb，2008；Toutin，2008）。印度的 Cartosat-1（Indian Remote Sensing Satellite，IRS P5）和日本的 ALOS 因其高达 2.5 m 的空间分辨率，在冰川研究中也得到了一定应用。Bolch 等（2011）结合 CORONA 和 P5 立体像对尼泊尔喜马拉雅山地区的冰川物质平衡进行了探讨；Lamsal 等（2011）利用 CORONA 和 ALOS 对尼布尔昆布喜马拉雅地区伊姆加冰川（Imja Glacier）的冰量变化进行了研究。法国的 SPOT5 因其相对较高的空间分辨率（10m）、精度和稳定性，在冰川冰量变化和物质平衡研究中也得到了广泛应用（Berthier et al.，2004；Berthier and Toutin，2008；Gardelle et al.，2012；Gardelle et al.，2013；Pieczonka et al.，2013）。

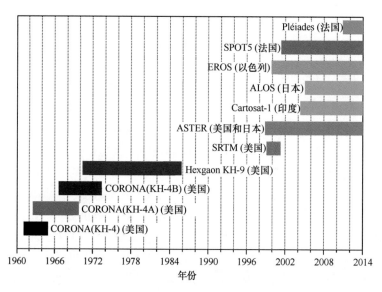

图 2.12　部分立体遥感数据的覆盖时间

合成孔径雷达干涉测量（Interferometric Synthetic Aperture Radar，InSAR 或 IFSAR）通过使用搭载 SAR 传感器的平台获取相隔一定时段、距离或视角稍有差异的复数数据（包括振幅和相位信息）组成干涉对，经过精确配准后对复数图像进行共轭相乘得到复干涉条纹图，然后对干涉纹图中的相位信息进行解缠从而获取地面高程信息的技术方法，是快速获取大范围的数字高程模型的有效途径之一（Zebker and Goldstein，1986）。InSAR 数字高程模型的获取方式随着 SAR 卫星的相继发射而不断丰富，1991 年欧洲资源卫星 1 号（ERS-1）携带的 C 波段 SAR 传感器成功发射，重复周期获取的 SAR 数据使得极地、少植被及变化微小区域的 DEM 获取成为可能（Zebker et al.，1994）；1995 年成功发射的欧洲资源 2 号卫星携带的相同波段的传感器，与 ERS-1 卫星获取的数据时间基线为一天的串行模式是大范围获取 DEM 的重要尝试（Schwabisch et al.，1996；Rufino et al.，1998）；为后来的 TerraSAR-X/TanDEM-X 的成功运行提供了实验基础，目前德国空间局正使用 TanDEM-X 数据的干涉方式构建全球高精度数字高程模型（Gruber et al.，2012；Eldhuset and Weydahl，2013），与光学影像结合获得的数字高程模型误差小于 1m（Eldhuset and Weydahl，2013）。值得一提的是，2000 年 2 月的航天飞机测绘任务采用雷达干涉测量方法获得了全球陆地 80%区域的数字高程模型，并以其质量稳定、覆盖范围广、获取方便等，成为目前应用最为广泛的高程数据，是反映 2000 年冰川表面高程信息、最为稳定的数据源（Rodriguez et al.，2006；Surazakov and Aizen，2006；Gardelle et al.，2012，2013；Pieczonka et al.，2013；Pope et al.，2014），在地球科学以及冰川学研究中发挥了重要作用（Marschalk et al.，2004；Kääb，2005）。

## 2. 不确定性分析

基于多源遥感 DEM 数据的大地测量法方法简单，不需要其他辅助数据，精度及稳定性也较高。但在遥感数据获取、存储及处理过程中均会产生误差，并且通过误差传递所产生的累积误差会提高冰川物质平衡估算结果的不确定性（Hagg et al.，2004；Bamber and Rivera，2007；Koblet et al.，2010；Nuth and Kääb，2011；Zemp et al.，2013；Fischer et al.，2015）。

航天遥感数据在获取过程中，遥感平台自身姿态稳定性误差、卫星传感器解析力和获取能力不足导致的数据失真、大气辐射和干涉对获取信号的干扰等，均会影响探测对象在遥感影像上的反映（Berthier et al.，2005；Racoviteanu et al.，2008）；即使是相同平台在同一研究区域不同时间获取的遥感数据，或同一时间同一区域不同平台获取的遥感数据，也可能产生差异（Nuth and Kääb，2011）。采用立体遥感数据提取 DEM 数据的过程中，采用软件平台、地面控制点（ground control point，GCP）和提取数据点的数量与分布、空间内插方式、DEM 数据空间坐标系统和空间分辨率等因素的不同也会导致提取 DEM 数据产生差异。这些非系统性误差最终导致相同研究区域内多源遥感 DEM 间产生较大的空间配准误差，反映为 DEM 数据间的相对平面扭曲和垂直差异，进而影响冰川物质平衡估算结果的精度。由于冰川一般在坡度陡峭的地形复杂区域发育，多源 DEM 间较小的空间匹配误差也会给最终数据成果带来较大影响（Berthier et al.，2004），因此，在采用大地测量法估算冰川冰量变化之前，消除和减少不同 DEM 间的空间匹配误差显得尤为重要。

在减小或消除误差过程中，为了排除冰川运动和物质收支变化的影响，一般采用多源遥感 DEM 数据间非冰川区的高程差异对误差进行分析，因为在相对较短研究时间跨度内（几十年），非冰川区的地形一般较为稳定，不会随着时间改变（Racoviteanu et al.，2007）。但在 DEM 数据提取过程中，冰川区和非冰川区由于影像对比度、坡度分布等因素差异，而导致随机误差也不尽相同，因此非冰川区所表现的高程误差并不一定能代表冰川区高程误差，采用 DEM 数据间非冰川区的高程误差来对冰川区高程误差进行校正，也会带来一定的不确定性（Paul and Haeberli，2008；Zemp et al.，2013）。Kääb 等（2012）通过模拟认为由 DEM 数据间不同空间分辨率导致的高程误差与地形的最大曲率存在相关性，并且冰川区与非冰川区的相关性特征一致。

相对于物理模型而言，统计学方法将数据获取和处理过程产生的误差作为整体进行分析，易于适用和推广（Nuth and Kääb，2011）。但是，统计方法自身误差也会提高误差校正的不确定性。在误差统计分析过程中，独立样本数并不相当于采样数，因为在 DEM 数据中普遍存在数据空间自相关，且不可忽略（Etzelmüller，2000；Schiefer et al.，2007）。空间自相关引起的不确定性可以用半方差（Semi-variance）予以分析（Rolstad et al.，2009），也可基于空间自相关距离采样加以消除。空间自相关距离可采用 Moran 自相关指数（Moran's I autocorrelation）估算（Gardelle et al.，2013）；Koblet 等（2010）建议对于空间分辨率为 5 m 的 DEM 数据空间自相关距离可选 100m；部分研究自定义了空间自相关距离（Berthier et al.，2010；Bolch et al.，2011）。

在采用多源遥感 DEM 估算冰量变化的研究中，若使用 SRTM DEM 数据，需考虑雷达冰雪穿透，并对其予以矫正（Vignon et al.，2003；Gardelle et al.，2013；Pieczonka et al.，2013）。冰川学研究一般对平衡年整数倍时期内的冰川物质平衡进行监测和研究（Gardelle et al.，2012），而所采用的遥感数据源不一定准确反映冰川消融-积累转换时期的状态，因此，需要对数据源获取时间与冰川消融-积累转换期内的冰川物质变化进行讨论（Vignon et al.，2003；Gardelle et al.，2012；Gardelle et al.，2013）。冰川近表层密度空间分布较难获取（Nuth et al.，2010；Huss，2013），采用大地测量法获取冰川物质平衡信息时，所采用的冰川体积-物质转换因子与实际冰川近表层密度空间分布之间的差异会在一定程度上影响冰川物质平衡监测结果（Zemp et al.，2013；Fischer et al.，2015），Sorensen 等（2011）和 Bolch 等（2013）优化积累区/消融区采用不同转换参数方案，采用积雪压实模型（Firn compaction model）对冰川 ELA 以上区域的密度分布进行了估算；Huss（2013）基于积雪压实模型在考虑到积雪和裸冰的区别后对冰川密度分布进行模拟，结果显示，在大空间研究尺度上，冰川体积-物质转化的最优平均密度为 $850 \pm 60$ kg/m³。

### 2.2.3 基于 ICESAT 的冰川物质平衡研究

星载激光测高法是与基于可见光和微波遥感的 DEM 提取方法完全不同的一种地表高程测量方法。其主要原理是通过星载的激光雷达发射激光波束并接收地表发射激光，通过计算发射和接收的时间差来计算地表高程。虽然星载激光雷达与机载激光雷达一样具有很高的测量精度，但与机载激光雷达不同的是，星载激光雷达由于受其高度和运行速度的限制，无法发射密集激光束形成激光点阵，进而无法形成完整覆盖某一区域的高精度 DEM，只能获得沿卫星运行轨道下垫面地表离散的点状高程。

2003 年 1 月发射运行的 Ice，Cloud，and Land Elevation Satellite（ICESat）卫星搭载的地理科学激光测高系统（Geoscience Laser Altimeter System，GLAS）提供了一系列自 2003~2009 年连续的地球表面测高数据。该测高系统的测量精度可达到厘米级（Zwally et al.，2002；Fricker and Padman，2006）。高纬度地区 ICESat 卫星的重访周期约为 2/3 次每年。连续并精确的高程观测，使得其在冰川表面高程监测上具有一定优势。但由于低纬度地区激光观测点分布稀疏以及不完全重复的卫星轨道，使得不能够直接使用 ICESat-GLAS 测高数据检测冰川表面高程变化。结合参考 DEM 的方法被广泛应用于基于 GLAS 的高纬度地区冰川表面高程监测中（Moholdt et al.，2010b；Kääb et al.，2012；Gardner et al.，2013；Neckel et al.，2014）。

自 ICESat GLAS 测高系统运行以来，该数据被有效应用在极地地区的冰盖、冰帽高程变化监测研究中（Magand et al.，2007；Moholdt et al.，2010a；Malecki，2013）。Kääb 等（2012）最先将 ICESat 测高数据应用在高亚洲地区山地冰川物质平衡监测研究中，结合 SRTM DEM 数据估算了兴都库什—喀喇昆仑—喜马拉雅山（HKKH）地区 2003~

2008 年间冰川物质平衡为−0.21±0.05m w.e./a。随后，Gardner 等（2013）使用 ICESat-GLAS 数据估算了全球冰川 2003～2009 年物质变化对海平面上升的贡献量，并首次使用统一的遥感数据和方法揭示了高亚洲地区冰川物质平衡状态的空间差异。Neckel 等（2014）基于 ICESat-GLAS 数据计算了 2003～2009 年青藏高原冰川物质平衡变化趋势。

# 2.3　其他遥感冰川应用研究

## 2.3.1　基于遥感的冰川运动速度提取

冰川运动速度是表征冰川动力特征的一个关键指标，同时也是冰川物质平衡和动力学模拟的一个关键输入参数。传统的冰川运动速度测量大多通过野外消融花杆定点 GPS 或其他测量方式来获取，只能获取到少数测量点上的运动速度（如 Copland et al.，2003；Nuttall and Hodgkins，2005；den Ouden et al.，2010；Zhang et al.，2010；Aoyama et al.，2013）。遥感技术为冰川运动速度测量提供了一个新的技术手段，依据遥感影像的分辨率能够提取出 $10^0 \sim 10^2$ m 尺度上冰川运动速度的空间分布特征，并且精度也能够满足大多数冰川学应用的需求。

早期基于光学遥感的冰川运动速度提取是采用手工的方式从不同时期影像上量算同一目标的位移来进行（Lucchitta and Ferguson，1986）。Bindschadler 和 Scambos（1991）与 Scambos 等（1992）最早采用自动的方式从影像上提取运动速度。他们采用的方法是归一化交叉相关系数（Bernstein，1983）。之后，这种图像相关匹配方法获得了快速的发展，并不断地被应用于冰川学研究中，包括最早的归一化交叉相关方法（Bindschadler et al.，1996；Rack et al.，1999；Kääb，2002；Berthier et al.，2003；Skvarca et al.，2003；Quincey et al.，2009；郭万钦等，2012）、在傅里叶频率域进行的交叉相关（Rolstad et al.，1997）、最小二乘匹配（Kaufmann and Ladstädter，2003）、相位相关（Leprince et al.，2008；Scherler et al.，2008；Quincey and Glasser，2009）和定向相关方法（Fitch et al.，2002；Haug et al.，2010）等。Heid 和 Kääb（2012）对现有的各种图像匹配方法进行了比较，结果认为归一化交叉相关是最优的图像匹配方法。

归一化交叉相关系数的计算如下式（郭万钦等，2012）：

$$R(x_1,y_1,x_2,y_2) = \frac{\displaystyle\sum_{i=-\frac{m}{2}}^{\frac{m}{2}}\sum_{j=-\frac{n}{2}}^{\frac{n}{2}}\frac{\{[f(x_1+i,y_1+j)-\overline{f}]\cdot[g(x_2+i,y_2+j)-\overline{g}]\}}{2}}{\sqrt{\displaystyle\sum_{i=-\frac{m}{2}}^{\frac{m}{2}}\sum_{j=-\frac{n}{2}}^{\frac{n}{2}}\frac{\{[f(x_1+i,y_1+j)-\overline{f}]^2\cdot[g(x_2+i,y_2+j)-\overline{g}]^2\}}{2}}} \qquad (2\text{-}3)$$

式中，$R$ 为参考影像 $f(x,y)$ 在点位（$x_1$，$y_1$）和匹配影像 $g(x,y)$ 在点位（$x_2$，$y_2$）两处的匹配窗口间的相关系数；$\overline{f}$、$\overline{g}$ 分别为两幅影像在匹配窗口内 DN 值的平均值；$m$、$n$ 分别为匹配窗口在 $x$ 和 $y$ 方向上以像元为单位的窗口尺寸。

在冰川学应用方面，早期遥感冰川运动速度研究大多局限于极地冰帽和冰架运动速度的提取方面，如 20 世纪 90 年代 Bindschadler 等开展的基于 Landsat TM 影像的南极冰流运动速度研究（Bindschadler and Scambos，1991；Bindschadler et al.，1996）和 Rack 等（1999）开展的南极半岛 Larsen 冰架运动速度的研究，以及 Berthier 等（2003）开展的东南极 Mertz 冰川运动速度和物质平衡的研究。2000 年以后，研究者逐渐开展了对山地冰川运动速度的遥感研究，如 Herman 等（2011）利用 COSI-Corr 软件和 ASTER 影像研究了新西兰南阿尔卑斯山冰川在 2002~2006 年运动速度的变化；Redpath 等（2013）利用 CIAS 软件和 ASTER 影像研究了新西兰 Tasman 冰川 2009~2011 年运动速度的变化；Saraswat 等（2013）在采用干涉测量的同时用 COSI-Corr 软件和 ASTER 影像研究了喜马拉雅山 Gangotri 冰川的运动速度变化，等等。

利用微波遥感卫星 SAR 影像的差分干涉技术（InSAR 技术）是目前为止能够最精确地获取冰川表面运动速度的技术方法，其获取的运动速度精度能够达到厘米级，因而被学者们广泛用来研究全球各地的冰川运动速度。如 Palmer 等（2010）采用 InSAR 方法基于 ERS-1/2 SAR 影像研究了东格陵兰 Flade Isblink 冰川 1995~1996 年运动速度的变化；Gourmelen 等（2011）基于 ERS-1 SAR 影像干涉方法研究了冰岛 Langjokull 和 Hofsjokull 冰帽 1994 年运动速度的分布；Pohjola 等（2011）利用 InSAR 技术研究了 Svalbard 群岛 Vestfonna 冰帽 2007~2010 年运动速度的变化；Scheuchl 等（2012）利用 RADARSAT-1/2 SAR 影像和干涉方法研究了南极洲 Filchner-Ronne 和 Ross 冰架 1997~2009 年运动速度的差异；Saraswat 等（2013）利用 ASAR 影像和干涉测量方法结合交叉相关方法研究了喜马拉雅山 Gangotri 冰川的运动速度变化，等等。

对于极地冰川来说，在卫星重复周期的数天或数十天内，冰盖或冰流表面消融微弱，获取的 SAR 图像相干性得以保持；山地冰川因表面消融或积累强烈，相干度很低，干涉条纹质量很差，但串行模式的 ERS1/2 数据可用于山地冰川的表面流速估计（Zhou et al.，2011）。但目前在轨的卫星周期通常都大于 3 天，因此还没有合适的数据来基于干涉测量方法获取冰川运动速度；为弥补当前短时间基线卫星数据的不足，类似光学影像相关的合成孔径雷达图像的特征匹配是一种广泛使用的替代方法，能达到亚像素级的精度（Strozzi et al.，2002），因此也被广泛应用于冰川运动速度估计（Quincey et al.，2009；Jiang et al.，2011；Ke et al.，2013；Li et al.，2013）。

### 2.3.2　基于遥感的冰川雪线提取

物质平衡线（equilibrium line altitude，ELA）是冰川上消融量等于积累量的一条等高线，其随着冰川总体的物质平衡状态而上下浮动，是指示冰川物质平衡状态的一个重要冰川学特征线。而冰川的雪线（Snowline）则通常是指粒雪（通过形态、密度等与冰川冰和冰川附加冰相区分）的分布界线（也称粒雪线，Firn Line Altitude，FLA），其定义是冰川上通年存在积雪的海拔高度下限（Seidel et al.，1997）。它是预测未来冰川积雪覆盖面积的一个重要参数（Kaur et al.，2009），其分布受到局地的气温、降水和地形等的影响（Kerr and Sugden，1994），并与气候扰动之间存在紧密联系（Kuhn，1989；Atsumu et al.，1992）。1962 年 La Chapelle 指出，中纬度的冰川消融季末的粒雪线高度可用于指示冰川平衡线高度（Lachapelle，1962）。因此，粒雪线常被作为冰川年物质平衡的一个指示变量（Braithwaite，1984；Rabatel et al.，2005；McFadden et al.，2011）。

遥感技术是研究无观测资料地区冰川粒雪线高度的一个重要手段（Braithwaite，1984；Rabatel et al.，2005）。国外学者利用航片、Landsat TM/ETM+和 MODIS 卫星等光学遥感影像对消融季末北美西部（Pelto，2011）、新西兰（Chinn，1995；Lamont et al.，1999）、欧洲阿尔卑斯山（Rabatel et al.，2008），以及热带山地冰川（Klein and Isacks，1999；Rabatel et al.，2012）的粒雪线进行了提取。我国学者也利用遥感方法对青藏高原（Huang et al.，2011；Huang et al.，2013；陈安安等，2014）和喜马拉雅山（Guo et al.，2014）的雪线及其变化进行了研究。

冰川雪线可以通过几种方式从光学遥感影像上进行提取。Seidel 等（1997）将遥感影像上积雪覆盖率在 50%的像元定义为雪线，并用 Landsat TM 和 SPOT 影像进行了雪线的提取。De Angelis 等（2007）则通过计算 Landsat TM4/TM5、TM2/TM5 和 TM4/TM7 等波段比值来区分雪线，有效降低了由于阴影和积雪的非郎泊面反射特性的影响。此外，冰川雪线还可通过采用监督和非监督以及决策树等分类方法对归一化积雪指数和反射率分布的分类来获取（Heiskanen et al.，2003）。

Guo 等（2014）则通过另外一种方法对喜马拉雅山西段地区冰川的雪线及其变化进行了提取。该方法通过严格的处理，从 Landsat TM/ETM+影像上获取了该地区的全波段反照率，并基于雪线附近冰川表面反照率会突然增加的特性来获取雪线所在的位置，并基于 SRTM 数据来获取雪线的高度。应用该方法，Guo 等（2014）成功获取了喜马拉雅山西段地区部分冰川的雪线在 1998~2009 年的变化。

可见光和近红外传感器的主要缺点在于受光照条件和云覆盖等的限制，使得在很多地区很难大范围应用。利用 SAR 影像可以有效地避免这些条件的影响。基于 SAR 影像上粒雪的后向散射系数明显大于冰川冰的特征，可以提取出冰川粒雪线的位置，并在极地和青藏高原典型冰川区域都得到了广泛应用（Storvold et al.，2004；Huang et al.，2013）。通过分析 SAR 影像的后向散射系数同时还能区分出干雪带、渗浸带、湿雪带和裸露冰带，对于大陆性冰川，因不存在干雪带，一般划分成渗浸带、湿雪带以及消融带包（含附加冰带）（Hooke，2005）。然而，基于 SAR 影像提取冰川雪线也存在缺点，其剧烈的几何学和辐射扭曲与斑点（噪声）需要复杂的处理过程和精确的数字高程模型（Rees and Arnold，2006）。

### 2.3.3　基于遥感的冰川反照率提取

冰川反照率是表征冰川表面特征的一个重要参数。很多因子都可以影响冰川表面的反照率，如降雪事件、沙尘天气、大气污染（黑炭），以及冰川表面的消融状态、表碛覆盖条件等。在同样的气候条件下，通常表面反照率越低，冰川的（潜在）消融就越剧烈。因此，通过冰川表面反照率不仅可以了解冰川表面不同类型区域的分布特征（如雪线等），还可以直观地反映冰川表面的消融状态，因而受到冰川研究者们的关注。

反射率（reflectance）是地表反射的某一频率/波长太阳辐射能量占其入射能量的百分比，反照率（albedo）则是地表反射的各个频率/波长的辐射能量占整个电磁波谱的太阳入射总能量的百分比。一般的，地表按照其反射特性可以分为郎泊面（Lambertian surface）和非郎泊面（non-Lambertian surface）两种。郎泊面指对太阳辐射的反射具有各项同性特性的表面，对任意方向的入射太阳辐射在任何方向都具有相同的反射率。而非郎泊面则是各向异性的反射体，对不同角度的入射太阳辐射，在不同的方向上具有不同的反射率，其分布的数学模拟也被称为二向性反射率分布函数（bidirectionnal reflectance distribution function，BRDF）。冰雪和大多数地表一样，都属于非郎泊面。国外学者很早就利用野外现场测量的方式研究了冰雪的二向反射特征（O'Brien and Munis，1975；Dozier et al.，1988）。结果显示冰雪对不同角度入射的不同波长太阳辐射在不同方向上具有明显不同的反射特征（图 2.13）。

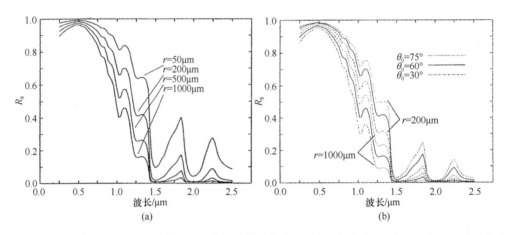

图 2.13　不同粒径积雪对 60º 入射角（a）和相同粒径积雪对不同入射角度（b）0.4~2.5 μm 太阳辐射的半球反射率分布（Dozier et al.，1988）

　　由于遥感影像就是由卫星传感器记录的陆地表面反射的太阳辐射，并且由于遥感的大区域和持续更新的特性，因而成为研究地表反照率的绝佳技术手段。早在 20 世纪 80 年代，就有研究者利用当时发射的 Landsat 卫星上搭载的 TM 传感器，来反演冰雪表面反照率（Hall et al.，1987；Hall et al.，1988；Hall et al.，1989）。但利用遥感研究冰雪反照率首先需要解决几个方面的问题。第一个问题就是大气对卫星传感器记录地表反射率的影响。大气对其中传输的太阳辐射具有明显的吸收作用，并且不同气候和气象条件下（如冬天、夏天和晴天、雾天、阴天）的大气对不同波段的太阳辐射具有不同的吸收特性。要将传感器记录的冰川表面反射率恢复到真实的冰雪面反射率，必须对大气的影响进行校正。严格的大气校正需要准确了解传感器接收影像时由一系列参数标定的大气状态，而通常情况下这些参数是不可获取的。因此，研究者们提出了一系列标准大气模型来对大气状态进行模拟，并研究出了多种综合大气校正模型，如 6S 模型（Vermote et al.，1997）、FLAASH 模型（Adler-Golden et al.，1999）等，可以便捷地对遥感影像进行大气校正。

　　另一个影响传感器记录的冰雪反射率的因素是地形的影响。如前所述，由于冰雪都是非郎泊反射面，并且冰川所在区域一般都属于地形崎岖的山地地区，即便是同一性质的冰雪表面，在不同坡度和坡向的地形上所反映的遥感影像反射率也不完全相同，需要采用相应的模型对地形的影响进行校正（Mishra et al.，2009）。当前学者们基于冰雪的 BRDF 反射特性，提出了很多对遥感数据进行地形校正的模型（Smith et al.，1980；Teillet et al.，1982；Riano et al.，2003；Twele et al.，2006），可以用于地形对遥感影像影响的修正。

第三个必须注意的问题是传感器波段反照率到电磁波谱反照率的转换问题。冰雪反照率的研究需要考虑冰雪对整个电磁波谱太阳辐射的反射，而卫星传感器由于需要考虑大气的影响而一般仅选择若干大气窗口来设置传感器波段，其获取的地表反射率也仅为若干传感器波段的反照率。因此，研究冰雪的反照率需要先将传感器波段记录的反照率转换为整个电磁波波谱范围的反照率，即研究者们常称的窄波段反照率向宽波段反照率的转换（Liang，2000），通常由采用野外实测反射率与传感器波段反射率的对比获得的经验公式来进行（Greuell et al.，2002；Greuell and Oerlemans，2004）。

此外，卫星传感器为减小数据量，通常会将接收到的浮点型地表反射率转换为整型数值（digital number，即 DN 值）来存储并以图像格式传输到地面接收站。同时，不同传感器在设计时会根据需求偏好来对不同地物反射率设计不同的增益值（如过滤过高或过低的反射率等），因此，在进行冰雪面反照率研究之前，还需要进行辐射订正，将传感器所记录的 DN 值根据传感器设计时标定的参数或采用其他方法，转换为实际的大气顶层行星反照率（top of atmosphere reflectance，TOA）。然后再经过大气和地形校正以及窄波段到宽波段反照率的转换等，获得实际的冰雪面反照率。

## 2.3.4　基于遥感的冰川表面温度提取

表面温度是另外一个重要的冰川特征参数。不同区域、不同类型的冰川，其表面温度的分布特征也不相同，如温性冰川的表面温度便大于冷性冰川。同时，与表面反照率相比，冰川表面温度能够更直接地反映冰川表面的消融状况，消融强度越大的冰川，其表面的温度也越接近、甚至高于融冰点。因此，对冰川表面温度的研究也受到了学者们的重视。

对地表温度的反演也是遥感，特别是红外遥感的专长。国外学者较早利用遥感来反演冰川/冰盖表面的温度特征，如 Hall 等（2008）基于 MODIS 和 ASTER 影像研究了格陵兰地区冰川表面的温度变化；Laine（2008）利用 AVHRR 数据研究了南极洲冰川 1981～2000 年的表面温度变化；Ciappa 等（2012）利用 MODIS 地表温度研究了南极洲 Terra Nova Bay 冰面温度 2005～2010 年的变化；Ostby 等（2014）研究了云对 Svalbard 极地冰帽 MODIS 表面温度的影响。

对于冰川表碛来说，下伏的冰川冰具有冷却作用。然而表碛本身却是不良导热体，因此，不同厚度的表碛向下传导的热量和所受的冰川冰冷却作用也不相同。表现在表面温度上，就是不同厚度的表碛与冰川裸露冰相比，具有不同的温度差，因而可以依据表碛的表面温度来对其厚度进行间接的反演。Mihalcea 等（2008）基于 ASTER 获取的地表温度，结合野外实测的表碛厚度，利用统计回归方法反演了冰川表面的表碛厚度，结果显示根据温度反演的表碛厚度和野外实测的数据有很好的一致性。但 Mihalcea 等

（2008）也提出表面温度反演表碛厚度不适用于厚度>0.4m 的表碛，因为厚度>0.4m 之后其表面温度开始与厚度无关。

与冰川表面反照率的提取过程类似，利用遥感影像提取冰川表面温度也需要经过一系列的数据处理过程，然后才能得到合理的冰川表面温度分布。首先需要将传感器记录的 DN 值转换为 TOA 波段辐照率值（Markham and Barker，1985），然后采用一定的大气校正模型（如 Barsi 等（2005）提出的 Landsat TM 热红外波段大气校正模型）将 TOA 辐照率转换为地表辐照率。与短波/近红外波段的反射不同的是，地表的热红外辐射具有各项同性的特征，因此，不需要进行地形方向性校正，而直接将大气校正后的地表辐照率采用与传感器对应的近似普朗克函数（Planck's function）转化为地表温度（如 Markham 和 Barker（1985）针对 Landsat TM 热红外波段的转换函数）。之后，便可以利用所得的温度值研究冰川表面的温度状况。

# 2.4　遥感积雪属性研究

遥感数据是提取大尺度积雪信息的最有效手段。最早的积雪监测是从地面摄影测量开始的，之后逐步发展到利用航空器、航天器和卫星搭载的可见、红外以及微波等传感器资料监测积雪。近年来性能优越的各种传感器不断投入使用，以及与之对应的地面测量数据验证计划、基础理论的研究和应用方法的开发使积雪定量遥感研究上了一个新的台阶。各国科学家开展了大量积雪反射模型的研究（Bohren and Barkstrom，1974；Choudhury and Chang，1979；Warren and Wiscombe，1980；Wiscombe and Warren，1980；Warren，1982），取得了大量的成果，为积雪制图提供了重要的理论基础。大量的雪产品，如美国国家冰雪数据中心（NSIDC）发布的利用 EOS-MODIS 遥感资料制作的全球范围逐日积雪产品（Hall et al.，2002；Riggs and Hall，2015）。我国国家气象卫星中心也利用风云二号 C 卫星结合高程、地理信息等辅助数据自动识别积雪，目前已业务化生产覆盖我国范围的空间分辨率为 0.5°× 0.5°的逐日积雪产品（李三妹等，2007）。

## 2.4.1　积雪面积遥感调查

由于雪在可见光和近红外波段的光谱特征有明显差别，因此，光学遥感被广泛应用于积雪信息的识别与提取。进行积雪制图的光学遥感观测资料很丰富，目前广泛应用的主要包括 NOAA-AVHRR、GOES、Landsat-TM/ETM+、EOS-MODIS、SPOT-VEGETATION、FY 系列等。针对这些数据源，积雪遥感制图发展了多种方法，主要包括目视判读、多光谱图像分类、阈值法像元统计、反射率特征计算法、决策树等（王建，1999）。代表性的算法，如利用 NOAA16 卫星资料通过阈值判别法提取积雪面积（延昊，2004）；在祁连山区利用地物实测光谱结合监督分类制作 MODIS 积雪类型图（王建，1999）；通过对 NSIDC 的 MODIS 雪产品的验证基础上，寻找适合的NDSI 阈值以得到更适合中国西北地区使用的 MODIS 雪识别与提取方法（郝晓华等，2008）。针对山区地形对积雪识别的影响，也发展了物理过程和统计过程的复杂地形条件下的积雪制图模型。如利用亮度补偿法对图像获取时太阳方位角、太阳高度角所造成的山影进行亮度恢复，消除了下垫面的影响，并制作了天山区域 TM 雪盖图（王建，1999）；利用概率和阈值判断相结合的方法，使用 NOAA-AVHRR3 数据提取了空间分辨率为 0.01°×0.01°的日、旬积雪面积图（邓晓东等，2007）；利用 MODIS 影像和气象台站观测资料相结合，以逐步判别与 Bayes 判别及不同目标物光谱特性结合，同时考虑下垫面条件和季节分布对雪深影响，建立了 MODIS 积雪遥感监测业务系统（傅华等，2007）。

## 2.4.2　积雪水当量遥感反演

20 世纪 70 年代末，A. T. C. Chang 等在辐射传输理论和米氏散射理论的基础上，利用 SMMR 被动微波亮温数据反演雪深的算法，成为利用 SMMR 和 SSM/ I 数据反演雪深的基本算法（Chang et al.，1987）。我国学者也利用 SMMR 和 SSM/I 进行了区域积雪深度的研究，通过改进算法取得了众多的研究成果。曹梅盛等引进了被动微波积雪研究方法和 SMMR 数据，并且比较了我国西部气象台站的雪深资料和 SMMR 反演结果，发现全球雪深算法显著地高估了青藏高原雪深，从而提出了青藏高原雪深高估这一问题（曹梅盛等，1993）。为此，曹梅盛等把中国积雪区分为不同的地貌单元（盆地、高原、丘陵、低山和高山），通过拟合从 SMMR 和可见光资料获取的不同积雪范围，来修正 Chang 算法，分别求得了针对各地貌单元的订正算式（曹梅盛和李培基，1994）。近年来，车涛等进一步修正了青藏高原雪深估计算法，利用我国地面台站的观测雪深修正 Chang 算法中的系数，通过植被分布数据修正了森林区雪深低估的不足，引入被动微波地表状态分类树算法提取积雪覆盖地区，提出积雪粒径和密度变化条件下雪深与亮度温度差的补偿方法，最终基于被动微波亮度温度数据建立了我国积雪深度的长时间序列数据集（车涛和李新，2004；车涛等，2004；车涛和李新，2005；Che et al.，2008）。

在利用卫星数据反演雪水当量的方法方面，车涛等发展了被动微波亮度温度的积雪数据同化系统，该系统采用通用陆面过程模型（CoLM）为动力学框架，利用分层积雪微波辐射传输模型（MEMLS）计算积雪的亮度温度，同化方法为集合 Kalman 滤波（车涛，2006）。利用全球协调加强观测（CEOP）计划在西伯利亚实验点的积雪观测数据同化了 AMSR-E 的 18GHz 和 36GHz 亮度温度数据。研究结果表明，通过同化卫星亮度温度获取的积雪同化数据结果与地面实测雪深相比有显著提高，而且可以同时获取单纯使用微波亮度温度数据反演不可获取的积雪层相关状态变量，如雪层温度、密度和液态水含量等（Li et al.，2007）。

## 2.4.3　积雪反照率遥感反演

积雪反照率遥感反演的过程主要围绕以下三个过程进行：①卫星传感器的定标、大气纠正和地表方向反射率计算；②雪表面各向异性反射的纠正；③窄波段反照率换算成宽波段反照率。对于雪表面各向异性反射的纠正实际中，大都是通过建立各向异性反射因子，又称各向异性响应函数（anisotropic response function，ARF 或 f）来实施，它成为卫星测量反照率的调节因子。MODIS BRDF 反照率算法采用线性核（kernel driven linear）函数的 BRDF 模型，反照率通过各向同性参数以及两个核函数三部分的加权来表达。另外，由于全球大部分季节性积雪分布在中高纬度山区，实际雪反照率反演过程中云和地形影响非常重要。Li 等（2002）在反演反射率时，引入了太阳光遮蔽系数及各向同性可见因子，并在此基础上定量分析了地形对雪面直射和散射辐照度的影响。此外，还引入一个可计算四周像元反射辐射影响的地形因子。

王介民等对常用陆面过程模式计算地表反照率的过程做了分析，并将其结果与MODIS 有关产品进行了比较，强调了遥感与陆面过程模式和气候模式的结合（王介民和高峰，2004）。张杰等（2005）应用 EOS/MODIS 卫星数据和目前发展的推算反照率比较完善的一种二向反射（BRDF）模型 Ross Thick-Li Sparse R 核算法（AMBRALS 算法），对西北干旱绿洲区非均匀分布的地表反照率进行反演与分析。蒋熹（2006）等认为，影响冰雪反照率的因素除其自身的物理属性，如积雪粒径、密度、含水量、杂质和污化程度等外，云对冰雪反照率也产生影响，从而使冰雪的反照率呈现出日变化、季节变化和空间变化规律。梁继和王建（2009）利用大气辐射传输模型反演高光谱遥感影像的冰雪窄波段反照率。

### 2.4.4　积雪粒径遥感反演

雪在可见光波段具有强烈的反射率，而在近红外波段吸收强烈，基于雪这种独特的光学特性，它是影响全球辐射平衡的重要因素之一。雪粒径是引起积雪反照率变化的重要参数之一，随着雪粒径的增大，雪反照率明显降低（Wiscombe and Warren，1980），因此，雪粒径的大小和变化与雪盖热状况密切相关。同时，雪粒径是许多积雪模型和气候模型的重要输入因子（Rosenthal and Ieee，1996；Cline et al.，1998；Luce et al.，1998）。此外，雪的粒径大小和气孔分布对建立溶解物迁移和浓缩变化模型至关重要。目前关于雪粒径的反演离不开雪粒径光学模型，过去的 20 余年里，已有大量的雪粒径光学模型出现，使用广泛的主要有 WW 模型（Wiscombe and Warren，1980）和 DISORT 模型（Stamnes et al.，1988），前者使用二流近似辐射传输模型进行求解，后者使用离散坐标辐射传输模型计算。离散坐标辐射传输模型更加符合雪面辐射特性计算的需求，因为它能计算反射辐射的角度分布，而二流近似辐射传输模型（DISORT）仅能计算半球辐射，因此，DISORT 模型被广泛地应用于积雪反射率与光学等效雪粒半径模拟。

早在 1981 年，Dozier 利用 WW 模型和 NOAA-6 AVHRR 结合认为遥感具有反演雪粒径的潜力（Dozier et al.，1981）；随后分别利用 TM、AVIRIS，HYPERION 发展一系列的积雪粒径反演方法（Dozier，1987；Bourdelles and Fily，1993；Nolin and Dozier，1993；Painter et al.，2003）。郝晓华（2009）使用高光谱影像 EO1-HYPERION，利用DISORT 模型模拟不同积雪粒径的光谱反射率，同时结合地表的实测不同粒径光谱对模型模拟结果做验证，通过对 HYPERION 进行地形校正和大气校正，使用波段阈值判别方法对积雪粒径进行分类，取得了较好的结果。

### 2.4.5　遥感调查地面验证

　　基于遥感的积雪调查工作是通过各种算法来从卫星接收到的电子信号反演积雪的信息，而非实际测量的真实积雪状态。各类遥感算法的有效性还需要结合地面调查工作来进行检验，进而对遥感算法进行改进。同时，地面调查也是了解积雪状态的一种重要手段。早在 20 世纪 50 年代，以中国科学院高山冰雪利用研究队为代表的科研人员就在祁连山以及新疆等地开展若干冰雪观测，估计高山冰雪资源分布情况。1984 年，原中国科学院兰州冰川冻土研究所（现为中国科学院寒区旱区环境与工程研究所）在祁连山冰沟流域建立了我国第一个寒区水文试验流域，开展积雪相关监测。此后，若干积雪相关的野外台站在我国各地陆续建立，其中包括中国科学院黑河遥感站、天山冰川研究站、天山雪崩研究站以及玉龙雪山研究站等。此外，以中国气象观测台站为基础，我国在典型积雪区若干站点的长时间雪深观测也有宝贵的数据支持。专门针对积雪的地面观测实验，也陆续开展。其中，影响较大的当推 2008 年至今持续开展的 WATER-HIWATER 系列寒区水文遥感观测实验，以及在我国主要积雪区持续开展的 COSS 系列积雪观测实验。以这两大系列试验为支持，观测地点遍布新疆、东北、青藏高原以及祁连山内陆河流域等国内主要的积雪区，形成了若干积雪属性测量的规范方法，积累了大量的积雪地面观测数据。

　　在大量的野外试验和台站观测基础上，我国已存在若干包括积雪数据的数据库。其中，中国科学院寒区旱区环境与工程研究所主持的"世界数据中心兰州冰川冻土学科中心"以及"寒区旱区科学数据中心"的运行，积累了我国大量积雪观测数据，形成了一套较为成熟的积雪数据收集、入库、申请、共享以及评价的完整流程。以中国长时间序列积雪深度数据为代表的若干积雪观测数据，在国内外科学研究和生产应用中得到了广泛的使用；此外，中国气象局各气象观测台站所获取的长时间序列逐日积雪深度、雪压观测，也是积雪观测的宝贵数据资料；青藏高原科学数据中心，在青藏高原地区获取了若干积雪相关观测数据。

## 参 考 文 献

曹梅盛, 李培基, Robinson D A, 等. 1993. 中国西部积雪 SMMR 微波遥感的评价与初步应用. 环境遥感, (04): 260～269

曹梅盛, 李培基. 1994. 中国西部积雪微波遥感监测. 山地研究, (04): 230～234

车涛, 李新, 高峰. 2004. 青藏高原积雪深度和雪水当量的被动微波遥感反演. 冰川冻土, (03): 363～368

车涛, 李新. 2004. 利用被动微波遥感数据反演我国积雪深度及其精度评价. 遥感技术与应用, (05): 301～306

车涛, 李新. 2005. 1993～2002 年中国积雪水资源时空分布与变化特征. 冰川冻土, (01): 64～67

车涛. 2006. 积雪被动微波遥感反演与积雪数据同化方法探究. 兰州: 中国科学院寒区旱区环境与工程研究所博士学位论文

陈安安, 陈伟, 吴洪波, 等. 2014. 2000～2013 年木孜塔格冰鳞川冰川粒雪线高度变化研究. 冰川冻土,

36(5): 1069~1078

邓晓东, 乌日娜, 那顺, 等. 2007. 基于 AVHRR 资料的内蒙古积雪监测业务系统. 内蒙古气象, (01): 22~24

傅华, 沙依然, 黄镇, 等. 2007. MODIS 积雪遥感监测系统的研制. 气象, (03): 114-118+134

郭万钦, 刘时银, 许君利, 等. 2012. 木孜塔格西北坡鱼鳞川冰川跃动遥感监测. 冰川冻土, 34(4): 765~774

郭万钦, 刘时银, 余蓬春, 等. 2011. 利用流域边界和坡向差自动提取山脊线. 测绘科学, 36(6): 210~212, 191

郝晓华, 王建, 李弘毅. 2008. MODIS 雪盖制图中 NDSI 阈值的检验——以祁连山中部山区为例. 冰川冻土, (01): 132~138

郝晓华. 2009. 山区雪盖面积和雪粒径光学遥感反演研究. 兰州: 中国科学院寒区旱区环境与工程研究所博士学位论文

蒋熹. 2006. 冰雪反照率研究进展. 冰川冻土, (05): 728~738

蒋宗立, 丁永建, 刘时银, 等. 2012. 基于 SAR 的表碛覆盖型冰川边界定位研究. 地球科学进展, 27(11): 1245~1251

蒋宗立. 2011. 星载 SAR 技术的山地冰川物质平衡研究中的应用. 北京: 中国科学院研究生院博士学位论文

李三妹, 闫华, 刘诚. 2007. FY-2C 积雪判识方法研究. 遥感学报, (03): 406~413

梁继, 王建. 2009. Hyperion 高光谱影像的分析与处理. 冰川冻土, (02): 247~253

施雅风. 2005. 简明中国冰川目录. 上海: 上海科学普及出版社

王建. 1999. 卫星遥感雪盖制图方法对比与分析. 遥感技术与应用, (04): 29~36

王介民, 高峰. 2004. 关于地表反照率遥感反演的几个问题. 遥感技术与应用, 19(5)

延昊. 2004. NOAA16 卫星积雪识别和参数提取. 冰川冻土, (03): 369~373

张杰, 张强, 郭铌, 等. 2005. 应用 EOS-MODIS 卫星资料反演西北干旱绿洲的地表反照率. 大气科学, (04): 510~517

周建民, 李震, 邢强. 2010. 基于雷达干涉失相干特性提取冰川边界方法研究. 冰川冻土, 32(1): 133~138

Adler-Golden S M, Matthew M W, Bernstein L S, et al. 1999. Atmospheric correction for shortwave spectral imagery based on MODTRAN4. Proceedings of SPIE-The International Society for Optical Engineering, 3753: 61~69

Aizen V B, Kuzmichenok V A, Surazakov A B, et al. 2013. Glacier changes in the central and northern Tien Shan during the last 140 years based on surface and remote-sensing data. Annals of Glaciology, 43: 202~213

Alifu H, Johnson B A, Tateishi R. 2015a. Delineation of debris-covered glaciers based on a combination of geomorphometric parameters and a TIR/NIR/SWIR Band Ratio. IEEE Journal of Selected Topics in Applied Earth Observations and Remote Sensing Accepted, 9(2): 781~792

Alifu H, Tateishi R, Johnson B. 2015b. A new band ratio technique for mapping debris-covered glaciers using Landsat imagery and a digital elevation model. International Journal of Remote Sensing, 36(8): 2063~2075

Andersen O B, Hinderer J. 2005. Global inter-annual gravity changes from GRACE: Early results. Geophysical Research Letters, 32(1): 339~343

Aniya M, Sato H, Naruse R, et al. 1996. The use of satellite and airborne imagery to inventory outlet glaciers of the Southern Patagonia Icefield, South America. Photogrammetric Engineering and Remote Sensing 62, (12): 1361~1369

Aoyama Y, Doi K, Shibuya K, et al. 2013. Near real-time monitoring of flow velocity and direction in the floating ice tongue of the Shirase Glacier using low-cost GPS buoys. Earth Planets and Space, 65(2):

　　103～108

Arendt A A, Luthcke S B, Hock R. 2009. Glacier changes in Alaska: can mass-balance models explain GRACE mascon trends? Annals of Glaciology, 50(50): 148～154

Bamber J L, Rivera A. 2007. A review of remote sensing methods for glacier mass balance determination. Global and Planetary Change, 59(1-4): 138～148

Barsi J A, Shott J R, Palluconi F D, et al. 2005. Validation of a web-based atmospheric correction tool for single thermal band instruments. Proceedings of SPIE-The International Society for Optical Engineering, 2005, 58820

Bayr K J, Hall D K, Kovalick W M. 1994. Observations on glaciers in the eastern Austrian Alps using satellite data. International Journal of Remote Sensing, 15(9): 1733～1742

Bernstein R. 1983. Manual of Remote Sensing.In(eds). American Society of Photogrammetry, Falls Chyrch, VA, Ch. Image geometry and rectification: 881～884

Berthier E, Arnaud Y, Baratoux D, et al. 2004. Recent rapid thinning of the Mer de Glace glacier derived from satellite optical images. Geophysical Research Letters, 31(17)

Berthier E, Raup B, Scambos T. 2003. New velocity map and mass-balance estimate of Mertz Glacier, East Antarctica, derived from Landsat sequential imagery. Journal of Glaciology, 49(167): 503～511

Berthier E, Schiefer E, Clarke G K C, et al. 2010. Contribution of Alaskan glaciers to sea-level rise derived from satellite imagery. Nature Geoscience, 3(2): 92～95

Berthier E, Toutin T. 2008. SPOT5-HRS digital elevation models and the monitoring of glacier elevation changes in North-West Canada and South-East Alaska. Remote Sensing of Environment, 112(5): 2443～2454

Berthier E, Vadon H, Baratoux D, et al. 2005. Surface motion of mountain glaciers derived from satellite optical imagery. Remote Sensing of Environment, 95(1): 14～28

Bhambri R, Bolch T, Chaujar R K. 2011. Mapping of debris-covered glaciers in the Garhwal Himalayas using ASTER DEMs and thermal data. International Journal of Remote Sensing, 32(23): 8095～8119

Bhardwaj A, Joshi P K, Snehmani, et al. 2014. Mapping debris-covered glaciers and identifying factors affecting the accuracy. Cold Regions Science and Technology, 106: 161～174

Bindschadler R A, Scambos T A. 1991. Satellite-image-derived Velocity-field of An Antarctic Ice Stream. Science, 252(5003): 242～246

Bindschadler R, Vornberger P, Blankenship D, et al. 1996. Surface velocity and mass balance of Ice Streams D and E, West Antarctica. Journal of Glaciology, 42(142): 461～475

Bishop M P, Bonk R, Kamp U, et al. 2001. Terrain analysis and data modeling for alpine glacier mapping. Polar Geography, 25(3): 182～201

Bishop M P, Kargel J S, Kieffer H H, et al. 2000. Remote-sensing science and technology for studying glacier processes in high Asia. Annals of Glaciology, 31: 164～170

Bishop M P, Shroder J F, Hickman B L. 1999. SPOT Panchromatic Imagery and Neural Networks for Information Extraction in a Complex Mountain Environment. Geocarto International, 14(2): 19～28

Bishop M P, Shroder J F, Ward J L. 1995. SPOT multispectral analysis for producing supraglacial debris - load estimates for Batura glacier, Pakistan. Geocarto International, 10(4): 81～90

Bohren C F, Barkstrom B R. 1974. Theory of the Optical Properties of Snow. Journal of Geophysical Research, 79(30): 4527～4535

Bolch T, Buchroithner M F, Kunert A. 2007. Automated delineation of debris-covered glaciers based on ASTER data. Proceedings of 27th EARSel Symposium "Geoinformation in Europe". Italy: Bozen

Bolch T, Buchroithner M, Pieczonka T, et al. 2008. Planimetric and volumetric glacier changes in the Khumbu Himal, Nepal, since 1962 using Corona, Landsat TM and ASTER data. Journal of Glaciology, 54(187): 592～600

Bolch T, Menounos B, Wheate R. 2010. Landsat-based inventory of glaciers in western Canada, 1985-2005.

Remote Sensing of Environment, 114(1): 127～137

Bolch T, Pieczonka T, Benn D I. 2011. Multi-decadal mass loss of glaciers in the Everest area (Nepal Himalaya) derived from stereo imagery. Cryosphere, 5(2): 349～358

Bolch T, Sorensen L S, Simonsen S B, et al. 2013. Mass loss of Greenland's glaciers and ice caps 2003-2008 revealed from ICESat laser altimetry data. Geophysical Research Letters, 40(5): 875～881

Bourdelles B, Fily M. 1993. Snow Grain-size Determination From Landsat Imagery Over Terre-Adelie, Antarctica. Annals of Glaciology, 17: 86～92

Braithwaite R J. 1984. Can the mass balance of A glacier be estimated from its equilibrium-line altitude. Journal of Glaciology, 30(106): 364～368

Cazenave A, Dominh K, GuinehutS, et al. 2009. Sea level budget over 2003-2008: A reevaluation from GRACE space gravimetry, satellite altimetry and Argo. Global and Planetary Change, 65(1-2): 83～88

Chang A T C, Foster J L, Hall D K. 1987. Microwave snow signatures (1.5 mm to 3 cm) over Alaska. Cold Regions Science and Technology, 13(2): 153～160

Che T, Li X, Jin R, et al. 2008. Snow depth derived from passive microwave remote-sensing data in China. Annals of Glaciology, 49: 145～154

Chen J L, Wilson C R, Tapley B D. 2006. Satellite gravity measurements confirm accelerated melting of Greenland ice sheet. Science, 313(5795): 1958～1960

Chinn T J H. 1995. Glacier fluctuations in the southern alps of new-zealand determined from snowline elevations. Arctic and Alpine Research, 27(2): 187～198

Choudhury B J, Chang A T C. 1979. The solar reflectance of a snow field. Cold Regions Science and Technology, 1(2): 121～128

Ciappa A, Pietranera L, Budillon G. 2012. Observations of the Terra Nova Bay (Antarctica) polynya by MODIS ice surface temperature imagery from 2005 to 2010. Remote Sensing of Environment, 119: 158～172

Cline D W, Bales R C, Dozier J. 1998. Estimating the spatial distribution of snow in mountain basins using remote sensing and energy balance modeling. Water Resources Research, 34(5): 1275～1285

Copland L, Sharp M J, Nienow P W. 2003. Links between short-term velocity variations and the subglacial hydrology of a predominantly cold polythermal glacier. Journal of Glaciology, 49(166): 337～348

De Angelis H, Rau F, Skvarca P. 2007. Snow zonation on Hielo Patagónico Sur, Southern Patagonia, derived from Landsat 5 TM data. Global and Planetary Change, 59(1-4): 149～158

den Ouden M A G, Reijmer C H, Pohjola V, et al. 2010. Stand-alone single-frequency GPS ice velocity observations on Nordenskioldbreen, Svalbard. Cryosphere, 4(4): 593～604

Dozier J C, Davis R E, Chang A T C, et al. 1988. The spectral bidirectional reflectance of snow. Proceedings of Spectral Signatures of Objects in Remote Sensing, Aussois(Modane), France, European Space Agency

Dozier J C, Schneider S R, McGinnis D F. 1981. Effect of grain-size and snowpack water equivalence on visible and near-infrared satellite-observations of snow. Water Resources Research, 17(4): 1213～1221

Dozier J C. 1987. Remote sensing of snow characteristics in the southern Sierra Nevada. Proceedings of Large Scale Effects of Seasonal Snow Cover, Vancouver Symposium, Vancouver, IAHS

Eldhuset K, Weydahl D J. 2013. Using stereo SAR and InSAR by combining the COSMO-SkyMed and the TanDEM-X mission satellites for estimation of absolute height. International Journal of Remote Sensing, 34(23): 8463～8474

Elsberg D H, Harrison W D, Echelmeyer K A, et al. 2001. Quantifying the effects of climate and surface change on glacier mass balance. Journal of Glaciology, 47(159): 649～658

Etzelmüller B. 2000. On the Quantification of Surface Changes using Grid-based Digital Elevation Models(DEMs). Transactions in GIS, 4(2): 129～143

Fischer A. 2011. Comparison of direct and geodetic mass balances on a multi-annual time scale. Cryosphere,

5(1): 107～124

Fischer M, Huss M, Hoelzle M. 2015. Surface elevation and mass changes of all Swiss glaciers 1980-2010. Cryosphere, 9(2): 525～540

Fitch A J, Kadyrov A, Christmas W J, et al. 2002. Orientation correlation. Proceedings of British Machine Vision Conference: 133～142

Fricker H A, Padman L. 2006. Ice shelf grounding zone structure from ICESat laser altimetry. Geophysical Research Letters, 33(15): 161～177

Gardelle J, Berthier E, Arnaud Y, et al. 2013. Region-wide glacier mass balances over the Pamir-Karakoram-Himalaya during 1999-2011. Cryosphere, 7(4): 1263～1286

Gardelle J, Berthier E, Arnaud Y. 2012. Slight mass gain of Karakoram glaciers in the early twenty-first century. Nature Geoscience, 5(5): 322～325

Gardner A S, Moholdt G, Cogley J G, et al. 2013. A Reconciled Estimate of Glacier Contributions to Sea Level Rise: 2003 to 2009. Science, 340(6134): 852～857

Gourmelen N, Kim S W, Shepherd A, et al. 2011. Ice velocity determined using conventional and multiple-aperture InSAR. Earth and Planetary Science Letters, 307(1-2): 156～160

Gratton D J, Howarth P J, Marceau, D J. 1990. Combining DEM parameters with landsat mss and tm imagery in a GIS for mountain glacier characterization. IEEE Transactions on Geoscience and Remote Sensing, 28(4): 766～769

Greuell W, Oerlemans J. 2004. Narrowband-to-broadband albedo conversion for glacier ice and snow: equations based on modeling and ranges of validity of the equations. Remote Sensing of Environment, 89(1): 95～105

Greuell W, Reijmer C H, Oerlemans J. 2002. Narrowband-to-broadband albedo conversion for glacier ice and snow based on aircraft and near-surface measurements. Remote Sensing of Environment, 82(1): 48～63

Gruber A, Wessel B, Huber M, et al. 2012. Operational TanDEM-X DEM calibration and first validation results. ISPRS Journal of Photogrammetry and Remote Sensing, 73: 39～49

Guo W, Liu S, Xu J, et al. 2015. The second Chinese glacier inventory: data, methods and results. Journal of Glaciology, 61(226): 357～372

Guo Z, Wang N, Kehrwald N M, et al. 2014. Temporal and spatial changes in Western Himalayan firn line altitudes from 1998 to 2009. Global and Planetary Change, 118: 97～105

Hagg W J, Braun L N, Uvarov V N, et al. 2004. A comparison of three methods of mass-balance determination in the Tuyuksu glacier region, Tien Shan, Central Asia. Journal of Glaciology, 50(171): 505～510

Hall D K, Box J E, Casey K A, et al. 2008. Comparison of satellite-derived and in-situ observations of ice and snow surface temperatures over Greenland. Remote Sensing of Environment, 112(10): 3739～3749

Hall D K, Chang A T C, Foster J L, et al. 1989. Comparison of insitu and landsat derived reflectance of alaskan glaciers. Remote Sensing of Environment, 28: 23～31

Hall D K, Chang A T C, Siddalingaiah H. 1988. Reflectances of glaciers as calculated using Landsat-5 Thematic Mapper data. Remote Sensing of Environment, 25(3): 311～321

Hall D K, Ormsby J P, Bindschadler R A, et al. 1987. Characterization of snow and ice reflectance zones on glaciers using Landsat thematic mapper data. Annals of Glaciology, 9: 104～108

Hall D K, Riggs G A, Salomonson V V, et al. 2002. MODIS snow-cover products. Remote Sensing of Environment, 83(1-2): 181～194

Hall D K, Williams R S, Bayr K J. 1992. Glacier recession in Iceland and Austria. Eos, Transactions American Geophysical Union, 73(12): 129～141

Haug T, Kääb A, Skvarca P. 2010. Monitoring ice shelf velocities from repeat MODIS and Landsat data – a method study on the Larsen C ice shelf, Antarctic Peninsula, and 10 other ice shelves around Antarctica. The Cryosphere, 4(2): 161～178

Heid T, Kääb A. 2012. Evaluation of existing image matching methods for deriving glacier surface displacements globally from optical satellite imagery. Remote Sensing of Environment, 118: 339～355

Heiskanen J, Kajuutti K, Pellikka P. 2003. Mapping glacier changes, snowline altitude and AAR using Landsat data in Svartisen, Northern Norway. Geophysical Research Abstract, 5: 10328

Herman, F, Anderson B, Leprince S. 2011. Mountain glacier velocity variation during a retreat/advance cycle quantified using sub-pixel analysis of ASTER images. Journal of Glaciology, 57(202): 197～207

Hooke R L. 2005. Principles of Glacier Mechanics. Cambridge University Press

Huang L, Li Z, Tian B, et al. 2011. Classification and snow line detection for glacial areas using the polarimetric SAR image. Remote Sensing of Environment, 115(7): 1721～1732

Huang L, Li Z, Tian B-S, et al. 2013. Monitoring glacier zones and snow/firn line changes in the Qinghai-Tibetan Plateau using C-band SAR imagery. Remote Sensing of Environment, 137(1): 17～30

Huss M, Sold L, Hoelzle M, et al. 2013. Towards remote monitoring of sub-seasonal glacier mass balance. Annals of Glaciology, 54(63): 75～83

Huss M. 2013. Density assumptions for converting geodetic glacier volume change to mass change. The Cryosphere Discuss, 7(1): 219～244

Jacob T, Wahr J, Pfeffer W T, et al. 2012. Recent contributions of glaciers and ice caps to sea level rise. Nature, 482(7386): 514～518

Jacobs J D, Simms E L, Simms A. 1997. Recession of the southern part of Barnes ice cap, Baffin island, Canada, between 1961 and 1993, determined from digital mapping of Landsat TM. Journal of Glaciology, 43(143): 98～102

Jiang Z, Liu S, Han H, et al. 2011. Analyzing Mountain Glacier Surface Velocities Using SAR Data. Remote Sensing Technology and Application, 26(5): 640～646

Kääb A, Berthier E, Nuth C, et al. 2012. Contrasting patterns of early twenty-first-century glacier mass change in the Himalayas. Nature, 488(7412): 495～498

Kääb A. 2002. Monitoring high-mountain terrain deformation from repeated air- and spaceborne optical data: examples using digital aerial imagery and ASTER data. Isprs Journal of Photogrammetry and Remote Sensing, 57(1-2): 39～52

Kääb A. 2005. Combination of SRTM3 and repeat ASTER data for deriving alpine glacier flow velocities in the Bhutan Himalaya. Remote Sensing of Environment, 94(4): 463～474

Kääb A. 2008. Glacier Volume Changes Using ASTER Satellite Stereo and ICESat GLAS Laser Altimetry. A Test Study on Edgeoya, Eastern Svalbard. IEEE Transactions on Geoscience and Remote Sensing, 46(10): 2823～2830

Karimi N, Farokhnia A, Karimi L, et al. 2012. Combining optical and thermal remote sensing data for mapping debris-covered glaciers (Alamkouh Glaciers, Iran). Cold Regions Science and Technology, 71(0): 73～83

Kaser G, Juen I, Georges C, et al. 2003. The impact of glaciers on the runoff and the reconstruction of mass balance history from hydrological data in the tropical Cordillera Blanca, Peru. Journal of Hydrology, 282(1-4): 130～144

Kaufmann V, Ladstädter R. 2003. Quantitative analysis of rock glacier creep by means of digital photogrammetry using multi-temporal aerial photographs: two case studies in the Austrian Alps. Permafrost. Proceeings of the Eighth International Conference on Permafrost, 21-25 July, Zurich, 525～530

Kaur R, Saikumar D, Kulkarni A V, et al. 2009. Variations in snow cover and snowline altitude in Baspa Basin. Current Science, 96: 1255～1258

Ke C-Q, Kou C, Ludwig R, et al. 2013. Glacier velocity measurements in the eastern Yigong Zangbo basin, Tibet, China. Journal of Glaciology, 59(218): 1060～1068

Kerr A, Sugden G. 1994. The sensitivity of the south Chilean snowline to climatic change. Climate Change, 28(3): 255～272

Kieffer H, Kargel J S, Barry R, et al. 2000. New eyes in the sky measure glaciers and ice sheets. EOS, Transactions American Geophysical Union, 81(24): 265~271

Klein A G, Isacks B L. 1999. Spectral mixture analysis of Landsat thematic mapper images applied to the detection of the transient snowline on tropical Andean glaciers. Global and Planetary Change, 22(1-4): 139~154

Koblet T, Gärtner-Roer I, Zemp M, et al. 2010. Reanalysis of multi-temporal aerial images of Storglaciären, Sweden (1959-99)- Part 1: Determination of length, area, and volume changes. Cryosphere, 4(3): 333~343

Kuhn M. 1989. The response of the equilibrium line altitude to climate fluctuations: theory and observations. In: Oerlemans J. Glacier fluctuations and climate change. Dordrecht: Kluwer Academic Publisher

Lachapelle E. 1962. Assessing glacier mass budgets by reconnaissance aerial photography. Journal of Glaciology, 4(33): 290~297

Laine V. 2008. Antarctic ice sheet and sea ice regional albedo and temperature change, 1981-2000, from AVHRR Polar Pathfinder data. Remote Sensing of Environment, 112(3): 646~667

Lamont G N, Chinn T J, Fitzharris B B. 1999. Slopes of glacier ELAs in the Southern Alps of New Zealand in relation to atmospheric circulation patterns. Global and Planetary Change, 22(1-4): 209~219

Lamsal D, Sawagaki T, Watanabe T. 2011. Digital terrain modelling using Corona and ALOS PRISM data to investigate the distal part of Imja Glacier, Khumbu Himal, Nepal. Journal of Mountain Science, 8(3): 390~402

Larsen C F, Motyka R J, Arendt A A, et al. 2007. Glacier changes in southeast Alaska and northwest British Columbia and contribution to sea level rise. Journal of Geophysical Research-Earth Surface, 112(F1): 01007

Leprince S, Berthier E, Ayoub F, et al. 2008. Monitoring Earth surface dynamics with optical imagery. EOS Transactions, American Geophysical Union, 89(1): 1~2

Li J, Li Z, Zhu J, et al. 2013. Deriving surface motion of mountain glaciers in the Tuomuer-Khan Tengri Mountain Ranges from PALSAR images. Global and Planetary Change, (101): 61~71

Li X, Huang C, Che T, et al. 2007. Development of a Chinese land data assimilation system: its progress and prospects. Progress in Natural Science-Materials International, 17(8): 881~892

Li X, Koike T, Cheng G D. 2002. Retrieval of snow reflectance from Landsat data in rugged terrain. Annals of Glaciology, 34: 31~37

Liang S. 2000. Narrowband to broadband conversions of land surface albedo: I. Algorithms. Remote Sensing of Environment, 76(2): 213~238

Lougeay R. 1974. Detection of buried glacial and ground ice with thermal infrared remote sensing. In: Santeford H S and Smith J L. Advanced concepts and techniques in the study of snow and ice resources. Washington, DC, National Academy of Sciences: 487~494

Lucchitta B K, Ferguson H M. 1986. Antarctica - measuring glacier velocity from satellite images. Science, 234(4780): 1105~1108

Luce C H, Tarboton D G, Cooley R R. 1998. The influence of the spatial distribution of snow on basin-averaged snowmelt. Hydrological Processes, 12(10-11): 1671~1683

Magand O, Genthon C, Fily M, et al. 2007. An up-to-date quality-controlled surface mass balance data set for the 90 degrees-180 degrees E Antarctica sector and 1950-2005 period. Journal of Geophysical Research-Atmospheres, 112(D12)

Malecki J. 2013. Elevation and volume changes of seven Dickson Land glaciers, Svalbard, 1960-1990-2009. Polar Research, 32(10): 295~301

Markham B L, Barker J L. 1985. Spectral characterization of the Landsat thematic mapper sensors. International Journal of Remote Sensing, 6(5): 697~716

Marschalk U, Roth A, Eineder M, et al. 2004. Comparison of DEMs derived from SRTM / X and C-Band. Proceedings of Geoscience and Remote Sensing Symposium, 2004. IGASS'04. 2004 IEEE International

McFadden E M, Ramage J, Rodbell D T. 2011. Landsat TM and ETM+ derived snowline altitudes in the Cordillera Huayhuash and Cordillera Raura, Peru, 1986-2005. The Cryosphere, 5(2): 419~430

Mihalcea C, Brock B W, DiolaiutiG, et al. 2008. Using ASTER satellite and ground-based surface temperature measurements to derive supraglacial debris cover and thickness patterns on Miage Glacier (Mont Blanc Massif, Italy). Cold Regions Science and Technology, 52(3): 341~354

Mihalcea C, Mayer C, Diolaiuti G, et al. 2006. Ice ablation and meteorological conditions on the debris-covered area of Baltoro glacier, Karakoram, Pakistan. Annals of Glaciology, 43(1): 292~300

Mishra V D, Sharma J K, Singh K K, et al. 2009. Assessment of different topographic corrections in AWiFS satellite imagery of Himalaya terrain. Journal of Earth System Science, 118(1): 11~26

Moholdt G, Hagen J O, Eiken T, et al. 2010a. Geometric changes and mass balance of the Austfonna ice cap, Svalbard. Cryosphere, 4(1): 21~34

Moholdt G, Nuth C, Hagen J O, et al. 2010b. Recent elevation changes of Svalbard glaciers derived from ICESat laser altimetry. Remote Sensing of Environment, 114(11): 2756~2767

Narozhniy Y, Zemtsov V. 2011. Current State of the Altai Glaciers (Russia) and Trends Over the Period of Instrumental Observations 1952-2008. Ambio, 40(6): 575~588

Neckel N, Braun A, Kropáček J, et al. 2013. Recent mass balance of Purogangri ice cap, central Tibetan Plateau, by means of differential X-band SAR interferometry. The Cryosphere Discuss, 7(2): 1119~1139

Neckel N, Kropacek J, BolchT, et al. 2014. Glacier mass changes on the Tibetan Plateau 2003-2009 derived from ICESat laser altimetry measurements. Environmental Research Letters, 9(1)

Nolin A W, Dozier J. 1993. Inversion Technique for quantitative-determination of Snow Grain-size with Imaging Spectrometry, Proceeding of SPIE, Imaging Spectrometry of the Terrestrial Enironment, 1937: 55~63

Nuimura T, Sakai A, Taniguchi K, et al. 2015. The GAMDAM glacier inventory: a quality-controlled inventory of Asian glaciers. Cryosphere, 9(3): 849~864

Nuth C, Kääb A. 2011. Co-registration and bias corrections of satellite elevation data sets for quantifying glacier thickness change. Cryosphere, 5(1): 271~290

Nuth C, Moholdt G, Kohler J, et al. 2010. Svalbard glacier elevation changes and contribution to sea level rise. Journal of Geophysical Research-Earth Surface, 115

Nuttall A M, Hodgkins R. 2005. Temporal variations in flow velocity at Finsterwalderbreen, a Svalbard surge-type glacier. Annals of Glaciology, 42: 71~76

O'Brien H W, Munis R H. 1975. Red and near-infrared spectral reflectance of snow. Proceedings of Proceedings of Operational Applications of Satellite Snowcover Observations, South Lake Tahoe, CA, 18-20 August, NASA SP-391, National Aeronautics and Space Administration, Washington, DC

Ohmura A, Kasser P, Funk M. 1992. Climate at the equilibrium line of glaciers. Journal of Glaciology, 38(130): 397~411

Ostby T I, Schuler T V, Westermann S. 2014. Severe cloud contamination of MODIS Land Surface Temperatures over an Arctic ice cap, Svalbard. Remote Sensing of Environment, 142: 95~102

Painter T H, Dozier J, Roberts D A, et al. 2003. Retrieval of subpixel snow-covered area and grain size from imaging spectrometer data. Remote Sensing of Environment, 85(1): 64~77

Palmer S J, Shepherd A, Sundal A, et al. 2010. InSAR observations of ice elevation and velocity fluctuations at the Flade Isblink ice cap, eastern North Greenland. Journal of Geophysical Research-Earth Surface, 115

Paul F, Barrand N E, Baumann S, et al. 2013. On the accuracy of glacier outlines derived from remote-sensing data. Annals of Glaciology, 54(63): 171~182

Paul F, Bolch T, Kääb A, et al. 2014. The glaciers climate change initiative: Methods for creating glacier area, elevation change and velocity products. Remote Sensing of Environment In press

Paul F, Bolch T, Kääb A, et al. 2015. The glaciers climate change initiative: Methods for creating glacier area, elevation change and velocity products. Remote Sensing of Environment, 162: 408~426

Paul F, Haeberli W. 2008. Spatial variability of glacier elevation changes in the Swiss Alps obtained from two digital elevation models. Geophysical Research Letters, 35(21)

Paul F, Huggel C, Kääb A. 2004. Combining satellite multispectral image data and a digital elevation model for mapping debris-covered glaciers. Remote Sensing of Environment, 89(4): 510~518

Paul F, Maisch M, Kellenberger T, et al. 2002. The new remote sensing-derived Swiss glacier inventory: I. Methods. Annals of Glaciology, 34: 355~361

Paul F. 2002. Changes in glacier area in Tyrol, Austria, between 1969 and 1992 derived from Landsat 5 Thematic Mapper and Austrian Glacier Inventory data. International Journal of Remote Sensing, 23(4): 787~799

Pelto M. 2011. Utility of late summer transient snowline migration rate on Taku Glacier, Alaska. Cryosphere, 5(4): 1127~1133

Pfeffer W T, Arendt A A, Bliss A, et al. 2014. The Randolph Glacier Inventory: a globally complete inventory of glaciers. Journal of Glaciology, 60(221): 537~552

Pieczonka T, Bolch T, Wei J, et al. 2013. Heterogeneous mass loss of glaciers in the Aksu-Tarim Catchment(Central Tien Shan)revealed by 1976 KH-9 Hexagon and 2009 SPOT-5 stereo imagery. Remote Sensing of Environment, 130: 233~244

Pohjola V A, Christoffersen P, Kolondra L, et al. 2011. Spatial distribution and change in the surface ice-velocity field of vestfonna ice cap, nordaustlandet, svalbard, 1995-2010 using geodetic and satellite interferometry data. Geografiska Annaler Series a-Physical Geography, 93A(4): 323~335

Pope A, Rees W G, Fox A J, et al. 2014. Open Access Data in Polar and Cryospheric Remote Sensing. Remote Sensing, 6(7): 6183~6220

Quincey D J, Copland L, Mayer C, et al. 2009. Ice velocity and climate variations for Baltoro Glacier, Pakistan. Journal of Glaciology, 55(194): 1061~1071

Quincey D J, Glasser N F. 2009. Morphological and ice-dynamical changes on the Tasman Glacier, New Zealand, 1990–2007. Global and Planetary Change, 68(3): 185~197

Rabatel A, Bermejo A, Loarte E, et al. 2012. Can the snowline be used as an indicator of the equilibrium line and mass balance for glaciers in the outer tropics? Journal of Glaciology, 58(212): 1027~1036

Rabatel A, Dedieu J-P, Thibert E, et al. 2008. 25 years(1981-2005) of equilibrium-line altitude and mass-balance reconstruction on Glacier Blanc, French Alps, using remote-sensing methods and meteorological data. Journal of Glaciology, 54(185): 307~314

Rabatel A, Dedieu J-P, Vincent C. 2005. Using remote-sensing data to determine equilibrium-line altitude and mass-balance time series: validation on three French glaciers, 1994-2002. Journal of Glaciology, 51(175): 539~546

Rack W, Rott H, Siegel A, et al. 1999. The motion field of northern Larsen Ice Shelf, Antarctic Peninsula, derived from satellite imagery. Annals of Glaciology, 29: 261~266

Racoviteanu A E, Manley W F, Arnaud Y, et al. 2007. Evaluating digital elevation models for glaciologic applications: An example from Nevado Coropuna, Peruvian Andes. Global and Planetary Change, 59(1-4): 110~125

Racoviteanu A E, Paul F, Raup B, et al. 2009. Challenges and recommendations in mapping of glacier parameters from space: results of the 2008 Global Land Ice Measurements from Space. GLIMS)workshop, Boulder, Colorado, USA. Annals of Glaciology, 50(53): 53~69

Racoviteanu A E, Williams M W, Barry R G. 2008. Optical remote sensing of glacier characteristics: A review with focus on the Himalaya. Sensors, 8(5): 3355~3383

Racoviteanu A, Williams M W. 2012. Decision Tree and Texture Analysis for Mapping Debris-Covered Glaciers in the Kangchenjunga Area, Eastern Himalaya. Remote Sensing, 4(10): 3078~3109

Radic V, Hock R. 2014. Glaciers in the Earth's Hydrological Cycle: Assessments of Glacier Mass and Runoff

Changes on Global and Regional Scales. Surveys in Geophysics, 35(3): 813~837

Ranzi R, Grossi G, Iacovelli L, et al. 2004. Use of multispectral ASTER images for mapping debris-covered glaciers within the GLIMS project. Proceedings of Geoscience and Remote Sensing Symposium, 2004. IGARSS '04. Proceedings. 2004 IEEE International

Raup B, Kääb A, Kargel J S, et al. 2007. Remote sensing and GIS technology in the global land ice measurements from space(GLIMS)project. Computers & Geosciences, 33(1): 104~125

Redpath T A N, Sirguey P, Fitzsimons S J, et al. 2013. Accuracy assessment for mapping glacier flow velocity and detecting flow dynamics from ASTER satellite imagery: Tasman Glacier, New Zealand. Remote Sensing of Environment, 133(0): 90~101

Rees W G, Arnold N S. 2006. Scale-dependent roughness of a glacier surface: implications for radar backscatter and aerodynamic roughness modelling. Journal of Glaciology, 52(177): 214~222

Riano D, Chuvieco E, Salas J, et al. 2003. Assessment of different topographic topographic correction in Landsat TM data for mapping vegetation type. IEEE Transactions on Geoscience and Remote Sensing, 41: 1056~1061

Riggs G A, Hall D K. 2015. MODIS snow products collection 5 user guide. NSIDC

Rodriguez E, Morris C S, Belz J E. 2006. A global assessment of the SRTM performance. Photogrammetric Engineering and Remote Sensing, 72(3): 249~260

Rolstad C, Amlien J, Hagen J O, et al. 1997. Visible and near-infrared digital images for determination of ice velocities and surface elevation during a surge on Osbornebreen, a tidewater glacier in Svalbard. Annals of Glaciology, 24: 255~261

Rolstad C, Haug T, Denby B. 2009. Spatially integrated geodetic glacier mass balance and its uncertainty based on geostatistical analysis: application to the western Svartisen ice cap, Norway. Journal of Glaciology, 55(192): 666~680

Rosenthal W. 1996. Estimating alpine snow cover with unsupervised spectral unmixing. Proceedings of IGARSS'96. 'Remote Sensing for a Sustainable Futule, IEEE

Rott H. 1994. Thematic studies in alpine areas by means of polarimetric sar and optical imagery. Advances in Space Research, 14(3): 217~226

Rufino G, Moccia A, Esposito S. 1998. DEM Generation by Means of ERS Tandem Data. IEEE Transactions on Geoscience and Remote Sensing, 36(6): 1905~1912

Sapiano J J, Harrison W D, Echelmeyer K A. 1998. Elevation, volume and terminus changes of nine glaciers in North America. Journal of Glaciology, 44(146): 119~135

Saraswat P, Syed T H, Famiglietti J S, et al. 2013. Recent changes in the snout position and surface velocity of Gangotri glacier observed from space. International Journal of Remote Sensing, 34(24): 8653~8668

Scambos T A, Dutkiewicz M J, Wilson J C, et al. 1992. Application of image cross-correlation to the measurement of glacier velocity using satellite image data. Remote Sensing of Environment, 42(3): 177~186

Scherler D, Leprince S, Strecker M R. 2008. Glacier-surface velocities in alpine terrain from optical satellite imagery - Accuracy improvement and quality assessment. Remote Sensing of Environment, 112(10): 3806~3819

Scheuchl B, Mouginot J, Rignot E. 2012. Ice velocity changes in the Ross and Ronne sectors observed using satellite radar data from 1997 and 2009. Cryosphere, 6(5): 1019~1030

Schiefer E, Menounos B, Wheate R. 2007. Recent volume loss of British Columbian glaciers, Canada. Geophysical Research Letters, 34(16)

Schluetz F, Lehmkuhl F. 2007. Climatic change in the Russian Altai, southern Siberia, based on palynological and geomorphological results, with implications for climatic teleconnections and human history since the middle Holocene. Vegetation History and Archaeobotany, 16(2-3): 101~118

Schrama E J O, Wouters B, Rietbroek R. 2014. A mascon approach to assess ice sheet and glacier mass balances and their uncertainties from GRACE data. Journal of Geophysical Research-Solid Earth, 119(7):

6048～6066

Schwabisch M, Matschke M, Knopfle W, et al. 1996. Quality Assessment of InSAR-derived DEMs generated with ERS Tandem Data. Proceedings of IGARSS'96.'Remote Sensing for a Sustainable Future, IEEE

Seidel K, Ehrler C, Martinec J, et al. 1997. Derivation of the statistical snowline altitude from high resolution snow cover mapping. Proceedings of EARSel Workshop on Remote Sensing of Land Ice and Snow, Unversity of Freiburg, Germany

Shroder J F, Bishop M P, Copland L, et al. 2000. Debris-covered glaciers and rock glaciers in the Nanga Parbat Himalaya, Pakistan. Geografiska Annaler Series a-Physical Geography, 82A(1): 17～31

Shukla A, Gupta R P, Arora M K. 2009. Estimation of debris cover and its temporal variation using optical satellite sensor data: a case study in Chenab basin, Himalaya. Journal of Glaciology, 55(191): 444～452

Sidjak R W, Wheate R D. 1999. Glacier mapping of the Illecillewaet icefield, British Columbia, Canada, using Landsat TM and digital elevation data. International Journal of Remote Sensing, 20(2): 273～284

Skvarca P, Raup B, De Angelis H. 2003. Recent behaviour of Glaciar Upsala, a fast-flowing calving glacier in Lago Argentino, southern Patagonia. Annals of Glaciology, 36: 184～188

Smith J A, Lin T L, Ranson K J. 1980. The Lambertian assumption and Landsat data. Photogrammetric Engineering and Remote Sensing, 46(9): 1183～1189

Smith T, Bookhagen B, Cannon F. 2015. Improving semi-automated glacier mapping with a multi-method approach: applications in central Asia. Cryosphere, 9(5): 1747～1759

Song C, Ke L, Huang B, et al. 2015. Can mountain glacier melting explains the GRACE-observed mass loss in the southeast Tibetan Plateau: From a climate perspective? Global and Planetary Change, 124: 1～9

Sorensen L S, Simonsen S B, Nielsen K, et al. 2011. Mass balance of the Greenland ice sheet(2003-2008)from ICESat data - the impact of interpolation, sampling and firn density. Cryosphere, 5(1): 173～186

Stamnes K, Tsay S C, Wiscombe W, et al. 1988. Numerically stable algorithm for discrete-ordinate-method radiative-transfer in multiple-scattering and emitting layered media. Applied Optics, 27(12): 2502～2509

Storvold R, Hogda K A, Malnes E, et al. 2004. SAR Firn Line Detection and Correlation to Glacial Mass Balance; Svartisen Glacier, Northern Norway. Proceedings of IGARSS 2004, Anchorage, AK IEEE

Strozzi T, Dammert P B G, Wegmüller, U, et al. 2000. Landuse Mapping with ERS SAR Interferometry. IEEE Transactions on Geoscience and Remote Sensing, 38(2): 766～775

Strozzi T, Luckman A, Murray T, Wegmüller U, et al. 2002. Glacier motion estimation using SAR offset-tracking procedures. IEEE Transactions on Geoscience and Remote Sensing, 40(11): 2384～2391

Surazakov A B, Aizen V B. 2006. Estimating volume change of mountain glaciers using SRTM and map-based topographic data. IEEE Transactions on Geoscience and Remote Sensing, 44(10): 2991～2995

Tapley B D, Bettadpur S, Watkins M, et al. 2004. The gravity recovery and climate experiment: Mission overview and early results. Geophysical Research Letters, 1(9): L09607

Taschner S, Ranzi R. 2002. Comparing the opportunities of Landsat-TM and Aster data for monitoring a debris covered glacier in the Italian Alps within the GLIMS project. Proceedings of Geoscience and Remote Sensing Symposium, 2002. IGARSS '02. 2002 IEEE International

Teillet P, Guindon B, Goodenough D. 1982. On the slope-aspect correction of Multispectral Scanner Data. Canadian Journal of Remote Sensing, 8(2): 84～106

Toutin T. 2008. ASTER DEMs for geomatic and geoscientific applications: a review. International Journal of Remote Sensing, 29(7): 1855～1875

Twele A, Kappas M, Lauer J, et al. 2006. The effect of stratified topographic correction on land cover classification in tropical mountainous regions. Proceedings of ISPRS Commission VII symposium. Remote sensing: From pixels to Processes, Enschede, Netherlands

Vermote E F, Tanre D, Deuze J L, et al. 1997. Second Simulation of the Satellite Signal in the Solar

Spectrum, 6S: An overview. IEEE Transactions on Geoscience and Remote Sensing, 35(3): 675~686

Vignon F, Arnaud Y, Kaser G. 2003. Quantification of glacier volume change using topographic and ASTER DEMs - A case study in the Cordillera Blanca. Prpceedings of Geoscience and Remote Sensing Symposium, 20003. IGARSS'03. 2003 IEEE International

Warren S G, Wiscombe W J. 1980. A MODEL FOR THE SPECTRAL ALBEDO OF SNOW .2. SNOW CONTAINING ATMOSPHERIC AEROSOLS. Journal of the Atmospheric Sciences, 37(12): 2734~2745

Warren S G. 1982. OPTICAL-PROPERTIES OF SNOW. Reviews of Geophysics, 20(1): 67~89

Williams R S, Hall D K, Sigurdsson O, et al. 1997. Comparison of satellite-derived with ground-based measurements of the fluctuations of the margins of Vatnajokull, Iceland, 1973-92. Annals of Glaciology, 24: 72~80

Wiscombe W J, Warren S G. 1980. A model for the spectral albedo of snow .1. pure snow. Journal of the Atmospheric Sciences, 37(12): 2712~2733

Wulder M A, Masek J G, Cohen W B, et al. 2012. Opening the archive: How free data has enabled the science and monitoring promise of Landsat. Remote Sensing of Environment, 122(0): 2~10

Xu J, Liu S, Zhang S, et al. 2013. Recent Changes in Glacial Area and Volume on Tuanjiefeng Peak Region of Qilian Mountains, China. Plos One, 8(8): e70574

Yao T, Thompson L, Yang W, et al. 2012. Different glacier status with atmospheric circulations in Tibetan Plateau and surroundings. Nature Climate Change, 2(9): 663~667

Zebker H A, Goldstein R M. 1986. Topographic Mapping From Interferometric Synthetic Aperture Radar Observations. Journal of Geophysical Research, 91(B5): 4993~4999

Zebker H A, Villasenor J. 1992. Decorrelation in Interferometric Radar Echoes. IEEE Transactions on Geoscience and Remote Sensing, 30(5): 950~959

Zebker H A, Werner C L, Rosen A, et al. 1994. Accuracy of Topographic Maps Derived from ERS-l Interferometric Radar. IEEE Transactions on Geoscience and Remote Sensing, 32(4): 823~836

Zemp M, Jansson P, Holmlund P, et al. 2010. Reanalysis of multi-temporal aerial images of Storglaciären, Sweden(1959-99)- Part 2: Comparison of glaciological and volumetric mass balances. Cryosphere, 4(3): 345~357

Zemp M, Thibert E, Huss M, et al. 2013. Reanalysing glacier mass balance measurement series. Cryosphere, 7(4): 1227~1245

Zhang G, Yao T, Xie H, et al. 2013. Increased mass over the Tibetan Plateau: From lakes or glaciers? Geophysical Research Letters, 40(10): 2125~2130

Zhang Y, Fujita K, Liu S Y, et al. 2010. Multi-decadal ice-velocity and elevation changes of a monsoonal maritime glacier: Hailuogou glacier, China. Journal of Glaciology, 56(195): 65~74

Zhou J, Li Z, Li X, et al. 2011. Movement estimate of the Dongkemadi Glacier on the Qinghai–Tibetan Plateau using L-band and Cband spaceborne SAR data. International Journal of Remote Sensing, 32(22): 6911~6928

Zibordi G, Meloni G P, Frezzotti M. 1996. Snow and ice reflectance spectra of the Nansen Ice Sheet surfaces. Cold Regions Science and Technology, 24(2): 147~151

Zwally H J, Beckley M A, Brenner A C, et al. 2002. Motion of major ice-shelf fronts in Antarctica from slant-range analysis of radar altimeter data, 1978-98. Annals of Glaciology, 34: 255~262

# 第3章 冰川分布与变化

冰川分布与变化是认识中国冰川资源、变化与影响的基础，本章首先介绍了基于现状编目的中国冰川分布，包括各山系、水系的冰川分布数量，冰川的表碛分布，以及冰川高度结构。之后，介绍了利用第一、二次冰川编目数据所得的近 50 年来中国西部冰川变化，包括典型研究区冰川变化年代际特征。

## 3.1 冰 川 分 布

### 3.1.1 总体分布现状

冰川的形成与发育取决于地形条件和降水、气温组合（施雅风，2000）。自古近纪—新近纪中期以来中国西部山地的强烈隆升，以及南亚季风、西风环流、高原季风和山地局部环流带来的降水为冰川的发育提供了良好的基础条件，从而使中国成为世界上中低纬度山岳冰川最发育的国家（WGMS，2008；施雅风，2000）。由于藏东南地区遥感影像受云层遮蔽影响十分严重，导致这一地区部分冰川无法解译，为了得到完整的中国冰川编目数据，并提高无高质量遥感影像区冰川面积精度，我们基于地形图数字化结果对该区域进行了填补。从中国现代冰川分布图（图 3.1）来看，中国冰川北抵中、俄、蒙三国交界的友谊峰，南至与印度、尼泊尔和不丹接壤的喜马拉雅山，西邻塔吉克斯坦、吉尔吉斯斯坦的喀喇昆仑山与帕米尔高原，东达我国境内岷山南段的雪宝顶，冰川分布范围极为广阔。经统计，我国冰川条数共 48571 条，面积为 51766.08 km²。其中，第二次冰川编目共解译出冰川 42370 条，面积为 43012.58 km²，占全国冰川总面积的 83.09%；利用地形图数字化结果填补的冰川共 6201 条，面积为 8753.50 km²。根据第四次 IPCC 评估报告（IPCC，2007；Oerlemans，1994），全球山地冰川与冰帽面积估计为 $51 \times 10^4 \sim 54 \times 10^4$ km²，若按此计算，中国冰川面积占世界山地冰川（冰帽）面积的 9.59%～10.15%，低于之前估计的 14.50%（王宗太和苏宏超，2003）。

表 3.1 列出了不同面积等级中国冰川条数与面积统计结果。可以看出，冰川数量以面积<1.0 km² 的冰川为主，共 39552 条，占所统计的冰川总条数的 81.43%，高于第一次冰川编目该面积等级冰川数量（35848 条）及其所占比例（77.30%）（施雅风等，2005）。随着冰川面积等级增大，冰川数量减少，面积呈先增加后减少的特点，其中，面积介于 1.0～50.0 km² 的冰川条数所占比例仅有 18.41%，但面积所占比例高达 65.72%。面积≥50.0 km² 的冰川共有 73 条，总面积为 7644.94 km²，分别占冰川总条数和总面积的 0.15% 和 14.77%，可见这些巨大的冰川虽然数量较少，但其在水资源总量中占有重要地位。

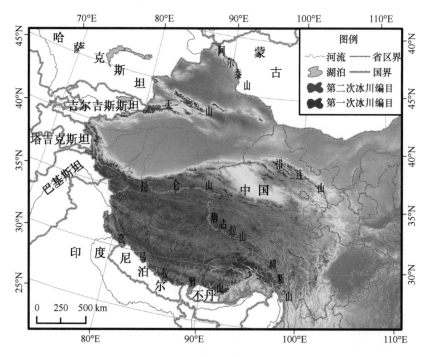

图 3.1　中国现代冰川分布

表 3.1　中国冰川面积分级统计（完整的表格放在同一页上）

| 规模等级/km² | 冰川 | | | |
| --- | --- | --- | --- | --- |
| | 条数 | 百分比/% | 面积/km² | 百分比/% |
| <0.10 | 12658 | 26.06 | 640.23 | 1.24 |
| 0.10～0.50 | 20403 | 42.01 | 4914.56 | 9.49 |
| 0.50～1.00 | 6491 | 13.36 | 4544.98 | 8.78 |
| 1.00～2.00 | 4328 | 8.91 | 6046.98 | 11.68 |
| 2.00～5.00 | 3007 | 6.19 | 9254.36 | 17.88 |
| 5.00～10.00 | 964 | 1.98 | 6628.44 | 12.80 |
| 10.00～20.00 | 441 | 0.91 | 6023.36 | 11.64 |
| 20.00～50.00 | 206 | 0.42 | 6068.23 | 11.72 |
| 50.00～100.00 | 51 | 0.11 | 3667.03 | 7.08 |
| 100.00～200.00 | 16 | 0.03 | 2299.30 | 4.44 |
| 200.00～300.00 | 4 | 0.01 | 961.31 | 1.86 |
| ≥300.00 | 2 | 0.00 | 717.30 | 1.39 |
| 总计 | 48571 | 100.00 | 51766.08 | 100.00 |

统计表明，我国面积≥100 km² 的冰川共 22 条，总面积为 3977.91 km²，占冰川总面积的 7.68%。这些巨型冰川集中分布在天山、喀喇昆仑山、昆仑山、念青唐古拉山 4 条山系的高大山峰周围，其中，位于乔戈里峰（K2 峰，8611 m）北坡的音苏盖提冰川是我国面积最大的冰川，中峰、多峰、昆仑、玉龙、西玉龙、古里雅和弓形 7 条冰川分布在昆仑峰（7167 m）周围，成为我国巨型冰川最为集中的区域，从而形成我国最大的冰川作用区。

### 3.1.2　各山系冰川数量与分布

山脉或山峰的绝对海拔高度及其平衡线以上的相对高差是决定山地冰川数量多少和其规模大小的主要地形要素。中国西部自北向南依次发育有阿尔泰山、天山、喀喇昆仑山、昆仑山、念青唐古拉山、喜马拉雅山和横断山等 14 座山系，由于这些山体的巨大高度，为冰川形成提供了广阔的积累空间和水热条件，从而成为中国西部冰川集中分布区域。

对于各山系的具体范围，学术界目前并无定论（Liu et al.，2003；鲁安新等，2002），除阿尔泰山、穆斯套岭、阿尔金山和祁连山外，其他山系（或高原）之间的界线很难界定，如帕米尔高原、天山与喀喇昆仑山、喀喇昆仑山和昆仑山、岗日嘎布的归属等，我们在划分山系时采用最新的数字高程模型数据（SRTM 4.1）制作成三维场景，通过可视化确定山系之间的界线，此外充分征求了当年参加第一次冰川编目部分工作人员和国内相关机构的地貌专家的意见与建议，以保证山系划分的合理性。表 3.2 列出了中国西部各山系冰川数量统计结果。统计表明，分布在昆仑山山系的冰川数量最多（8922 条），面积最大（11524.13 km$^2$），其数量和面积占全国冰川各自总量的 18.37%和 22.26%；天山山系冰川数量仅次于昆仑山，而位居第 2，但其面积总量低于昆仑山和念青唐古拉山而位居第 3。除上述 3 座山系外，喜马拉雅山和喀喇昆仑山冰川数量均在 5000 条以上，这 5 条山系共分布了冰川 35104 条，面积为 41072.75 km$^2$，约分别占我国冰川总量的 3/4 和 4/5。羌塘高原深居青藏高原腹地，其上分布若干海拔 6000 m 以上的较为平坦的山峰，以这些山峰为中心发育了普若岗日、藏色岗日、土则岗日、金阳岗日等较大放射状冰帽

表 3.2　中国西部各山系冰川数量统计

| 山系 | 冰川 | | | | |
|---|---|---|---|---|---|
| | 条数 | 百分比/% | 面积/km$^2$ | 百分比/% | 平均面积/km$^2$ |
| 阿尔泰山 | 273 | 0.56 | 178.79 | 0.35 | 0.65 |
| 穆斯套岭 | 12 | 0.02 | 8.96 | 0.02 | 0.75 |
| 天山 | 7934 | 16.33 | 7179.77 | 13.87 | 0.90 |
| 喀喇昆仑山 | 5316 | 10.94 | 5988.67 | 11.57 | 1.13 |
| 帕米尔高原 | 1612 | 3.32 | 2159.62 | 4.17 | 1.34 |
| 昆仑山 | 8922 | 18.37 | 11524.13 | 22.26 | 1.29 |
| 阿尔金山 | 466 | 0.96 | 295.11 | 0.57 | 0.63 |
| 祁连山 | 2683 | 5.52 | 1597.81 | 3.09 | 0.60 |
| 唐古拉山 | 1595 | 3.28 | 1843.91 | 3.56 | 1.16 |
| 羌塘高原 | 1162 | 2.39 | 1917.74 | 3.70 | 1.65 |
| 冈底斯山 | 3703 | 7.62 | 1296.33 | 2.50 | 0.35 |
| 喜马拉雅山 | 6072 | 12.50 | 6820.98 | 13.18 | 1.12 |
| 念青唐古拉山 | 6860 | 14.12 | 9559.20 | 18.47 | 1.39 |
| 横断山 | 1961 | 4.04 | 1395.06 | 2.69 | 0.71 |
| 总计 | 48571 | 100.00 | 51766.08 | 100.00 | 1.07 |

冰川，这些规模较大的冰川（≥2.00 km²）面积占该区域冰川总面积的78.64%，致使冰川平均面积可达1.65 km²，从而成为我国冰川平均规模最大的高原（山系）。帕米尔高原冰川数量虽仅有1612条，但冰川总面积高达2159.62 km²，冰川平均规模达到1.34 km²，仅次于羌塘高原。世界最高峰——珠穆朗玛峰（8844.43 m）所在的喜马拉雅山虽然非常高峻，但由于山脊较狭窄而限制了冰川的扩展，冰川平均面积只有1.36 km²，与唐古拉山冰川平均规模类似。相比较而言，冈底斯山冰川数量尽管较多（3703条），但总面积为帕米尔高原冰川面积的一半多，冰川平均面积仅有0.35 km²，是我国冰川平均规模最小的山系。冰川数量和面积最少的3座山系分别为穆斯套岭、阿尔泰山和阿尔金山，冰川平均规模均在0.75 km²以下。因此，冰川在各山系的分布是山峰的海拔高度、山脊形态及所受大气环流的综合作用结果。

### 3.1.3　各水系冰川数量与分布

按照国际冰川流域编目规范，中国西部山地冰川首先划分为内流区和外流区，次分为10个一级流域和29个二级流域（表3.3）。根据统计，我国内流区和外流区冰川数量分别为28912条和19659条，相应面积为31242.58 km²（60.35%）和20523.50 km²（39.65%）。在10个一级流域中，东亚内流区（5Y）冰川数量最多，面积也最大，分别占中国冰川总量的42.03%和43.30%；其次是中国境内的恒河–雅鲁藏布江流域（5O），其冰川条数和面积分别占中国冰川总量的26.03%和30.36%。冰川分布数量最少和冰川规模最小的一级流域是黄河水系（5J），仅有冰川164条，面积为126.72 km²。从冰川平均面积来看，恒河–雅鲁藏布江流域（5O）最大（1.24 km²），其次是青藏高原内流区（5Z），为1.14 km²；东亚内流区（5Y）和长江流域（5K）冰川平均面积持平，为1.10 km²；我国境内印度河上游（5Q）和发源于唐古拉山东段的湄公河流域（5L，我国境内称为澜沧江）冰川平均规模最小，分别为0.46 km²和0.49 km²。

表3.3　中国各水系冰川数量统计

| 分区 | 一级流域（编码） | 冰川 | | | | |
|------|-----------------|------|------|------|------|------|
| | | 条数 | 百分比/% | 面积/km² | 百分比/% | 平均面积/km² |
| 内流区 | 中亚内流区（5X） | 2122 | 4.37 | 1554.70 | 3.00 | 0.73 |
| | 东亚内流区（5Y） | 20412 | 42.03 | 22414.58 | 43.30 | 1.10 |
| | 青藏高原内流区（5Z） | 6378 | 13.13 | 7273.30 | 14.05 | 1.14 |
| | 合计 | 28912 | 59.53 | 31242.58 | 60.35 | 1.08 |
| 外流区 | 鄂毕河（5A） | 279 | 0.57 | 186.12 | 0.36 | 0.67 |
| | 黄河（5J） | 164 | 0.34 | 126.72 | 0.24 | 0.77 |
| | 长江（5K） | 1528 | 3.15 | 1674.69 | 3.24 | 1.10 |
| | 湄公河（5L） | 469 | 0.97 | 231.32 | 0.45 | 0.49 |
| | 萨尔温江（5N） | 2177 | 4.48 | 1479.09 | 2.86 | 0.68 |
| | 恒河（5O） | 12641 | 26.03 | 15718.65 | 30.36 | 1.24 |
| | 印度河（5Q） | 2401 | 4.94 | 1106.91 | 2.14 | 0.46 |
| | 合计 | 19659 | 40.47 | 20523.50 | 39.65 | 1.04 |
| 总计 | | 48571 | 100.00 | 51766.08 | 100.00 | 1.07 |

从一级流域冰川规模等级组成（图 3.2）来看，面积>100 km² 的冰川仅分布在东亚内流区（5Y）、青藏高原内流区（5Z）和恒河–雅鲁藏布江流域（5O）3 个流域，其中，东亚内流区（5Y）数量最多（14 条），面积亦最大（2681.49 km²）；恒河–雅鲁藏布江流域（5O）和青藏高原内流区（5Z）各分布有 4 条面积>100 km² 的冰川，但前者面积（673.33 km²）略高于后者（623.09 km²）。鄂毕河（5A）、黄河（5J）、湄公河（5L）、萨尔温江（5N）和印度河（5Q）5 个一级流域没有面积>50.0 km² 的冰川分布，其中，鄂毕河流域（5A）仅分布 1 条面积介于 20.0～50.0 km² 的冰川，即喀纳斯冰川（25.47 km²）；湄公河流域（5L）单条冰川面积均小于 20.0 km²；黄河流域（5J）面积大于 10.0 km² 的冰川仅有 3 条，即哈龙冰川（20.61 km²）、耶和龙冰川（17.63 km²）和唯格勒当雄冰川（12.53 km²）。整体而言，除印度河流域（5Q）冰川数量以面积<0.1 km² 最多之外，其他 9 个 1 级流域均以面积介于 0.1～0.5 km² 的冰川数量最多；除青藏高原内流区（5Z）、黄河流域（5J）、湄公河流域（5L）和萨尔温江（5N）4 个流域冰川面积分别以 20.0～50.0 km²、10.0～20.0 km²、1.0～2.0 km² 和 0.1～0.5 km² 最多之外，其他流域冰川面积最多的等级均为 2.0～5.0 km²。

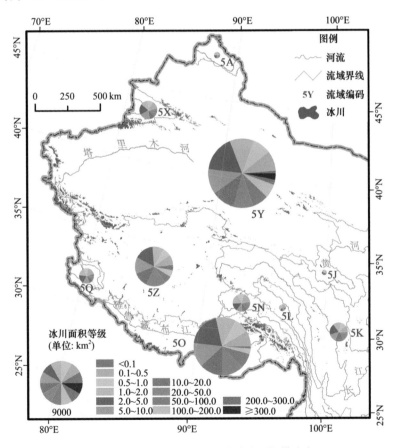

图 3.2　冰川编目中国一级流域冰川规模分布

在 29 个二级流域中，被高大的天山、帕米尔高原、喀喇昆仑山和昆仑山所环绕的塔里木河内流区（5Y6）冰川数量最多（12664 条），面积最大（17649.94 km²），其所属的东亚内流区（5Y）14 条面积大于 $100\,km^2$ 的冰川均位于这个流域。其次是雅鲁藏布江流域（5O2），其冰川数量和面积分别为 10592 条和 $13125.14\,km^2$。班公错流域（5Z4）位居第三，但其冰川总面积（$2899.62\,km^2$）远低于前两者，冰川数量（2635 条）也低于准噶尔内流水系（5Y7）。冰川数量和面积最少（小）的二级流域是嘉陵江流域（5K7），仅有 1 条冰川，面积为 $0.12\,km^2$，该冰川位于岷山主峰雪宝顶（5588 m）的东南坡，是我国分布最东的冰川。

### 3.1.4　冰川的表碛覆盖

消融区部分或全部为表碛所覆盖的冰川统称为表碛覆盖型冰川。世界上一些主要山地都有表碛覆盖型冰川分布，但这类冰川在地形起伏较大的造山带地区较常见，由于强烈的剥蚀作用，通过崩塌、岩崩，或雪/冰/岩混合崩塌，提供丰富的岩石碎屑物，造成表碛覆盖型冰川极为发育。在喜马拉雅山、喀喇昆仑山、帕米尔高原、天山、高加索、阿拉斯加、安第斯山部分地区等多见发育完整的表碛覆盖型冰川（Kirkbride，2011），Von Klebelsberg（1938）将这类冰川称为土耳其斯坦型（Turkestan 或 Lawinen）和慕士塔格型（Mustagh）冰川。土耳其斯坦型冰川在喜马拉雅山和中亚内陆地区数量众多，有些地方形象地称为"坠落（fall）"冰川，指没有明显粒雪盆，冰川主体位于粒雪线或气候雪线之下，冰川积累来自于高海拔山坡冰（雪）崩的山谷冰川，如喀喇昆仑山南坡的 Shispar、Toltar–Baltar、Hassanabad、Yashkuk、Lupghar、Malangutti、Momhil 等冰川。慕士塔格型冰川的特征则是冰川积累区范围有限，冰川大部被两侧坡度极陡的槽谷所约束，主要由冰雪崩补给，如喀喇昆仑山南坡的 Hispar、Barpu、Chogo Lungma Baltoro、Batura 等冰川。我国境内的音苏盖提冰川、托木尔冰川、克拉牙依拉克冰川、科克萨依冰川、木斯塔冰川、土格别里齐、乌库尔、木扎尔特冰川均属慕士塔格型，珠穆朗玛峰北侧的绒布冰川和贡嘎山地区的海螺沟、大/小贡巴冰川、燕子沟冰川等接近土耳其斯坦型。

利用可见光遥感自动提取表碛覆盖冰川边界存在诸多难点，主要表现在冰川表面冰碛物与周围非冰川下垫面具有类似的光谱特征。基于坡度、地表温度等辅助信息的表碛覆盖冰川自动分类结果仍需经过人工修订。第二次冰川编目虽也开展了表碛自动分类方法研究，如基于雷达冰川表面运动速度分布的表碛边界提取方法研究，但大部分表碛覆盖冰川边界主要采用人工目视判别，主要判别依据为：①表碛区表现出舌状冰川特征，因冰川运动，一些冰川表面表现出向下游突出的弧拱特征；②因消融差异，表碛区一般崎岖不平，有大小不一的冰面湖发育；③冰川两侧多呈"V"形，沿山坡多遗留侧碛垄或冰川侵蚀痕迹（也称修剪线）；④冰川末端有明显的出水口。根据这些标志可勾画出表碛冰川边界，因判别标志的多解性，识别的冰川边界不确定性较大。根据统计，中国境内有 1723 条表碛覆盖型冰川（表 3.4），总面积为 $12974km^2$，表碛所占面积为 $1493.69km^2$（11.5%）。

由表 3.4 可知，天山表碛覆盖型冰川数量最多，面积也最大，约 $481km^2$，占比达 12.2%；其次为喜马拉雅山、帕米尔高原、喀喇昆仑山和昆仑山地区的冰川，念青唐古

表 3.4　中国境内各山系表碛覆盖冰川统计

| 山系 | 条数 | 面积/km² | 所占全部冰川面积比例/% | 表碛区域面积/km² | 表碛区域占表碛型冰川面积比例/% |
|---|---|---|---|---|---|
| 阿尔金山 | 6 | 30.47 | 10.32 | 2.26 | 7.4 |
| 阿尔泰山 | 10 | 45.99 | 25.73 | 1.19 | 2.6 |
| 冈底斯山 | 9 | 28.12 | 2.17 | 2.54 | 9.0 |
| 横断山 | 26 | 166.51 | 11.81 | 29.97 | 18.0 |
| 喀喇昆仑山 | 274 | 2249.31 | 37.54 | 188.38 | 8.4 |
| 昆仑山 | 349 | 2214.60 | 18.87 | 182.25 | 8.2 |
| 穆斯套岭 | 0 | 0.00 | 0.00 | 0.00 | 0.0 |
| 念青唐古拉山 | 170 | 1336.49 | 13.68 | 125.71 | 9.4 |
| 帕米尔 | 132 | 1094.09 | 56.93 | 191.20 | 17.5 |
| 祁连山 | 12 | 28.02 | 1.75 | 1.13 | 4.0 |
| 羌塘高原 | 2 | 26.58 | 1.26 | 0.27 | 1.0 |
| 唐古拉山 | 7 | 47.13 | 2.56 | 2.32 | 4.9 |
| 天山 | 578 | 3938.01 | 54.13 | 480.88 | 12.2 |
| 喜马拉雅山 | 148 | 1769.41 | 27.61 | 285.60 | 16.1 |
| 总计 | 1723 | 12974.73 | 25.03 | 1493.69 | 11.5 |

拉山的冰川表碛面积也达 126km²，上述山系冰川表碛面积占全部表碛面积的 97.3%。横断山有 26 条冰川有表碛覆盖，表碛面积占有表碛覆盖冰川面积的 18%，是各大山系中表碛覆盖型冰川中表碛占比最大的地区。从冰川规模来看，有 299 条冰川表碛面积超过 1km²，这些冰川总面积为 7474km²，表碛面积占冰川面积的比例达 15.5%，其中 21 条冰川表碛面积超过 10km²，这些冰川平均面积为 134km²，平均表碛覆盖面积为 22km²。音苏盖提冰川、托木尔冰川和土格别里齐冰川是中国面积最大的三条冰川，同时也是表碛覆盖面积最大的三条冰川，表碛总面积超过 38km²，占各自冰川面积的比例分别为 17.6%、13.7%和 10.6%。在中国面积超过 100km² 的 22 条冰川中仅有 10 条冰川有表碛覆盖，西昆仑山的中峰冰川、昆仑冰川、崇测冰川和古里雅冰帽，喀喇昆仑山的特拉木坎力冰川、克亚吉尔冰川、孛舍布鲁姆冰川，念青唐古拉山的雅弄冰川、夏曲冰川、喜日弄冰川，昆仑山中段的鱼鳞冰川等无表碛或表碛面积较少。

　　研究表明（Scherler et al.，2011a），青藏高原地形切割强烈地区广泛发育有表碛覆盖型冰川，这类冰川对气候变化的反应不同于非表碛覆盖型冰川。Scherler 等（2011b）研究了兴都库什—喀喇昆仑—喜马拉雅山（HKH）287 条大型表碛覆盖冰川的地形特征，指出青藏高原高原面地形起伏较小，冰川以正常直接降雪补给为主，这类冰川无表碛覆盖，冰川表面运动速度在平衡线附近较大，且自上而下呈对称分布；在青藏高原边缘山地，地形起伏较大，一些大型冰川积累区陡峻，雪崩补给是常见现象，这类积雪物质再分配过程同时伴随着岩崩或松散岩石再分布，因而表碛广泛发育。在上述这些冰川所在山区中，喜马拉雅山中段南坡调查冰川表碛面积占冰川面积的比例最高（34.6%）；其次是兴都库什山脉（22.9%），喜马拉雅山西段、喀喇昆仑山、喜马拉雅山中段北坡表碛面积比例依次减少，介于 17.9%～21.3%之间，西昆仑山地区表碛面积最小，仅为 2.8%。根据观察，表碛面积比例较大的冰川，积累区以雪崩补给为主，裸露基岩范围大，且坡度较陡。

### 3.1.5　冰川的高度特征

因青藏高原、天山等高原和高大山系的巨大隆起，高亚洲与同纬度低海拔地区在热量和水分状况上的差异，使得本地区呈现完全不同的非地带性特征，如冰川、冻土、积雪、河湖冰广泛发育等，不同于一般山地垂直带谱是水平带谱在垂直方向上的变异，而青藏高原、帕米尔高原、天山等水平带谱则是山地垂直带谱在水平方向变异的结果。因此，这里尽管发育了冰川冻土等冰冻圈要素，因地理位置和海拔高度差异，冰川冻土分布和性质表现出巨大的空间差异，如青藏高原东部和南部边缘山地的冰川，由于纬度低、气候温暖、降水丰沛，发育的冰川属温型或海洋性冰川；而羌塘高原内部，降水稀少、温度低，发育的冰川属冷型或极大陆型性质（Shi and Liu，2000）。本小节从冰川的中值面积高度（即多年平均物质平衡线）及冰川面积高程分布两方面阐述冰川高度特征的区域分异规律。

### 1. 平衡线高度

冰川的平衡线高度（equilibrium line altitude，ELA）是指冰川表面年净物质收支相等点连线的平均海拔。冰川平衡线高度通常是利用物质平衡测量花杆，按照固定日期辅助层位法观测，并绘制年物质平衡随海拔分布图得到（Anonymous，1969）。通过可见光遥感可识别出夏末粒雪与冰川冰的界线，该界线接近冰川年平衡线。天气变化导致平衡线年内波动显著，某一时间的平衡线称为瞬时平衡线。受气候年际变化的影响，平衡线高度也表现出年际波动的特征。有两个概念十分重要，即平衡态平衡线高度（balance-budget ELA）和稳定状态平衡线高度（steady state ELA），冰川的稳定状态很难通过观测得到，因而，稳定状态平衡线高度只能在数值模拟中得以描述。平衡态平衡线高度是在一定时段内，观测的多年平均物质平衡为零时的平衡线高度，这一概念在实验冰川学中得到广泛应用。鉴于冰川物质平衡观测难度大、投入高，自 20 世纪 40 年代开展观测以来，全球仅有 300 余条冰川有过不同时间的物质平衡观测，长期物质平衡监测的冰川数量更少，且这些观测的冰川规模一般也较小，因此，一些学者提出了多种方法来估算无观测冰川多年平均状态的平衡线高度，其中库洛弗斯基法或面积加权中值高度得到了广泛应用。Braithwaite 和 Raper（2009）、Sakai 等（2015）均证实冰川平衡态平衡线高度与中值面积高度有很高的相关性，利用冰川边界和数字高程模型数据可以计算出中值面积高度，进而可以估计出平衡态平衡线高度，这为区域尺度冰川物质平衡模拟检验提供了可靠依据。

中国第二次冰川编目利用了基于 2000 年 SRTM V4 数字高程模型数据计算冰川高程属性，首先将 SRTM 数据用立方卷积方法重采样为 30m，然后用冰川边界切割出冰面高程数据，最后根据统计特征进行冰川高程属性的提取，其中，冰川中值面积高度为累计直方图中像元数达到所有像元数的一半所对应的高程值。第一次冰川编目将地形图等高线在冰川平均高度附近表面上凸下凹的特征作为判断平衡线位置的参考,并提取相应位置的平均海拔高度,在冰川编目属性中注为雪线高度,按照此方法识别出了约 6686 条冰川的雪线高度,早期中国冰川雪线分布图均是利用这些数据绘制的(施雅风等,2005)。这一雪线高度对应于第一次冰川编目制图时期之前某一时段的平均状况,基于第一次冰川编目边界和地形图数字高程模型提取的中值面积高度与雪线高度表现出较好的线性关系。随着冰川退缩,冰川的平衡线高度、中值面积高度、平均高度等都随之升高,但分析表明,第一次冰川编目雪线高度、对应冰川的平均高度与第二次冰川编目时期对应中值面积高度间均有较好的线性关系,由此可知,用第二冰川编目时期所计算的中值面积高度,能够反映第二次编目时期之前一定时段的平均雪线或平衡线高度状况。基于这一认识,利用第二次冰川编目中值面积高度绘制了反映当前状况的冰川雪线分布图(图3.3)。

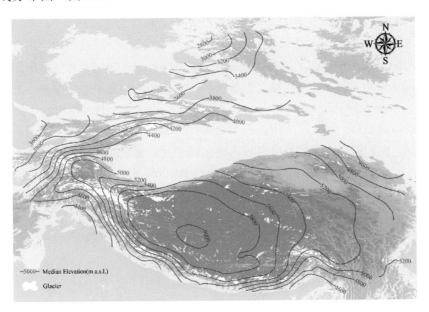

图 3.3　高亚洲地区冰川现状雪线分布示意图

为表征中国冰川雪线现状分布的空间格局,利用中国第二次冰川编目和 Randolph 冰川编目(RGI)中国境外地区的数据,将两者合并,以形成覆盖包括中国、中亚、南亚和阿尔泰山的高亚洲冰川编目数据集,利用合并后编目数据集的中值面积高度代表雪线高度,绘制高亚洲冰川雪线分布图(图3.3)。显然整个高亚洲地区冰川的雪线分布表现出以青藏高原为中心,雪线高度由羌塘高原向外围山地递减的变化趋势。在北—东方向由青藏高原内部向祁连山雪线高度每经度降低约 80m;由青藏高原内部向帕米尔高原西部,雪线高度变化率约为–140 m/(°),向贡嘎山则约为–50m/(°),往南至玉龙雪山一带则为–80m/(°);而青藏高原内部向喜马拉雅山南坡雪线高度每纬度降低约110m,雅鲁藏布江大拐弯地区较为独特,表现出较小范围内随山地上升和走势的舌状抬升分布。冰川雪线这一分布格局除受地势和山地绝对和相对海拔的影响外,同时还表现出由帕米尔高原—兴都库什山脉—青藏高原高大地势所诱导的南亚季风、东亚季风、西风环流、西伯利亚寒潮等多时空尺度的影响，造成这一地区分异显著的水热组合关系，即冰川作用特征。总之，山地抬升和地形条件、水分和热量等共同决定了一个地区冰川发育数量、规模及其变化格局。

## 2. 冰川面积随海拔分布

冰川的中值面积高度、作用差或作用正差等决定了一条冰川所处山地的热量条件以及热量条件的空间分布。在水分条件基本类似的山区，由热量和水分共同决定的物质平衡梯度分布状况是单条冰川随气候变化而变化的物质基础，因此，由地形决定的冰川规模则制约一条冰川对气候变化响应快慢和滞后响应时间。冰川产流或冰川水资源的长期趋势除与冰川规模有关外，还与冰川的展布空间（作用差和绝对海拔）有关，为分析冰川变化差异特征及对冰川径流及其长期趋势的影响，以下对各山系或流域冰川面积随海拔高度的分布进行分析，以期认识其对气候变化差异响应的成因。

利用 SRTM 数字高程模型和第二冰川编目边界矢量数据，可以按一定高度间隔提取对应高度带的面积，并得到冰川的面积高度分布。Guo 等（2015）总结了中国各山系冰川面积随海拔分布（图3.4）。除昆仑山脉的冰川面积高度分布呈双峰型外，其他山脉的冰川面积高度分布均表现为单峰型，且具有高斯分布特征。中国冰川面积集中分布于5000～6000m 高度带，该区间冰川面积占全国冰川面积的57%，其上下冰川面积分别占26%和17%。面积的众数分布高度有较大的空间差异，羌塘高原、冈底斯山、喜马拉雅山、喀喇昆仑山和昆仑山的面积众数位于5800～5900m，其中，冈底斯山脉最高（5880m），至纬度较高的天山和阿尔泰山冰川面积众数海拔迅速降低，阿尔泰山为3070m。在青藏高原南部和北部边缘均有一个面积众数海拔由西向东下降的分布形式，分别表现为南部的冈底斯—念青唐古拉山—横断山降低和北部的昆仑山—阿尔金山—祁连山降低。

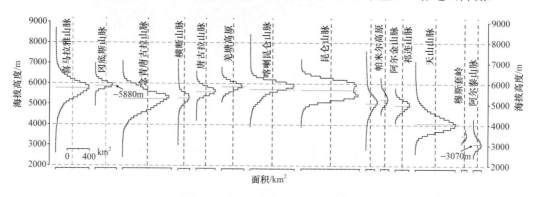

图3.4 中国西部各山脉冰川面积-海拔分布

因各山地冰川数量差别较大，阿尔金山各高度带冰川的面积放大了3倍，阿尔泰山放大了5倍，穆斯套岭放大了50倍

# 3.2 冰 川 变 化

近十余年来，随着遥感和地理信息系统技术的广泛应用，对中国西部冰川年代际尺度的变化研究受到广泛重视。较早时期针对 2000 年以前冰川变化的系统总结表明（刘

时银等，2006），所研究的 5020 条冰川，总面积约 14400km$^2$，20 世纪 50 年代～2000 年前后，面积缩小了 4.5%，其中，约 900 条冰川处于前进状态，即 82%的冰川处于退缩中，退缩冰川的数量表现出增加趋势；张明军等（2011）增加了新数据，统计到的冰川面积达到 23982km$^2$，得到这些冰川自 20 世纪 50 年代后期至 21 世纪初面积缩小了约 2100km$^2$，冰川萎缩幅度较之前的估计有较大增加。近数年来，高亚洲地区冰川变化广受关注，姚檀栋等（2012）指出，在与上述研究大致类似时段内青藏高原地区冰川总体呈退缩状态，喜马拉雅山的冰川无论是面积和长度，还是冰川物质平衡，都反映出这一地区的冰川萎缩幅度最明显，向高原内部、喀喇昆仑方向，冰川萎缩幅度减小，特别是帕米尔高原，萎缩幅度最小。Bolch 等（2012）对兴都库什山脉—喀喇昆仑山—喜马拉雅山（HKH）地区的冰川进行了系统总结，有约 100 条冰川进退变化观测可知，HKH 地区冰川自 19 世纪中期（除 20 世纪 20～40 年代外）以来总体表现出退缩，但喜马拉雅山西北段、喀喇昆仑山等一些大型冰川表现出前进趋势。在兴都库什山脉东段和喀喇昆仑山西段地区，1976～2007 年 25%的冰川处于稳定或前进状态。Sherler 等（2011b）分析了 HKH 地区 286 条长度介于 2～70km 冰川 2000～2008 年的变化情况，发现喀喇昆仑山地区 58%冰川处于稳定或前进状态，年均长度变化量为 8±12m/a，而其他地区≥65%的冰川表现出退缩状态。

最近发表的一些新结果已将一些地区的冰川变化时段延长到 2010 年前后，如阿尔泰山（姚晓军等，2012；王秀娜等，2013）、天山东段中部（（Wang et al.，2014；朱弯弯等，2014）、帕米尔高原东部（曾磊等，2013）、祁连山（Tian et al.，2014；陈辉等，2013；Winkler et al.，2010）、昆仑山（姜珊等，2013；李成秀等，2013；Creyts and Clarke，2010）、羌塘高原（Wei et al.，2014；张淑萍等，2012）、长江源（王媛等，2013）、雅鲁藏布江（向灵芝等，2013；张廷斌等，2011；李治国等，2011；Evans and Cox，2010；刘晓尘和效存德，2011）。受所掌握的资料制约，一些地区最早一期冰川数据来自于 Landsat MSS 遥感影像，其空间分辨率低于 Landsat TM/ETM+以及 SPOT4/5 等卫星影像数据，因而时间跨度和数据质量受到一定影响。此外，因技术原因，一些研究没有进行单条冰川划分。为较完整反映自航测制图以来中国冰川的变化，本研究开展了利用地形图和质量较好的最新遥感数据，获得了两期冰川边界并进行冰川编目，从而得到不同地区不同规模冰川的变化。

近 10 余年来，卫星重力测量、卫星测高技术、卫星立体测图技术，以及地面 GPS 测量技术得到了广泛应用，此外，物质平衡定位监测冰川的数量也在不断增加。新技术用于快速获取大范围冰川质量变化或基于测高的表面高程变化，进而获得冰川物质平衡变化的研究取得了大量新成果（Bolch et al.，2011；Gardelle et al.，2012；Pieczonka et al.，2013；Li et al.，2010；Xu et al.，2013，Zhang et al.，2012；Kaab et al.，2012；Gardelle et al.，2013；Zhang，2010；Shangguan et al.，2010；Neckel et al.，2014；Neckel et al.，2013；Jacob et al.，2012；Matsuo and Heki，2010），其中的一些研究引起了较大争议（Jacob et al.，2012）。这些成果有助于认识近 10 年的冰川变化在近 50～60 年尺度上的阶段性特征，为深入分析不同地区冰川变化的差异性特征奠定了基础。

中国西部过去 50 多年间的冰川变化具有显著的空间差异，这与之前的认识是一致的（刘时银等，2006；姚檀栋等，2004）。利用第一冰川编目修订数据和第二次冰川编目（念青唐古拉山中段缺第二次编目数据），从中挑选出数据质量较好，一致性又较高的冰川，比较这些冰川的变化，即对应于第一次和第二次冰川编目时段的冰川面积变化比例。第一次冰川编目所用地形图是我国在 20 世纪 50 年代中期至 20 世纪 80 年代初所完成的第一批大比例尺航测地形图（1∶5 万或 1∶10 万比例尺），时间跨度较大，为便于不同山系（流域）冰川变化比较，采用冰川面积变化相对速率表示，计算方法如下：

$$PV_{GAC} = \left[ \left( \frac{GA_s}{GA_f} \right)^{1/Y_{f-s}} - 1 \right] \times 100\% \qquad (3\text{-}1)$$

式中，$PV_{GAC}$ 为冰川面积变化相对速率（%/a）；$GA_s$ 和 $GA_f$ 分别为第二次冰川编目和第一次冰川编目时的冰川面积（$km^2$）；$Y_{f-s}$ 为两次冰川编目时所用数据源的采集时间间隔，单位为年，可由式（3-2）计算得到：

$$Y_{f-s} = \frac{\sum_{i=1}^{m} A_i \cdot Y_i}{\sum_{i=1}^{m} A_i} - \frac{\sum_{j=1}^{n} A_j \cdot Y_j}{\sum_{j=1}^{n} A_j} \qquad (3\text{-}2)$$

式中，$A_i$ 和 $Y_i$ 分别为第二次冰川编目时某山系（流域）第 $i$ 条冰川的面积和数据源年份；$A_j$ 和 $Y_j$ 分别为第一次冰川编目时该山系（流域）第 $j$ 条冰川的面积和数据源年份；$m$ 和 $n$ 分别为第二次和第一次冰川编目时该山系（流域）的冰川总数量。

所有参与变化比较的高质量数据共计冰川 36209 条，这些冰川第一次编目和第二次编目统计的面积分别为 43287.91 $km^2$ 和 35625.93 $km^2$，近 40 年间我国冰川面积减少了 17.7%，冰川面积变化相对速率为–5.22%/10a。由表 3.5 可知，阿尔泰山、冈底斯山和穆斯套岭冰川面积变化幅度最大，面积缩小比例均在 30% 以上；喜马拉雅山、天山、横断山、念青唐古拉山和祁连山冰川面积缩小比例介于 20%～30%，帕米尔高原、唐古拉山、阿尔金山和喀喇昆仑山冰川面积减少比例介于 10%～20%，昆仑山和羌塘高原冰川面积减少最少，低于 10%。如上述所言，由于我国第一次冰川编目所用数据源时间上的差异，仅从冰川面积变化百分比上很难反映出真实的冰川变化速率，相比较而言，冰川面积相对变化百分比能更好地反映出各山系冰川变化速率。从各山系冰川面积相对变化百分比来看，冈底斯山冰川退缩速率最快，为–10.43%/10a；其次是穆斯套岭、喜马拉雅山、阿尔泰山、横断山、念青唐古拉山、天山和祁连山，介于–8.83%/10a～5.68%/10a；位于青藏高原北部和腹地的唐古拉山、帕米尔高原、喀喇昆仑山、阿尔金山、昆仑山和羌塘高原的冰川面积萎缩速率较小，均在–5%/10a 以上，其中，昆仑山和羌塘高原冰川面积萎缩速率大于–3%/10a。

从内流区和外流区来看，中国西部冰川变化呈现外流水系冰川萎缩幅度大于内流水系的总体特征。其中，外流水系冰川面积减少 23.49%，内流水系冰川面积减少 15.10%（表 3.6）。在外流水系中，除长江流域冰川面积减少百分比小于 15% 外，其他 7 个水系冰川面积萎缩幅度均大于 23%。冰川面积最少的黄河源区冰川面积减少比例最大，为–34.73%；其次是额尔齐斯河和澜沧江，分别为–31.83% 和–29.26%。外流区冰川面积变

表3.5 中国西部各山系冰川面积变化

| 山系 | 参与计算的冰川/条 | 第一次冰川编目 | | 第二次冰川编目 | | 面积变化百分比/% | 面积相对变化百分比/（%/10a） |
| --- | --- | --- | --- | --- | --- | --- | --- |
| | | 面积/km² | 时间/年 | 面积/km² | 时间/年 | | |
| 冈底斯山 | 3719 | 1744.96 | 1971 | 1182.04 | 2008 | −32.26 | −10.43 |
| 唐古拉山 | 1713 | 2351.20 | 1969 | 1977.36 | 2007 | −15.90 | −4.57 |
| 喀喇昆仑山 | 3499 | 5210.12 | 1972 | 4622.73 | 2009 | −11.27 | −3.23 |
| 喜马拉雅山 | 4411 | 5824.84 | 1976 | 4356.46 | 2009 | −25.21 | −8.61 |
| 天山 | 7641 | 6968.75 | 1969 | 5275.19 | 2007 | −24.30 | −7.25 |
| 帕米尔 | 863 | 1582.62 | 1970 | 1324.41 | 2009 | −16.32 | −4.55 |
| 念青唐古拉山 | 1948 | 3366.14 | 1976 | 2650.08 | 2006 | −21.27 | −7.86 |
| 昆仑山 | 6987 | 10854.46 | 1969 | 9773.14 | 2009 | −9.96 | −2.63 |
| 横断山 | 1131 | 1015.18 | 1973 | 776.44 | 2007 | −23.52 | −7.98 |
| 祁连山 | 2911 | 1960.98 | 1967 | 1563.38 | 2007 | −20.28 | −5.68 |
| 穆斯套岭 | 9 | 10.32 | 1959 | 6.80 | 2006 | −34.10 | −8.83 |
| 羌塘高原 | 821 | 1872.61 | 1971 | 1704.53 | 2008 | −8.98 | −2.59 |
| 阿尔泰山 | 286 | 247.52 | 1959 | 167.49 | 2006 | −32.33 | −8.27 |
| 阿尔金山 | 270 | 278.20 | 1970 | 245.88 | 2008 | −11.62 | −3.22 |
| 总计 | 36209 | 43287.91 | | 35625.93 | | −17.70 | −5.22 |

表3.6 中国西部各水系冰川面积变化

| 分区 | 一级流域 | 参与计算的冰川/条 | 第一次冰川编目 | | 第二次冰川编目 | | 面积变化百分比/% | 面积相对变化百分比/（%/10a） |
| --- | --- | --- | --- | --- | --- | --- | --- | --- |
| | | | 面积/km² | 时间/年 | 面积/km² | 时间/年 | | |
| 外流区 | 额尔齐斯河（5A） | 284 | 254.49 | 1959 | 173.49 | 2006 | −31.83 | −8.12 |
| | 黄河（5J） | 156 | 89.81 | 1968 | 58.62 | 2009 | −34.73 | −10.45 |
| | 长江（5K） | 1069 | 1657.54 | 1969 | 1417.40 | 2007 | −14.49 | −4.05 |
| | 澜沧江（5L） | 329 | 216.53 | 1969 | 153.18 | 2009 | −29.26 | −8.65 |
| | 怒江（5N） | 1110 | 838.93 | 1970 | 615.69 | 2006 | −26.61 | −8.51 |
| | 雅鲁藏布江（5O） | 6812 | 9096.17 | 1975 | 6883.68 | 2008 | −24.32 | −8.52 |
| | 印度河（5Q） | 1972 | 1261.55 | 1978 | 962.24 | 2009 | −23.73 | −8.95 |
| | 小计 | 11732 | 13415.02 | 1974 | 10264.30 | 2008 | −23.49 | −7.90 |
| 内流区 | 伊犁河等（5X） | 1967 | 1904.64 | 1973 | 1451.41 | 2007 | −23.80 | −8.00 |
| | 东亚内流区（5Y） | 17838 | 20887.11 | 1969 | 17567.18 | 2009 | −15.89 | −4.37 |
| | 青藏高原内流区（5Z） | 4672 | 7081.14 | 1971 | 6343.03 | 2009 | −10.42 | −2.93 |
| | 小计 | 24477 | 29872.89 | 1970 | 25361.63 | 2009 | −15.10 | −4.22 |
| 总计 | | 36209 | 43287.91 | 1971 | 35625.93 | 2008 | −17.70 | −5.22 |

化速率最快的是黄河水系（−10.45%/10a），最慢的是长江水系（−4.05%/10a），印度河、澜沧江、怒江、雅鲁藏布江和额尔齐斯河速率较为接近，介于−8.95%/10a～−8.12%/10a。内流区冰川面积减小幅度最大的是伊犁河等中亚内流水系，这些流域的冰川面积萎缩速

率与外流水系的额尔齐斯河接近。包括河西走廊、柴达木盆地、吐鲁番—哈密盆地、塔里木盆地和准噶尔盆地的东亚内流水系冰川面积变化与长江水系较为相似，分别为 −15.89% 和 −4.37%/10a。东亚内流区的托木尔峰、慕士塔格山—公格尔山、喀喇昆仑山、西昆仑山等是我国面积 >100km$^2$ 冰川的集中发育区，而且也是表碛覆盖型冰川广泛发育的地区，冰川融水是哺育新疆各大河最重要的水资源，该流域冰川未来变化趋势对于新疆绿洲农业和城市发展起着决定性作用。青藏高原内流区除包括整个羌塘高原外，还涉及昆仑山南坡、喀喇昆仑山、冈底斯山、念青唐古拉山和唐古拉山，其冰川面积变化幅度和速率为我国西部地区 10 个一级流域中最小的流域，仅为 −10.42% 和 −2.93%/10a。

　　图 3.5 为近 40 年中国西部冰川面积变化分布图。不难看出，藏东南地区、喜马拉雅山中东段与冈底斯山东段之间地区、印度河中国境内、伊犁河流域、祁连山冷龙岭等，是冰川面积萎缩速率最快的地区；昆仑山中西段以南、唐古拉山中段以西、念青唐古拉山西段—冈底斯山以北和喀喇昆仑山主体北坡及以东地区，是冰川面积变化率最小的地区，特别是青藏高原内流区的冰川萎缩速率很小（Wei et al.，2014）；其他地区的冰川年

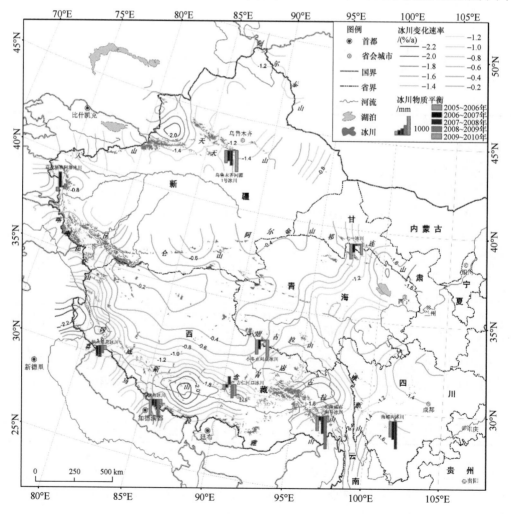

图 3.5　近 40 年中国西部冰川面积年均变化率（%/a）

变化率介于两者之间。这一结果印证了山系冰川变化特征，也与后面介绍的代表性冰川进退变化结果具有一致性，如青藏高原内部、喀喇昆仑山、西昆仑山、中国帕米尔高原等地区的冰川长度退缩幅度较小，或有一定数量的冰川处于前进状态。

在上述两期冰川编目对比分析基础上，分别对阿尔泰山、天山托木尔峰、东帕米尔高原慕士塔格山—公格尔山、西昆仑山、各拉丹冬峰、祁连山团结峰、珠穆朗玛峰（含南坡）、布加岗日峰地区和贡嘎山冰川变化的阶段性特征进行了分析（图 3.6 和图 3.7），主要采用 Landsat MSS/TM/ETM+等遥感影像，针对每个地区挑选时段冰川变化大于面积不确定性的无云无雪的遥感数据，从而获得各地区冰川变化的阶段性特征。这些地区共调查了 2209 条冰川，总面积为 9986.15km²，占修订后第一次冰川编目总面积的 16.5%，这些地区均为我国西部主要现代冰川作用中心，无论是冰川规模、性质，还是地理位置，都有一定的代表性。由统计结果不难看出，自 1959 年（面积加权平均）以来所调查地区的冰川均表现出总体萎缩状态，到 2011 年面积缩小了 931.06 km²，占起始冰川面积的 9.3%，年均面积缩小 22.17 km²/a，年均缩小比例为 0.23%/a；各地区对比可知，纬度最北的阿尔泰地区的冰川萎缩速率最大（–27.1%，与之前结果有别，主要是两者所统计冰川数量不同。下同），年均–0.62%/a，帕米尔高原东部的慕士塔格山—公格尔山和西昆仑山的冰川萎速率最小，介于–0.04%/a～–0.09%/a（总变化–1.7%～–4.0%）。珠穆朗玛峰地区、贡嘎山、祁连山团结峰等地区年均面积萎缩百分比大致相当（–11.3%～–13.4%），年变化速率为–0.23～–0.28%/a。由于调查样本上的差别，这里给出的结果与发表结果略有不同（Wei et al.，2015；Pieczonka and Bolch，2015；Liu et al.，2015；Bao et al.，2015；Zhang et al.，2015），但年均面积萎缩速率总体偏小的结论是一致的。

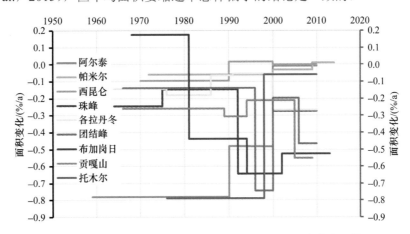

图 3.6　西部 9 个代表性地区不同时段冰川面积年变化率比较

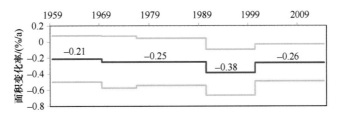

图 3.7　西部 9 个代表性地区不同时段冰川面积年平均变化率（%/a）

总体而言，冰川变化空间差异性和时间差异性均较大。从时间上来看，阿尔泰山、帕米尔高原和西昆仑山地区变化趋势相同，冰川萎缩速率总体趋于减小，帕米尔地区2010年后冰川面积甚至微弱增大，西昆仑山冰川后期总体稳定，且有一定数量的前进冰川。1990年之前阿尔泰山的冰川萎缩速率为–0.79%/a，与布加岗日地区冰川1998年之前的萎缩速率一致，是所有研究区萎缩速度最快的，到1990~2000年面积萎缩速率减为–0.48%/a，2000~2010年更是大幅度减小到–0.01%/a。珠峰地区、团结峰地区的冰川在1990~2000年萎缩速率高于其他时段，2000年后萎缩速率有所减缓。布加岗日地区的冰川变化不同于其他地区，20世纪80年代前扩张，之后加速萎缩（–0.64%/a），2002年之后有所减缓，与贡嘎山地区类似，在所有研究区中属退缩速率最高的地区。各地区冰川变化速率的阶段性特征除与所统计冰川样本大小、样本中冰川规模差异等有关外，各地区水热组合背景及其变化的差异，以及冰川性质决定的冰川对气候变化敏感性差异是重要的决定因素，未来需从模型分析角度揭示不同地区冰川变化的差异机理。

将9个研究区大致相同时段的冰川面积年变化率进行平均，不难看出西部冰川面积变化的阶段性特征，自1959年以来，9个地区的冰川总体呈萎缩状态，1959~2000年期间，表现为加速缩小的趋势，年均变化率由–0.21%/a增加到–0.38%/a，2000年之后，有所减缓，但仍达到–0.26%/a（图3.7）。

# 参 考 文 献

陈辉, 李忠勤, 王璞玉, 等. 2013. 近年来祁连山中段冰川变化. 干旱区研究, 30(4): 588~593

姜珊, 杨太保, 王秀娜, 等. 2013. 1973-2010年布喀塔格峰冰川波动对气候变化的响应. 干旱区资源与环境, 27(3):

李成秀, 杨太保, 田洪阵. 2013. 1990-2011年西昆仑峰区冰川变化的遥感监测. 地理科学进展, 32(4): 548~559

李治国, 姚檀栋, 叶庆华, 等. 2011. 1980-2007年喜马拉雅东段洛扎地区冰川变化遥感监测. 地理研究, 30(5): 939~952

刘时银, 丁永建, 李晶, 等. 2006. 中国西部冰川对近期气候变暖的响应. 第四纪研究, 26(5): 762~771

刘晓尘, 效存德. 2011. 1974-2010年雅鲁藏布江源头杰玛央宗冰川及冰湖变化初步研究. 冰川冻土, 33(3): 488~496

鲁安新, 姚檀栋, 刘时银, 等. 2002. 青藏高原各拉丹冬地区冰川变化的遥感监测. 冰川冻土, 2002, 24(5): 559~562

施雅风. 2000. 中国冰川与环境——现在、过去和未来. 北京: 科学出版社

施雅风等. 2005. 简明冰川编目. 上海: 上海科学普及出版社

王秀娜, 杨太保, 田洪振, 等. 2013. 近40a来南阿尔泰山区现代冰川变化及其对气候变化的响应. 干旱区资源与环境, 27(2): 77~82

王媛, 吴立宗, 许君利, 等. 2013. 1964-2010年青藏高原长江源各拉丹冬地区冰川变化及其不确定性分析. 冰川冻土, 35(2): 255~262

王宗太, 苏宏超. 2003. 世界和中国的冰川分布及其水资源意义. 冰川冻土, 25(5): 198~502

向灵芝, 刘志红, 柳锦宝, 等. 2013. 1980-2010年西藏波密地区典型冰川变化特征及其对气候变化的响应. 冰川冻土, 35(3): 593~600

姚晓军, 刘时银, 郭万钦, 等. 2012. 近50a来中国阿尔泰山冰川变化——基于中国第二次冰川编目成

果. 自然资源学报, 27(10): 1734～1745

曾磊, 杨太保, 田洪阵. 2013. 近 40 年东帕米尔高原冰川变化及其对气候的响应. 干旱区资源与环境, 27(5): 7

张明军, 王圣杰, 李忠勤, 等. 2011. 近 50 年气候变化背景下中国冰川面积状况分析. 地理学报, 66(9): 1155～1165

张淑萍, 张虎才, 陈光杰, 等. 2012. 1973-2010 年青藏高原西部昂拉仁错流域气候_冰川变化与湖泊响应. 冰川冻土, 34(2): 267～276

张廷斌, 张建平, 吴华, 等. 2011. 1990-2000 年间西藏林芝地区冰川变化研究. 冰川冻土, 33(1): 7

朱弯弯, 上官冬辉, 郭万钦, 等. 2014. 天山中部典型流域冰川变化及对气候的响应. 冰川冻土, 36(6): 1376～1384

Creyts T T, Clarke G K C. 2010. Hydraulics of subglacial supercooling: Theory and simulations for clear water flows. Journal of Geophysical Research-Earth Surface, 115

Evans I S, Cox N J. 2010. Climatogenic north-south asymmetry of local glaciers in Spitsbergen and other parts of the Arctic. Annals of Glaciology, 51(55): 16～22

Gardelle J, Berthier E, Arnaud Y, et al. 2013. Region-wide glacier mass balances over the Pamir-Karakoram-Himalaya during 1999-2011. The Cryosphere, 7(4): 1263～1286

Gardelle J, Berthier E, Arnaud Y. 2012. Slight mass gain of Karakoram glaciers in the early twenty-first century. Nature Geoscience, 5(5): 322～325

IPCC. Climate Change 2007: The Physical Science Basis. New York

Jacob T, Wahr J, Pfeffer W T, et al. 2012. Recent contributions of glaciers and ice caps to sea level rise. Nature, 482(7386): 514～518

Kaab A, Berthier E, Nuth C, et al. 2012. Contrasting patterns of early twenty-first-century glacier mass change in the Himalayas. Nature, 488(7412): 495～498

Kirkbride M P. 2011. Debris covered glacier In: Singh, Vijay P, Singh, Pratap, Haritashya, Umesh K ed Encyclopedia of snow, ice and glaciers

Klebelsberg Rv. 1925/1926. Der Turkestanische Gletschertypus. Z Gletschkd Glazialgeol, 14: 93～209

Klebelsberg Rv. 1938. Die Zusammensetzung des Talgletscher. Z Gletschkd Glazialgeol, 26: 22～43

Li J, Liu S, Shangguan D, et al. 2010. Identification of ice elevation change of the Shuiguan River No 4 glacier in the Qilian Mountains, China. Journal of Mountain Science, 7(4): 375～379

Liu S Y, Sun W X, Sen Y P, et al. 2003. Glacier changes since the Little Ice Age maximum in the western Qilian Shan, northwest China, and consequences of glacier runoff for water supply. Journal of Glaciology, 49(164): 117～124

Matsuo K, Heki K. 2010. Time-variable ice loss in Asian high mountains from satellite gravimetry. Earth and Planetary Science Letters, 290(1-2): 30～36

Neckel N, Braun A, Kropacek J, et al. 2013. Recent mass balance of the Purogangri Ice Cap, central Tibetan Plateau, by means of differential X-band SAR interferometry. The Cryosphere, 7(5): 1623～1633

Neckel N, Kropacek J, Bolch T, et al. 2014. Glacier mass changes on the Tibetan Plateau 2003-2009 derived from ICESat laser altimetry measurements. Environmental Research Letters, 9(1)

Oerlemans J. 1994. Quantifying global warming from the retreat of glaciers. Science, 26(5156): 243～245

Pieczonka T, Bolch T, Wei J, et al. Heterogeneous mass loss of glaciers in the Aksu-Tarim Catchment(Central Tien Shan)revealed by 1976 KH-9 Hexagon and 2009 SPOT-5 stereo imagery. Remote Sensing of Environment, 130: 233～244

Scherler D, Bookhagen B, Strecker M R. 2011a. Hillslope-glacier coupling: The interplay of topography and glacial dynamics in High Asia. Journal of Geophysical Research-Earth Surface, 116

Scherler D, Bookhagen B, Strecker M R. 2011b. Spatially variable response of Himalayan glaciers to climate change affected by debris cover. Nature Geoscience, 4(3): 156～159

Shangguan D, Liu S, Ding Y, et al. 2010. Changes in the elevation and extent of two glaciers along the

Yanglonghe river, Qilian Shan, China. Journal of Glaciology, 56(196)

Shi Y, Liu S. 2000. Estimation on the response of glaciers in China to the global warming in the 21st century. Chinese Science Bulletin, 45(7): 668~672

Tian H, Yang T, Liu Q. 2014. Climate change and glacier area shrinkage in the Qilian mountains, China, from 1956 to 2010. Annals of Glaciology, 55(66): 187~197

Wang L, Li Z, Wang F, et al. 2014. Glacier shrinkage in the Ebinur lake basin, Tien Shan, China, during the past 40 years. Journal of Glaciology, 60(220): 245~254

Wei J, Liu S, Guo W, et al. 2014. Surface-area changes of glaciers in the Tibetan Plateau interior area since the 1970s using recent Landsat images and historical maps. Annals of Glaciology, 55(66): 213~222

WGMS/UNEP. 2008. Global Glacier Changes: facts and figures

Winkler M, Kaser G, Cullen N J, et al. 2010. Land-Based Marginal Ice Cliffs: Focus On Kilimanjaro. Erdkunde, 64(2): 179~193

Xu J, Liu S, Zhang S, et al. 2013. Recent Changes in Glacial Area and Volume on Tuanjiefeng Peak Region of Qilian Mountains, China. Plos One, 8(8)

Yao T D, Thompson L, Yang W, et al. 2012. Different glacier status with atmospheric circulations in Tibetan Plateau and surroundings. Nature Climate Change, 2(9): 663~667

Zhang Y S, Liu S Y, Hui D H, et al. 2012. Thinning and shrinkage of Laohugou No 12 glacier in the Western Qilian Mountains, China, from 1957 to 2007 Journal of Mountain. Science, 9(3): 343~350

Zhang Y, Fujita K, Liu S, et al. 2010. Multi-decadal ice-velocity and elevation changes of a monsoonal maritime glacier-Hailuogou glacier, China. Journal of Glaciology, 56(195): 65~74

# 第 4 章 冰川物质平衡与径流观测

冰川物质平衡是冰川学研究的重要内容之一。冰川物质平衡特征及其时空变化规律与气候环境特征及其变化密切相关，而物质平衡又进而影响冰川一系列的物质性质（如成冰作用、温度状况、运动特征等）和冰川规模（面积、体积、长度等）的变化。因此，冰川物质平衡是联系冰川与气候环境之间相互作用关系的关键纽带。在全球变化研究中，监测和研究冰川物质平衡与冰川径流过程和规律具有重要的理论和现实意义。本章首先介绍冰川物质平衡和冰川径流的概念，并对全球以及我国西部冰川物质平衡的监测现状进行了回顾，重点总结了几种常用的冰川物质平衡监测和研究方法，最后对近期我国西部观测到的冰川物质平衡和冰川径流变化特征进行了简要回顾。

## 4.1 冰川物质平衡与冰川径流

### 4.1.1 基本概念和定义

#### 1. 冰川物质平衡

冰川上物质的收入（积累）与支出（消融）之间的关系称为冰川物质平衡（Glacier Mass Balance，$B$）。不同气候类型和地形条件共同作用影响冰川物质收支及其在时间和空间上的分布特征，通过物质平衡特征（如物质平衡水平、物质平衡差额、物质平衡梯度、物质平衡速率和物质平衡结构等）的分异，冰川在响应气候变化的动态过程中发生局部或区域尺度上的差异（谢自楚，1980）。冰川物质平衡水平反映了不同冰川在水分循环中的作用，影响冰川一系列物理性质，如冰川温度、成冰作用、运动速度等，是冰川地球物理分类和冰川区划的重要指标。

冰川物质平衡 $B$ 可表示为一条冰川总积累量（Accumulation，$c$，指冰川收入的固态水，包括冰川表面的降雪、凝华、再冻结的液态水体，以及由风和重力作用再分配的吹雪、雪崩等）和消融量（Ablation，$a$，指冰川固态水的所有支出部分，包括冰雪融化形成的径流、蒸发、冰体崩解、流失于冰川之外的风吹雪及雪崩）的代数和（Paterson，1994）。它是单位面积上的冰量（以水当量或水层深表示，即 $g/cm^3$ 或 mm）相对于前一年夏季消融期末的变化量。

净平衡 $B_n$ 是平衡年末的物质平衡，它可再分为冬平衡（WinterBalance，$B_w$，为正值）和夏平衡（SummerBalance，$B_s$，为负值）。图 4.1 为冰川积累区物质平衡各种基本量及其在年内的变化情况（以冬季补给型冰川为例）。

物质平衡：

$$B = c + a = \int_{t_1}^{t} (c' + a')\mathrm{d}t \qquad (4\text{-}1)$$

净平衡：

$$B_\mathrm{n} = B_\mathrm{w} + B_\mathrm{s} = ct + at = cw + aw + cs + as = \int_{t_1}^{t_m} (c' + a')\mathrm{d}t + \int_{t_m}^{t_2} (c' + a')\mathrm{d}t \qquad (4\text{-}2)$$

整条冰川的净物质平衡：

$$bn = (1/S)[\sum (bn_1 S_1 + bn_2 S_2 + \cdots bn_j S_j)] \qquad (4\text{-}3)$$

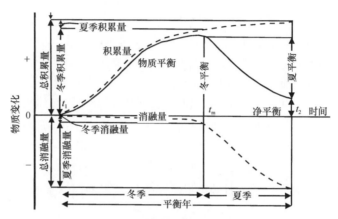

图 4.1　物质平衡各项定义

冰川物质平衡时段的基本单位是年度，其计算方法有两种。

层位法系统：将夏季冰川表面消融下降到最低点时为起始时间 $t_1$，以下一年度消融面同样达到最低点时为终止时间 $t_2$，消融面的标志是污化面。由此看来，物质平衡计算的时间是跨年度的，在冰川上的不同高度处，$t_1$ 及 $t_2$ 的时间是不一致的，它随着海拔高度的上升而逐步提前。一般以冰川中部平衡线附近为参考面，$t_1$ 与 $t_2$ 之间的时间也不一致，并不一定为 365 天，在冷湿年份短，在暖干年份长。

固定日期系统：上述层位法系统虽然物理意义明确，但由于各年起始时间的差异，不便于与气象文水资料对比。特别是对长系列资料进行计算、模拟时很不方便。因此，采用固定的日期作为起始及终止日期，一般以水文年为标准。在北半球水文年的时间为 10 月 1 日至下年 9 月 30 日。中国季风气候下，消融期结束时候在冰川中部一般是 8 月底，因此，中国冰川研究中物质平衡年度一般为 9 月 1 日至下年度 8 月 31 日。

## 2. 冰川径流

冰川径流与冰川物质平衡密切相关，冰川径流响应冰川的物质平衡变化，物质平衡的年内和年际动态会影响冰川径流的季节和多年变化趋势。关于冰川径流（Glacier Runoff）的概念，有广义和狭义之分（Radić and Hock，2014）。表 4.1 列举了冰川径流的各种定义和计算方法。广义上来说，冰川径流泛指冰川所在流域在冰川末端观测到的全部地表径流，因此，包含所在流域的液态降雨和积雪融水径流以及地下水等部分（表 4.1，类型 1）。而狭义概念上的冰川径流，则特指冰川边界范围内冰雪消融产生的径流量，包含冰面融雪和冰川消融径流。

表 4.1　冰川径流的不同定义和计算方法（根据 Radić and Hock，2014）

| 类型 | 计算方法 | 定义描述 |
| --- | --- | --- |
| 1 | $Q_g = M_{ice,firn,snow} - R + P_l - E$ | 冰川所在流域的末端水文站以上的全部地表径流 |
| 2 | $Q_g = M_{ice,firn,snow} - R$ | 冰川范围内所有冰雪融水产生的径流 |
| 3 | $Q_g = M_{ice/firn}$ | 冰川冰和粒雪融水产生的径流（不含积雪融水） |
| 4 | $Q_g = C - M_{ice,firn,snow} - R(\text{for } Q_g > 0)$ | 冰川净物质亏损产生的径流 |
| 5 | $Q_g = C - M_{ice,firn,snow} - R + P_l - E$ | 利用水文学方法计算的冰川物质亏损量 |

注：$Q_g$ 为冰川径流；$P_l$ 为液态降水；$E$ 为蒸发量；$M$ 为消融量；$R$ 为再冻结量；$C$ 为积雪量。

　　一般而言，大多数关于冰川径流的研究默认为狭义的冰川径流，即表 4.1 中的类型 2，不包含流域的液态降雨径流和非冰川下垫面的积雪融水径流。狭义的冰川径流有时仅仅考虑冰川冰和粒雪融水产生的径流（类型 3），冰川积雪消融被分开计算，强调了因冰川存在而产生的径流。为更明确冰川物质平衡与冰川径流的关系，Huss（2011）则提出另一种冰川径流定义方法，即冰川径流是指由于冰川净物质亏损而产生的额外产流量（类型 4）。按这种定义方法，当冰川物质平衡为零平衡或正平衡时，因为无额外产流发生，冰川径流均为零。类型 5 是对类型 4 定义方法的延伸，即考虑流域液态降水和蒸发量等其他水量要素。

　　从冰川尺度上来看，冰川融水从产生到末端形成径流，需通过冰川排水系统（冰面、冰内及冰下水系）进行汇流，故存在冰川融水径流-气温变化的时滞过程。冰面、冰内和冰下水系为复杂系统，由众多水系单元构成，图 4.2 展示了大多数冰川冰面、冰内及冰下主要水系通道的空间结构及相互联系（Fountain and Walder，1998）。

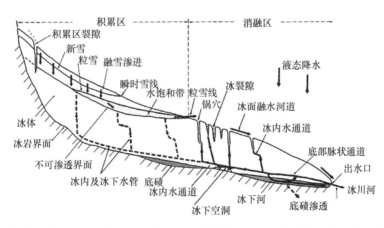

图 4.2　冰川冰面、冰内及冰下主要水系单元和水系通道空间结构示意图（刘巧和刘时银，2012）

　　按空间位置划分，冰川排水系统由以下 3 个主要部分构成：粒雪层和冰川近表面水系，冰内水系和冰下水系。在积累区，不透水层以上存在饱和含水层，沿冰裂隙流入冰川内部；不同类型冰川，粒雪结构、粒雪化过程和成冰过程相近，因此，冰内含水层的水力特性差异很小；Fountain 和 Walder（1998）通过比较五条不同类型冰川发现，其水力传导度仅介于 $1 \times 10^{-5} \sim \times 10^{-5}$ m/s 之间。然而在消融区，不同类型冰川的冰内及冰下水系发育状况存在明显的差异；其在温冰川的消融区明显较冷性冰川要更加发育（刘巧和刘时银，2009，2012），季节积雪消退后，融水或降雨直接沿冰裂隙或冰川融水竖井进入冰内或冰下（Stenborg，1973；Fountain and Walder，1998），形成各类水系通道。

冰川对流域径流的年内季节分配具有调节作用（Jansson et al.，2003），而冰川排水通道及其变化在控制末端径流过程中扮演着重要角色（Stenborg，1970；Elliston，1973；Hock and Hooke，1993；Fountain，1996）。研究发现，温冰川流域冬夏季节的径流量差别很大，山地温冰川冰下最大储水深可达 200mm 左右，其日内变化范围在 20～30mm（Willis et al.，1991）。大多数冰川突发洪水事件主要是由冰川周期性的蓄水释放造成的。不同类型的冰下排水通道蓄水能力不同，导致其排水过程差异（Willis et al.，1991）。冰内及冰下蓄水体可能突然溃决在冰川末端引发洪水，该类事件在一些温冰川，如斯瓦尔巴特冰川（Hagen，1987）、北美（Walder and Driedger，1995）、冰岛（Björnsson，1998）和格陵兰（Stearns et al.，2008）均有报道。

### 4.1.2 全球和中国西部的冰川物质平衡监测

全球范围内系统的冰川物质平衡汇编数据集可追溯至自 1967 年起，每五年出版的一期冰川波动资料汇编（Flutuations of Glaciers，FOG）（WGMS，1993）。1973 年，国际水文科学协会（IAHS）、联合国环境署（UNEP）及教科文组织（UNESCO）在瑞士的苏黎世设立了世界冰川监测服务处（World Glacier Monitoring Service，WGMS），系统收集、整理、出版全球冰川物质平衡和冰川波动变化数据。自 1988 年起，继 FOG 后每两年又出版一卷冰川物质平衡通报（Glacier Mass Balance Bulletin，GMBB）（WGMS，2011）。GMBB 选定全球有长期系统观测的冰川，报道冰川物质平衡的相关监测数据，包括单点物质平衡、累积物质平衡、年净平衡、冰川积累区面积比率和零平衡线高度等。全球范围内，汇编入 GMBB 的冰川条数从 1988 年的54 条，至今已增加至 126 条（图 4.3）。中国天山乌鲁木齐河源 1 号冰川自 1959 年入

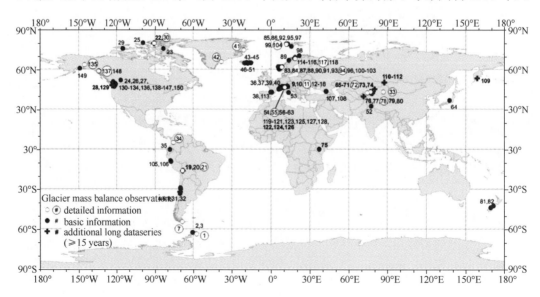

图 4.3  WGMS 汇编的全球 126 条物质平衡监测冰川分布（WGMS，2011）

选为全球 10 条重点代表性冰川之一，每年定期向 WGMS 提交物质平衡监测数据，成
为中亚天山地区物质平衡监测代表性冰川之一。

中国物质平衡监测冰川中，基于冰川学方法监测时间序列最长的是天山乌鲁木齐
河源 1 号冰川（韩添丁等，2005），从 1959 年开始一直延续至今，1966～1978 年因种
种原因中断，物质平衡资料按气象资料插补而得。其次是位于青藏高原内陆的唐古拉
山小冬克玛底冰川，自 1989 年开始监测，延续至今（Pu et al., 1998；Fujita et al., 2000）。
近年来，随着我国西部一些定位/半定位冰川观测站相继建立，监测冰川数目明显增加
（图 4.4）。

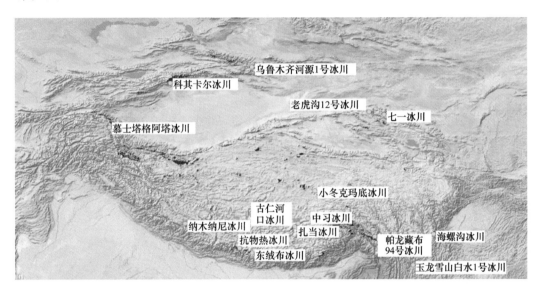

图 4.4　中国西部开展物质平衡监测的典型冰川（红色为冰川分布）

天山托木尔峰的科其卡尔冰川，是一条典型的表碛覆盖型大型山谷冰川，也是该
地区一条典型的托木尔型冰川（王立伦等，1980）。自 2006 年以来，开始针对该冰川
开展了表碛下冰川消融（韩海东等，2007）、冰崖消融（Han et al., 2010）、冰面湖演
化（Wang et al., 2012）等与冰川物质平衡相关的消融过程监测，同时在不同海拔梯度
布设了多套气象站，在冰川补给河流上布设水文断面开展冰川径流监测，采用度日因
子模式和能量平衡方法进行物质平衡计算和模拟，已取得初步结果（张勇等，2006；
Han et al., 2015）。在祁连山地区，目前有两条冰川开展定位监测，即老虎沟 12 号冰
川和七一冰川，为我国西部典型极大陆性冰川的代表。其中，七一冰川观测时间较长，
虽不连续，但有较长时间的插补结果（刘潮海等，1992）；老虎沟 12 号冰川又名透
明梦柯冰川，其研究始于 1958 年的祁连山冰川考察，1962 年监测被迫中止；其间于
20 世纪 70～80 年代中期分别在此进行过短期考察，2005 年开始建站，并全面恢复连
续观测，开展了冰川气象、冰川运动、冰川消融和冰川水文等系统监测（杜文涛等，
2008）。扎当冰川位于念青唐古拉山纳木错流域，其物质平衡监测自 2005 年开始（Kang
et al., 2009），同时开展了冰川区以及纳木错流域的气象和水文监测。慕士塔格阿塔冰
川位于青藏高原西北缘和帕米尔东南缘，属典型的西风带气候影响区，于 2008 年在此

建站开展观测，成为我国目前唯一研究西风带影响作用下冰川物质平衡过程的冰川监测点（Yao et al.，2012）。中喜马拉雅山地区有两条物质平衡监测冰川，分别是抗物热冰川和东绒布冰川。抗物热冰川具备相对较长的物质平衡资料，观测自 1992 年开始（Yao et al.，2012）；东绒布冰川由于野外条件限制，传统冰川物质平衡观测方法也无法展开，主要是进行了消融区消融过程、冰川水文和冰川区气象监测（Fountain et al.，2004；Steiner，2005）。

相对于大陆型冰川，位于青藏高原东南部的海洋型冰川区，目前具备连续物质平衡监测的冰川数量较少。位于藏东南帕龙藏布流域岗日嘎布山区的帕龙藏布 94 号冰川，近年来开展了比较连续的基于花杆观测的物质平衡监测（Yang et al.，2008），同时进行了系统的冰川区水文气象监测，是目前国内监测条件最好的海洋性冰川（Yang et al.，2015）。贡嘎山地区也是我国海洋性冰川的一个典型分布区，其东坡海螺沟冰川监测条件相对较好，20 世纪 80～90 年代横断山考察以及中苏联合考察期间曾开展过详细的冰川消融、运动速度等观测（刘巧等，2011），但同样由于其积累区难以抵达，流域冰川物质平衡资料主要是用水文方法恢复的（谢自楚等，2001；Liu et al.，2010；Zhang et al.，2012），有相对较长时间的插补结果。此外，位于云南丽江的玉龙雪山白水 1 号冰川也是我国一条开展监测的海洋性冰川，但系统的物质平衡监测也受野外条件限制，主要开展了冰川区的气象和水文观测（Pang et al.，2007；何元庆等，2010）。

## 4.2　冰川物质平衡的监测和研究方法

### 4.2.1　测杆法

冰川物质平衡最精确的观测方法是直接在冰川上布设测点，进行系统的定期观测，然后综合各测点的测量结果，计算出整个冰川或冰川上某一部分在全年或某一时段的物质平衡各分量。作为直接观测的冰川，其面积及高差不宜太大，冰川形态较为规则，表面比较平坦，未被表碛覆盖，表面裂隙也不宜太多、太宽，否则将增大观测难度，影响计算精度。同一横剖面上测点的多少及布设位置与冰川的规模、形态等有关，一般是按等高线分横向和纵向剖面布置，等高线之间的间距为 100～200 m，测点之间的距离亦在百米以内。

1. 消融区观测

在消融区一般采用测杆观测冰川表面的变化，花杆和竹杆上均漆有刻度，便于识别及读数，测杆长度为 2～3 m，借助手摇冰钻或热水蒸气钻打孔垂直插入冰内。花杆读数均以测杆顶部为零计算到达冰面的距离，两次读数之差便是这期间冰融化的深度，当冰川表面有积雪（粒雪）及附加冰时还要分别记录它们的厚度（$h$）及平均密度（$\rho$），如图 4.5 所示。

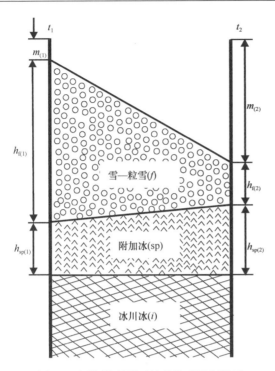

图 4.5　测杆法观测及计算物质平衡图示

某时段、某点的物质平衡应为积（粒）雪平衡（$b_f$）、附加冰平衡（$b_{sp}$）及冰川冰平衡（$b_g$）的代数和：

$$b_{(1-2)} = b_{f(1-2)} + b_{sp(1-2)} + b_{g(1-2)}$$

$$b_{f(1-2)} = \rho_{f(2)}h_{(2)} - \rho_{f(1)}h_{(1)}$$

$$b_{sp(1-2)} = \rho_{sp}(h_{sp(2)} - h_{sp(1)})$$

$$b_{g(1-2)} = \rho_g[(m_{(1)} + h_{f(1)} + h_{sp(1)}) - (m_2 + h_{f(2)} + h_{sp(2)})]$$

$$(4-4)$$

式中，下标 g、sp、f 分别表示冰川冰，附加冰和雪（粒雪）；1 和 2 表示观测的顺序；密度（$\rho$）的量纲为 g/cm³；测杆读数（$m$）及厚度（$h$）的量纲为 cm；附加的平均密度（$\rho_{sf}$）可取 0.85 g/cm³；冰川冰的平均密度（$\rho_g$）为 0.9 g/cm³。

在野外肉眼观测时，附加冰呈半透明或乳白色，并可见棉絮状气泡残体；冰川冰则完全透明，有时可见沿冰川流向分布的小气泡串。

全年度的物质平衡是每次观测结果的代数和：

$$b_n = b_1 + b_2 + b_3\cdots \qquad (4-5)$$

当以每年夏末为起始观测时间时，$b_f$ 及 $b_{sp}$ 的累计结果与 $b_g$ 相比是很小的，因此，也可忽略不计。相邻两次的时间长短取决于观测目的，较详细的观测为冬季每月一次，夏季加密到每月数次，较简化的是每年两次，第一次是春末夏初，便于了解冬平衡状态，第二次是在夏末，可以直接了解全年的净平衡。

## 2. 积累区观测

积累区主要是雪及粒雪层，其密度及厚度变化很大，用测杆已不能测出准确的积累量，因此，主要观测方法是雪坑法，前者只能作为辅助方法。但在极地冰盖上仍普遍使用测杆法，其雪（粒雪）的密度只需取表层的平均值。

雪坑观测比测杆观测要复杂得多，首先要在选定的测点人工挖掘比年积厚度更深的雪坑，按雪（粒雪）层的层位分层测定密度和厚度，然后按以下简式计算出该年层的纯积累量：

$$b_n = \sum_1^n h_j \rho_j \tag{4-6}$$

式中，$h_j$、$\rho_j$ 分别为各层的厚度及密度；$n$ 为总层数。

雪坑法常与成冰作用观测同时进行。要有关于成冰作用的一般知识，当雪—粒雪层结构很复杂（如夹有多层冰片等）时，如仅为物质平衡研究，也可以利用气象观测中的雪称一次或多次测定整个年层的平均密度，上式则可简化为

$$b_n = \overline{h}_f \cdot \overline{\rho}_f \tag{4-7}$$

式中，$\overline{h}_f$ 及 $\overline{\rho}_f$ 分别为年层厚度及年层的平均密度。

物质平衡观测时特别要注意对年层标志的识别。在消融区，年层的标志比较明显，易于辨认，冰川冰面上的污化面十分强烈，污化物常为成团粒分布的黏土，这是表面有水流动冲积的痕迹，在冰舌下部则可见消融壳的痕迹。附加冰表面的污化面不很强烈，呈浅黄色。在积累区的中、下部，一般也以污化面作为年层的标志，要有一定的野外考察经验，才能正确识别。在中国夏季补给型的冰川中，积累区的一个年层中往往有几个污化面，除夏末强烈消融期形成的污化面外，在冬末春初还因雪面长期暴露在外，接受较多的风成尘埃，也会形成一层呈浅黄色的冬季污化面。有时，在一个夏季层中可以出现几个污化面。在积累区上部，在降雪不断而消融较弱的夏季则见不到明显的污化面，在这种情况下，为准确辨识夏末污化末消融面，还要采取其他的辅助方法。在连续数年的观测时，可以在夏末在粒雪表面撒下锯末等作为人工污化面，或记住当时的测杆读数。有时也可利用简便冰钻，取样观测粒雪层层位，测量粒雪密度，以代替雪坑。

积累区观测中的一个重要问题是由于消融引起融水下渗和再冻结，即内补给问题。在冷渗浸带，融水渗浸深度不超过当年年层，在雪坑观测中如实记录并累计各层厚度及密度即可，融水没有损失。但在渗浸带及渗浸—冻结带内，融水可以渗入当年年层以下，发生再冻结或者变成径流流失。在当年年层以下再冻结形成的内补给往往不被计入当年的积累量，因此，完全的纯积累应该包括这部分内补给，即

$$b_n' = b_n + b_{in} \tag{4-8}$$

式中，$b_n'$ 为完全的纯积累；$b_n$ 为年层的纯积累；$b_{in}$ 为该年层以下的内补给。为了测定 $b_n'$，雪坑应达到融水下渗的最大深度，要对照所有年层密度的变化及下沉量。

## 3. 整条冰川物质平衡计算

将上述方法测得的各点年纯积累量与年纯消融量综合起来计算，即得到整个冰川的年净平衡。以乌鲁木齐河源 1 号为例（图 4.6），将单点观测得到的年净平衡值 $b_i$ 点绘在大比例尺冰川地形图上，绘制整个冰川年净平衡等值线图整个冰川的年净平衡，用以下公式计算：

$$B_n = (\sum_1^n s_i b_i)/S \qquad\qquad (4\text{-}9)$$

式中，$s_i$ 为两相邻等值线的投影面积；$b_i$ 为 $s_i$ 的平均净平衡；$n$ 为 $s_i$ 总数；$S$ 为冰川的总面积。

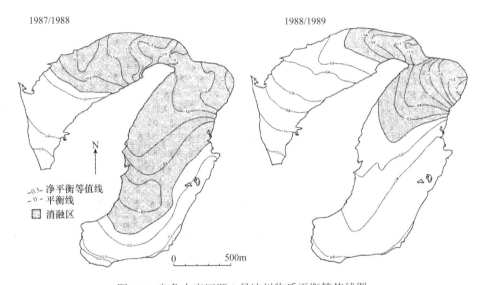

图 4.6　乌鲁木齐河源 1 号冰川物质平衡等值线图

在年净平衡等值线图上，$b_n = 0$ 的等值线就是当年平衡线的位置，$b_n > 0$ 的地区是积累区，$b_n < 0$ 的地区是消融区，积累区面积 $S_c$ 与整个冰川面积之比（$S_c/S$）叫做积累区比率（Accumulation Area Ratio，AAR）。

### 4.2.2　水量平衡法

当冰川面积很大、地形复杂、直接观测有困难时，也可应用水文学方法来测量整个冰川流域的物质平衡。其基本原理是流域的水量平衡公式：

$$b = p - r - e - i \qquad\qquad (4\text{-}10)$$

$$b_g = b/k \qquad\qquad (4\text{-}11)$$

式中，$b$ 为整个流域的水量平衡；$p$ 为全流域的平均降水量；$e$ 为全流域的平均蒸发量；$r$ 为全流域的径流深度；$i$ 为全流域的渗透水量；$b_g$ 为全流域所有冰川及雪斑的物质平衡；$k$ 为流域内冰川面积 $S_g$ 所占比重。称为冻结系数：$k = S_g/S$，$S$ 为流域总面积。

当渗透量不大时，$i$ 常忽略不计，在海洋型冰川上，蒸发与凝结常相互抵消，$e$ 可忽略不计，在大陆型冰川上蒸发量可通过经验估算。亚大陆型冰川上考虑蒸发的径流深度的修正系数大致为 0.95，极大陆型冰川上为 0.90。

应用水文学法最主要的措施是建立冰川流域的水文断面监测站，进行全年的水文要素观测（沈永平等，1997）。在夏季消融期，流量的观测要加密，以免漏掉一些洪峰。降水的观测应在全流域进行，可设若干不同高度的雨量点。高山地区降水受地形影响很大，而固体降水又受风的影响大，因此，要较准确测定整个流域的降水，常要进行一些专门的试验，以获取各种条件下的修正系数（Ye et al.，2012）。

在很多缺少物质平衡监测的山区，如果流域气象水文资料比较完善，水文学方法可用于冰川物质平衡变化序列的重建。例如，Kaser 等（2003）利用流域水文观测数据重建了 1953～1994 年秘鲁布兰卡山脉冰川物质平衡序列，在瑞士最大的 Aletsch 冰川上也曾用水文学方法取得过长时间系列（1923～1971 年）的物质平衡数据（Kasser，1967）。我国学者在苏联天山卡拉巴特卡克（Karabatkak）冰川（刘潮海等，1998）、中国的贡嘎山海螺沟冰川（谢自楚等，2001；Liu et al.，2010；Zhang et al.，2012）上也都曾利用水文学方法重建过流域冰川的物质平衡。需要指出的是，对于大型的海洋型冰川，当年的融水并不一定完全在当年流出，有部分融水被储存在冰内腔洞或冰下、冰内湖中（Krimmel et al.，1973）而滞留，因此，应用水文学方法应注意因冰内储水造成的误差。

### 4.2.3　大地测量法

基于大地测量法获取冰川物质平衡的研究原理已在本书第 2 章进行了介绍。该方法主要通过对比不同时期的冰川表面高程来获取冰川的物质平衡信息（Cogley，2009），通过比较覆盖同一冰川发育区域不同时期的 DEM 数据，提取冰川表面高程值差异，结合冰川面积获得冰川体积变化，进而转换为水当量对冰川物质平衡进行估算。冰川数字高程模型（DEM）数据既可以采用地面考察方式获取，如全球定位系统（GPS）、经纬仪等；也可基于遥感方式获取（Bamber and Rivera，2007），如机载激光扫描（LiDAR）、干涉合成孔径雷达（InSAR）、光学立体像对等。随着可获取的 DEM 数据在数量、分辨率、精度等方面的发展，以及该方法在对难以接近区域应用的独特优势，大地测量法已经成为获取大空间尺度冰川物质平衡的一种较为普遍的监测方法。

基于多源遥感 DEM 数据的大地测量法，随着卫星遥感技术和数据的发展，在冰川、区域和全球尺度的冰川物质平衡监测中，得到了不同程度的应用。21 世纪之前拥有立体测图能力的卫星传感器较少，最主要的数据源为各国采用航空摄影测量、近景摄影测量或其他测绘技术手段获取并生成的历史地形图数据。拥有 15 m 中等空间分辨率的 ASTER 立体像对数据自 2000 年以来，积累了覆盖较大空间范围和较长时间序列的影像数据，并以其较低的使用经济成本，使其在全球不同研究区域找到合适数据的能力显著增加。如 Zhang 等（2010）利用不同时期的航测地形图（1∶100 000 和 1∶50 000）、基于遥感立体像对生成的数字高程模型（ASTER DTM）和野外差分 GPS 测量（DGPS）的数字高程模型等，对海螺沟冰川消融区的不同时期冰川厚度变化进行了分析（图 4.7）。

Xu 等（2013）采用中国 1966 年基于航空摄影制作的 1∶50 000 地形图数据，对比 SRTM DEM 数据后发现，前者在平坦和丘陵区域的垂直精度为 3～5 m，在山区为 8～14 m，并估算了祁连山团结峰地区冰川体积变化。随着 1995 年 CORONA 和 Hexagon 等间谍卫星数据的解密，采用该数据反映 1960s～1980s 冰川表面高程信息的冰川学研究逐渐增多。Bolch 等（2008）采用 CORONA 数据，通过对比 ASTER 立体像对提取的 DEM 数据，研究了 1962～2001 年尼泊尔昆布喜马拉雅地区的冰川体积变化；Pieczonka 等（2013）采用 Hexagon KH-9 数据，结合 SPOT5 立体像对和 SRTM DEM 数据，对 1976～1999 年、1999～2009 年和 1976～2009 年天山托木尔峰南坡地区的冰川体积变化进行了研究。

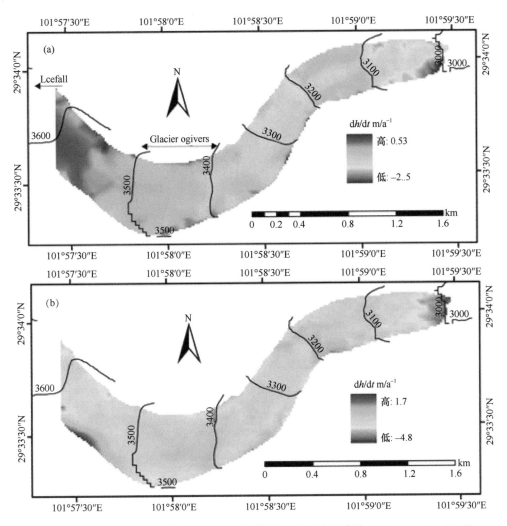

图 4.7　基于大地测量法计算海螺沟冰川消融区冰川物质空间变化（Zhang et al.，2010）

由于大地测量法受数据时空分辨率和精度的限制，仅能对长时间跨度（几年及以上）的物质平衡进行估算，完整反映冰川变化过程的多时间尺度物质平衡状态需要由年内物质平衡监测能力的冰川学方法进行补充；同时，小空间尺度（冰川尺度）适用的直接测量法研究范围也能由大地测量法扩展到流域尺度和区域尺度。因此，直接测量法和大地测量法相结合是目前估算冰川物质平衡的最有效的方法（Thibert and Vincent，2009；Zemp et al.，2013）。然而，数据源、数据处理和方法自身误差的累积，可导致直接测量法和大地测量法的结果之间产生±1～2 m w.e.的误差（Wang et al.，2014），Krimmel（1999）将这两种估算方法结果的较大差异主要归结于直接测量法的系统性方法误差，如冰川底部、冰体内部以及冰裂隙冰的融化所导致的物质损失难以估算，以及低估损失物质的密度、花杆下沉，测量点分布不均、数量不足等也是造成误差的根源。Zemp 等（2013）对直接测量法和大地测量学法估算物质平衡的随机误差和系统误差进行统计分析，提出了两种方法相结合重新评估冰川物质平衡的概念框架。此框架基于估算数据误差及其他辅助数据，结合直接测量法和大地测量法估算结果，可构建出具有代表年内过程的长时间尺度冰川物质平衡序列（图 4.8）。

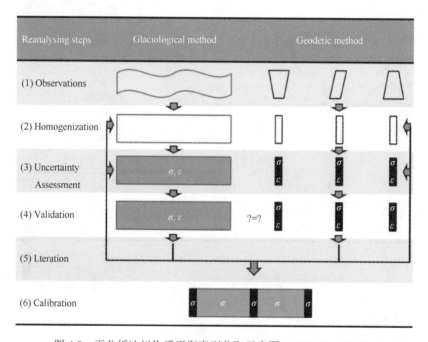

图 4.8　再分析冰川物质平衡序列获取示意图（WGMS，2011）

## 4.3　观测物质平衡变化

### 4.3.1　全球尺度冰川物质平衡

全球自 1946 年开始有冰川物质平衡监测以来（仅仅有极少数冰川物质平衡监测可以追溯到该时间），纳入物质平衡年报的监测冰川数目呈现持续增加趋势，一些具有区域代表性且监测条件好的冰川被选中为参考冰川（Reference Glaciers）。至 20 世纪 70 年代后期，全球一共有 37 条冰川被选定为参考冰川（图 4.9（a）），我国乌鲁木齐河源 1 号冰川即为参考冰川之一。WGMS 根据汇编的 37 条冰川物质平衡资料，将全球 10 个冰川作用区冰川物质平衡进行了平均。根据最新的结果（图 4.9（b）），全球除斯堪的纳维亚地区（8 条监测冰川）表现为正平衡状态占主导外，其余大部分冰川作用区均呈现明显的冰川亏损状态。1980～2011 年，全球平均冰川累积物质平衡减少大约 12m w.e.，其中，物质亏损最为显著的是太平洋海岸地区的 5 条监测冰川和欧洲阿尔卑斯山地区的 11 条监测冰川，累积物质平衡亏损超过约 25m w.e.。

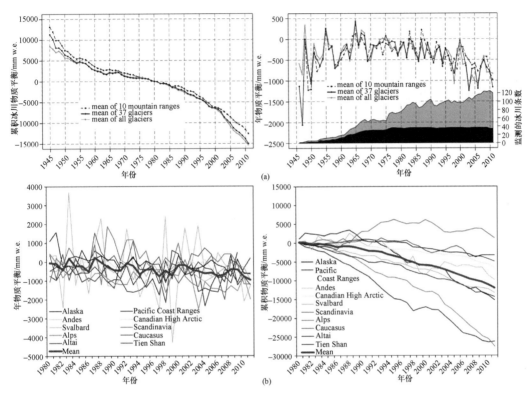

图 4.9　全球主要冰川作用区冰川物质平衡的逐年变化及累计变化

（据 Bulletin of Glacier Mass Balance，2013）

## 4.3.2　中国冰川物质平衡

总体看，中国西部监测时期超过 5 年的冰川物质平衡变化趋势与全球平衡物质平衡水平和变化趋势类似（图 4.10），自 2000 年以来负平衡加剧。乌鲁木齐河源 1 号冰川东西支因持续退缩，于 1993 年完全分离，成为两条独立的冰川。1959～2010 年，1 号冰川累积物质平衡达–13384 mm，相当于冰川厚度平均减薄 13.4 m；1995/1996 年以来该冰川物质平衡呈加速亏损趋势。祁连山七一冰川自 1975～1980 年以来处于正平衡物质增加状态，1980～1993 年呈缓慢亏损，而 1993 年以后物质平衡呈加速亏损状态。1975～2010 年间，七一冰川累积物质平衡为–6310 mm。小冬克玛底冰川的物质平衡变化过程与七一冰川很接近，在开始监测伊始 1989～1993 年物质平衡表现为正累积，之后则呈加速亏损趋势，1989～2010 年累积冰川物质平衡为–5199 mm。抗物热冰川自开始监测以来物质平衡均表现为快速的亏损态势，1992～2010 年，其累积物质平衡达到–9782 mm。海洋型冰川因对气候变化更加敏感，加之近期的季风减弱影响（Yao et al.，2012），物质平衡亏损更为明显。例如，藏东南帕龙藏布流域的几条监测冰川，近年来观测到物质平衡显著低于其他大陆性冰川以及全球平均水平（Yang et al.，2015）。与大多数监测到的负物质平衡不同的是，位于青藏高原最西端的慕士塔格冰川近年来表现为正平衡状态（图4.11），该结果与近年来基于卫星测高技术监测到的帕米尔、喀喇昆仑山以及西昆仑山地区的冰量增长现象一致。

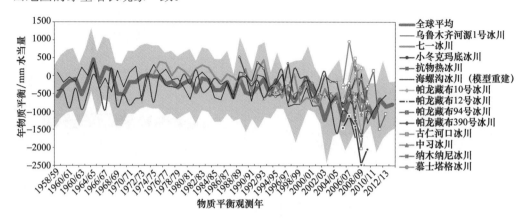

图 4.10　中国西部典型监测冰川年物质平衡变化

典型冰川物质平衡资料根据 Yao et al.，2012；海螺沟流域冰川物质平衡基于能量平衡模型重建，Zhang et al.，2012；
全球平均基于 WGMS 数据，灰色阴影为标准差

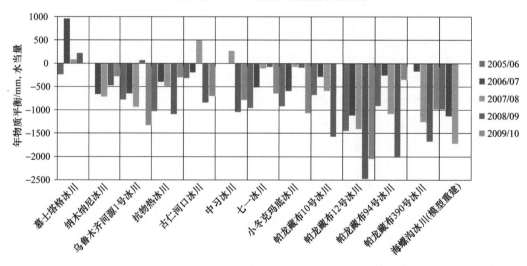

图 4.11　典型观测年不同地区代表性冰川物质平衡空间差异对比

综合 2005/06～2009/10 年中国西部监测冰川的年物质平衡变化（图 4.10 和图 4.11），所对比的 13 条冰川 5 年间总体处于负平衡状态，而且负平衡有加速趋势。图 4.11 显示，海洋型冰川物质平衡水平普遍较高，帕龙藏布 12 号冰川负平衡多超过–1000 mm 水平，其他地区冰川物质平衡水平要远小于藏东南、海螺沟等冰川，多在–500 mm 以下，这反映出不同类型冰川物质平衡对气候变化的敏感性有较大差异。

天山地区在苏联时期曾有多条冰川开展物质平衡监测，苏联解体后大部分中断，仅有吉尔吉斯斯坦境内的图尤克苏冰川保持了连续的物质平衡监测至今。近期，其中的几条冰川，如 Abramov、Golubina 和 Kara-Batkak 冰川，在来自德国、美国、瑞士等和中

亚国家的科研团队的合作下逐渐恢复了监测（Unger-Shayesteh et al.，2013）。图 4.12 对比了乌鲁木齐河源 1 号冰川与天山其他监测冰川的物质平衡变化过程。可以看出，20 世纪 50 年代末至 70 年代初期，天山地区各冰川多表现为正平衡或较弱的负平衡，然而 70 年代初前后均有一次突变（刘时银等，2000），各冰川均处于负物质平衡加强的趋势，但各冰川出现最大负物质平衡的时间以及物质亏损的速率存在明显差异（Liu and Liu，2015）。

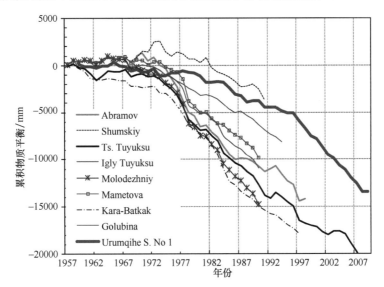

图 4.12  1957~2009 年天山典型冰川累积物质平衡变化（据 Liu and Liu，2015）

对我国西部冰川区物质平衡变化的大范围监测，主要是一些基于遥感（如 Grace、ICEsat 等）手段的评估结果。Kääb 等（2015）使用 SRTM DEM 和多期 ICESat 之间的高程差，补充了青藏高原东南部念青唐古拉山东部区域和帕米尔地区的数据，重新分析了喜马拉雅—喀喇昆仑—兴都库什地区（HKH）2003~2008 年冰川物质变化趋势的空间格局（图 4.13）。结果表明，念青唐古拉山东部地区冰川物质亏损最为迅速（<–1 m/a）；

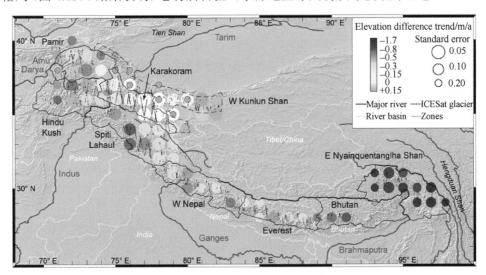

图 4.13  帕米尔—喀喇昆仑—喜马拉雅地区冰川表面高程变化的区域差异（Kääb et al.，2015）

西昆仑地区物质增加比过去认为得更明显，因此，之前普遍认为是物质正平衡中心的喀喇昆仑山和帕米尔地区，应处于这个物质平衡增加区的西缘，而这个物质平衡正异常区的中心可能位于西昆仑或更为靠北的塔里木盆地，这与曾有研究表明的塔里木自 1980 年以来呈现湿润趋势（Tao et al.，2014）一致。

## 4.4　观测的冰川径流变化

### 4.4.1　全球尺度

冰川物质平衡是冰川发育水热条件的综合反映，其动态变化也是引起冰川规模和径流变化的物质基础，对冰川一系列物理性质以及冰川的变化有着深刻的影响，因此，成为度量冰川响应气候变化的最敏感指标之一。由于冰川对气候变化的滞后性，冰川径流变化更为复杂，冰川作为固体水库通过自身的变化对冰川水资源进行调节。

气候变化引起冰川物质增长或亏损甚至消失，冰川物质平衡即冰储量发生变化，冰川融水径流的量和季节分配会相继发生改变（图 4.14）。从图中可以看出，冰川经历负平衡时，冰川径流起先会因冰川融水增加而上升，到达峰值后由于冰川面积萎缩甚至消失，冰川产流会迅速下降（Jansson et al.，2003）。通过冰川动力模拟结果显示，径流达到的峰值大小和出现时间取决于未来的升温速率和冰川规模（Ye et al.，2003；叶柏生等，2012），升温速率越大，径流峰值越大，出现时间越早，冰川越小，径流对气候变化越敏感。

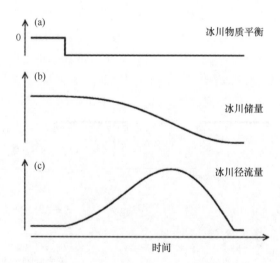

图 4.14　冰川物质亏损与冰储量、冰川融水径流量变化的关系简图（据 Jansson et al.，2003）

Bahr 等（2009）曾经估计，即使当前全球气温不再升温，全球山地冰川（包括冰帽）为了达到新的净物质平衡状态，总储量也会继续减少 27% ± 5%，这个结果相当于海平面上升 184 ± 33 mm 的贡献量，而如果按照当前的升温速率不变，未来 100 年山地冰川消融的海平面贡献量至少高达 373±21 mm。Radić 和 Hock（2011，2014）对冰川物质平衡变化对全球和区域尺度径流影响的相关研究进行了系统的模拟预估（图 4.15），根据其结果，除格陵兰和南极冰盖外，截至 2100 年，冰川总储量将减少 21% ± 6%，冰川物质亏损将使海平面上升 0.124 ± 0.037 m，其中，贡献最大的是加拿大北极地区、阿拉斯加和南极的山地冰川。

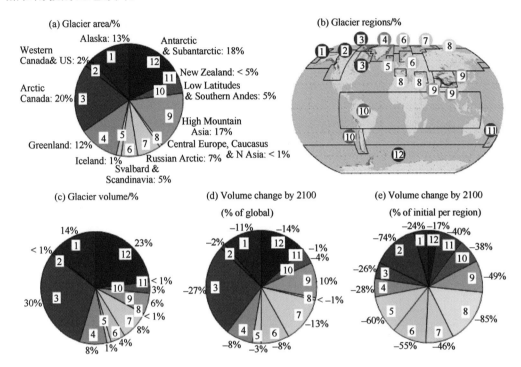

图 4.15　全球各区域冰川覆盖率、冰储量及预估到 2100 年的冰储量变化（据 Radić and Hock，2014）

## 4.4.2　中国冰川径流监测

冰川物质平衡变化会引起冰川区径流随之改变，冰川径流变化的幅度、拐点和季节分配与所在流域冰川类型、冰川覆盖率和流域气候条件等均有关系。我国西部目前观测到的冰川径流变化总体呈现增加趋势，但其过程存在差异，部分地区可能已经到达径流的峰值或拐点。

据水文观测资料，我国西北内陆冰川作用区（如塔里木河流域），大多数冰川补给河流径流量均有不同程度的增加，以季节积雪和雨水补给为主的径流量增加出现在冬、春、秋季；以高山冰川积雪融水和雨水补给为主的河流四季均有增加（施雅风等，2003）。高鑫等（2010）利用度日模型方法对塔里木河流域主要冰川子流域过去冰川物质平衡变化进行了模拟，对比观测到的河川径流变化，发现与冰川融水径流年际变化过程基本一致，总体上呈上升趋势。塔里木河流域 1961～2006 年平均冰川物质平衡为 –139.2 mm/a，46 年来冰川物质一直在加剧亏损（图 4.16），同期升温对冰川的影响超过降水增加的影响。1961～2006 年整个塔里木河流域年平均冰川融水径流量为 144.16×10^8 m^3，冰川融水对河流径流的平均补给率为 41.5%，并且与多年平均值相比，冰川融水对河流径流的贡献在 1990 年之后明显增大（图 4.17）。

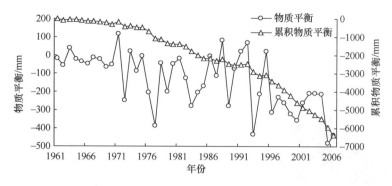

图 4.16　1961～2006 年塔里木河流域冰川物质平衡和累积物质平衡的变化（据高鑫等，2010）

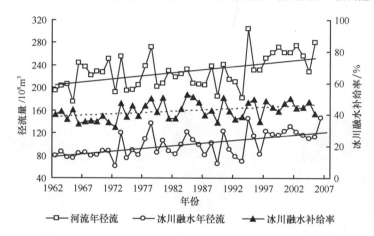

图 4.17　1961～2006 年塔里木河冰川径流、河流径流与冰川融水补给率的年际变化（据高鑫等，2010）

　　海洋型冰川比大陆型冰川对气候变化的响应更为敏感，进而伴随冰川变化引发的流域径流变化也更为显著（Liu et al.，2010）。海螺沟冰川是青藏高原东南缘贡嘎山地区的一条典型海洋型冰川，其流域如图 4.18（a）所示，中国科学院贡嘎山高山生态站有两个主要的常规水文站分别控制冰川流域和非冰川（森林）小流域。冰川水文站从 1994

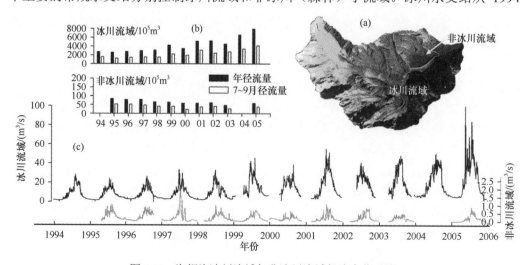

图 4.18　海螺沟冰川流域与非冰川流域径流变化对比

年以来具有连续观测资料，冰舌右侧为非冰川流域区，水文站设在黄崩溜沟，流域主要
植被为冷杉林、高山草甸和灌丛。其中，冰川流域面积为 95.1 km²，冰川面积为 39.5 km²，
占流域面积的 41.5%；非冰川小流域面积为 8.9 km²。

　　自水文站观测记录以来，海螺沟冰川流域的径流增加非常明显。从图 4.18（b）中
可以看出，1994～2005 年，海螺沟冰川流域径流显著增加，年径流总量从 1994 年的
232.4×10⁶ m³ 增加到 2005 年的 684.5×10⁶ m³，而非冰川流域反而表现出轻微的减少趋势。
冰川流域与非冰川流域面积差别很大，非冰川流域面积仅为冰川流域区的 1/5 左右，虽
然在量级上没有可比性，但对两者多年以来的变化特征进行比较，可以发现不同下垫面
类型流域在相同的气候变化背景下，径流变化过程特征差别比较明显。冰川流域年径流
量近年来明显增加，而非冰川流域呈波动变化，没有增加趋势。两者年内变化过程存在
的一致性，主要是由于降水量波动变化的结果。受气温升高的影响，冰川流域各月径流
量均有所增加［图 4.18（c）］，特别是 7 月、8 月和 9 月增加幅度最大，其次是 3 月和
4 月；非冰川流域，除 5 月和 6 月有轻微的增加迹象外，其他月份均无明显变化。两个
流域雨季径流总量在全年径流量中均占主要部分，冰川流域和非冰川流域分别是 67% 和
61%，剩余流量冰川流域在其他月内分配较均匀，但非冰川流域 10～12 月流量在年内
分配上稍稍较高，为 27%，而冰川流域此部分仅占 16%。

　　气候变化引起冰川区径流变化的同时，也会改变流域径流的季节分配。沈永平等
（2013）根据新疆阿克苏河流域 20 世纪 50 年代～2006 年的河川径流观测结果，分析了
其各支流的径流量及其季节分配变化（图 4.19）。结果表明，各冰川流域近 20 年来比过
去（90 年代以前）径流量明显增加的同时，径流的年内分配也发生了显著变化。径流增
加主要发生在冰雪消融期，5～9 月的径流量增加显著，而非汛期的 1～4 月和 11～12 月

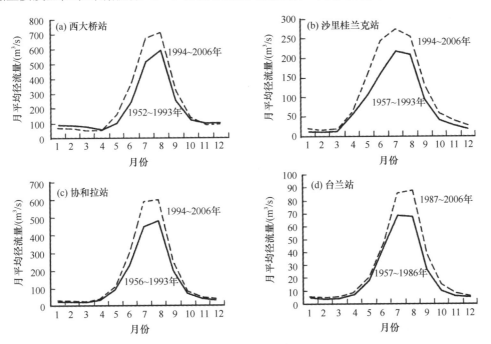

图 4.19　阿克苏河流域主要水系 1957～2006 年径流年内变化（据沈永平等，2013）

径流年内变化微弱。台兰河的径流观测表明，其月径流量多年平均值的峰值出现月份稍微有所调整，即由 1957～1986 年的 7 月转变为 1987～2006 年的 8 月。

需要指出的是，融雪径流在大多数冰川作用区同样占据较大比例，气候变暖引起冰川径流增加，特别是消融期径流增加的同时，春季积雪消融过程提前对年内径流分配的改变同样不容忽视（叶柏生等，2012）。上述阿克苏河流域几条支流，尤其是沙里桂兰克站控制流域，是典型的积雪融水补给流域，近期观测到春季径流增加显著，就与春季融雪提前有关。无论是未来气候变暖导致的冰川径流峰值增加幅度和出现时间，还是融雪期径流的增加幅度和提前时间，一方面取决于流域冰川规模和升温速率，另一方面也取决于流域积雪量和春季升温幅度，对于具体流域还需要具体分析。在冰川作用流域开展连续的径流监测，不仅是分析流域冰川物质平衡变化与冰川径流关系的重要数据基础，而且在构建流域（区域）冰川融水径流模型过程中是不可或缺的验证资料，也是预估未来气候情景下冰川区径流变化的前提。

# 参 考 文 献

杜文涛, 秦翔, 刘宇硕, 等. 2008. 1958-2005 年祁连山老虎沟 12 号冰川变化特征研究. 冰川冻土, 30: 373～379

高鑫, 张世强, 叶柏生, 等. 2010. 1961-2006 年叶尔羌河上游流域冰川融水变化及其对径流的影响冰川冻土, 32: 445～453

韩海东, 刘时银, 丁永建. 2007. 表碛下冰面消融模型的改进冰川冻土, 29: 433～440

韩添丁, 刘时银, 丁永建, 等. 2005. 天山乌鲁木齐河源 1 号冰川物质平衡特征. 地球科学进展, 20: 298～303

何元庆, 姚檀栋, 张晓君, 等. 2010. 典型季风温冰川区大气—冰川—融水径流系统内环境信息的现代变化过程. 中国科学(D 辑), 31: 221～227

刘潮海, 宋国平, 金明燮. 1992. 祁连山冰川的近期变化及趋势预测. 见: 中国科学院兰州冰川冻土研究所集刊第 7 号. 北京: 科学出版社

刘潮海, 谢自楚, 久尔格诺夫. 1998. 天山冰川作用. 北京: 科学出版社

刘巧, 刘时银, 张勇, 等. 2011. 贡嘎山海螺沟冰川消融区表面消融特征及其近期变化分析. 冰川冻土, 33: 227～236

刘巧, 刘时银. 2009. 温冰川冰内及冰下水系季节演化及其水文学分析. 冰川冻土, 31: 857～865

刘巧, 刘时银. 2012. 冰川冰内及冰下水系研究综述. 地球科学进展, 27: 660～669

刘时银, 丁永建, 叶柏生, 等. 2000. 高亚洲地区冰川物质平衡变化特征研究. 冰川冻土, 22: 97～105

沈永平, 苏宏超, 王国亚, 等. 2013. 新疆冰川、积雪对气候变化的响应(I): 水文效应. 冰川冻土, 35: 513～527

沈永平, 谢自楚, 丁良福, 等. 1997. 流域冰川物质平衡的计算方法及其应用. 冰川冻土, 19: 302～307

施雅风, 沈永平, 李栋梁. 2003. 中国西北气候由暖干向暖湿转型的特征和趋势. 第四纪研究, 23: 152～164

王立伦, 张文敬, 苏珍. 1980. 托木尔峰地区的现代冰川. 冰川冻土, 2: 15～18

谢自楚, 苏珍, 沈永平, 等. 2001. 贡嘎山海螺沟冰川物质平衡、水交换特征及其对径流的影响. 冰川冻土, 23: 7～15

谢自楚. 1980. 冰川物质平衡及其与冰川特征的关系. 冰川冻土, 2: 1～10

叶柏生, 丁永建, 焦克勤, 等. 2012. 我国寒区径流对气候变暖的响应. 第四纪研究, 32: 103～110

张勇, 刘时银, 丁永建, 等. 2006. 天山南坡科其喀尔巴西冰川物质平衡初步研究. 冰川冻土, 28: 477～485

Bahr D B, Dyurgerov M, Meier M F. 2009. Sea-level rise from glaciers and ice caps: A lower bound, Geophysical Research Letters, 36

Bamber J L, Rivera A. 2007. A review of remote sensing methods for glacier mass balance determination, Global and Planetary Change

Björnsson H. 1998. Hydrological characteristics of the drainage system beneath a surging glacier. Nature, 395: 771～774

Bolch T, Buchroithner M, Pieczonka T, et al. 2008. Planimetric and volumetric glacier changes in the Khumbu Himal, Nepal, since 1962 using Corona, Landsat TM and ASTER data. Journal of Glaciology, 54: 592～600

Cogley J G. 2009. Geodetic and direct mass-balance measurements: comparison and joint analysis. Annals of Glaciology, 50: 96～100

Elliston G R. 1973. Water movement through the Gornergletscher, Symposium on the Hydrology of Glaciers Proceedings of the Cambridge Symposium, 7-13 September 1969 IAHS Publ, 95: 79～84

Fountain A G, Martyntranter, Nylen, T H, et al. 2004. Evolution of cryoconite holes and their contribution tomeltwater runoff fromglaciers in theMcMurdo DryValleys, Antarctica. Journal of Glaciology, 50: 35～45

Fountain A G, Walder J S. 1998. Water flow through temperate glaciers. Reviews of Geophysics, 36: 299～328

Fountain A G. 1996. Effect of snow and firn hydrology on the physical and chemical characteristics of glacial runoff. Hydrological Processes, 10: 509～521

Fujita K, Ageta Y, Pu J C, et al. 2000. Mass balance of Xiao Dongkemadi glacier on the central Tibetan Plateau from 1989 to 1995. Annals of Glaciology, 31: 159～163

Hagen J O. 1987. Glacier surge at Usherbreen, Svalbard, Polar Research, 5: 239～252

Han H, Jian W, Junfeng W, et al. 2010. Backwasting rate on debris-covered Koxkar glacier, Tuomuer mountain, China. Journal of Glaciology, 56: 287～296

Han H, Yong J D, Shi Y L, et al. 2015. Regimes of runoff componets on the debris-covered Koxkar Glacier in western China. Journal of Mountain Science, 12: 313～329

Hock R, Hooke R L. 1993. Evolution of the internal drainage system in the lower part of the ablation area of Storglaciaren, Sweden. Geological Society of America Bulletin, 10: 537～546

Huss M. 2011. Present and future contribution of glacier storage change to runoff from macroscale drainage basins in Europe. Water Resources Research, 47

Jansson P, Hock R, Schneider T. 2003. The concept of glacier storage: a review. Journal of Hydrology, 282: 116～129

Kääb A, Treichler D, Nuth C, et al. 2015. Brief Communication: Contending estimates of 2003-2008 glacier mass balance over the Pamir-Karakoram-Himalaya. The Cryosphere, 9: 557～564

Kang S, Chen F, Gao, et al. 2009. Early onset of rainy season suppresses glacier melt: a case study on Zhadang glacier, Tibetan Plateau. Journal of Glaciology, 55: 755～758

Kaser G, Juen I, Georges C, et al. 2003. The impact of glaciers on the runoff and the reconstruction of mass balance history from hydrological data in the tropical Cordillera Blanca, Peru. Journal of Hydrology, 282: 130～144

Kasser P. 1967. Fluctuations of Glaciers. 1959-1965. IASH(ICSI), UNESCO

Krimmel R M. 1999. Analysis of difference between direct and geodetic mass balance measurements at South Cascade Glacier, Washington. Geografiska Annaler Series a-Physical Geography, 81A: 653～658

Krimmel R, Tangborn W, Meier M. 1973. Water flow through a temperate glacier. International Association of Hydrological Sciences Publication, 107: 401～416

Liu Q, Liu S Y. 2015. Response of glacier mass balance to climate change in the Tianshan Mountains during the second half of the twentieth century. Climate Dynamics, 101007/s00382-015-2585-2

Liu Q, Liu S, Zhang Y, et al. 2010. Recent shrinkage and hydrological response of Hailuogou Glacier, a monsoonal temperate glacier in east slop of Mount Gongga, China. Journal of Glaciology, 56: 215~224

Pang H X, He Y Q, Zhang N N. 2007. Correspondence: Accelerating glacier retreat on Yulong mountain, Tibetan Plateau, since the late 1990s. Journal of Glaciology, 53: 317~319

Paterson W. 1994. The Physics of Glaciers. the 3rd edition, Butterworth-Heinemann: Oxford Press

Pieczonka T, Bolch T, Junfeng W, et al. 2013. Heterogeneous mass loss of glaciers in the Aksu-Tarim Catchment. Central Tien Shan. revealed by 1976 KH-9 Hexagon and 2009 SPOT-5 stereo imagery. Remote Sensing of Environment, 130: 233~244

Pu J, Su Z, Yao T. 1998. Mass balance on Xiao Dongkemadi Glacier and Hailuogou Glacier. Journal of Glaciology and Geocryology, 20: 408~412

Radić V, Hock R. 2011. Regionally differentiated contribution of mountain glaciers and ice caps to future sea-level rise. Nature Geoscience, 4: 91~94

Radić V, Hock R. 2014. Glaciers in the Earth's Hydrological Cycle: assessments of Glacier Mass and Runoff Changes on Global and Regional Scales. Surveys in Geophysics, 35: 813~837

Stearns L A, Smith B E, Hamilton G S. 2008. Increased flow speed on a large East Antarctic outlet glacier caused by subglacial floods. Nature Geoscience, 1: 827~831

Steiner D. 2005. Glacier variations in the Bernese Alps. Switzerland. Reconstructions and simulations, PhD Thesis of der Universität Bern

Stenborg T. 1970. Delay of runoff from a glacier basin. Geografiska Annaler, 52A: 1~30

Stenborg T. 1973. Some viewpoints on the internal drainage of glaciers, in Hydrology of Glaciers. IAHS Publ, 95: 117~129

Tao H, Borth H, Fraedrich K, et al. 2014. Drought and wetness variability in the Tarim River Basin and connection to large-scale atmospheric circulation. International Journal of Climatology, 34: 2678~2684

Thibert E, Vincent C. 2009. Best possible estimation of mass balance combining glaciological and geodetic methods. Annals of Glaciology, 50: 112~118

Unger-Shayesteh K, Vorogushyn S, Farinotti D, et al. 2013. What do we know about past changes in the water cycle of Central Asian headwaters. A review, Global and Planetary Change, 110: 4~25

Walder J S, Driedger C L. 1995. Frequent Outburst Floods from South Tahoma Glacier, Mount-Rainier, USA - Relation to Debris Flows, Meteorological Origin and Implications for Subglacial Hydrology. Journal of Glaciology, 41: 1~10

Wang P, Li Z, Li H, et al. 2014. Comparison of glaciological and geodetic mass balance at Urumqi Glacier No 1, Tian Shan, Central Asia. Global and Planetary Change, 114: 14~22

Wang X, Liu S, Han H, et al. 2012. Thermal regime of a supraglacial lake on the debris-covered Koxkar Glacier, southwest Tianshan, China. Environmental Earth Sciences, 67: 175~183

WGMS: Fluctuations of glaciers 1985-1990. Vol VI, ed Haeberli, W and M Hoelze IAHS/UNEP/UNESCO, World Glacier Monitoring Service, Zurich, 1993

WGMS: Glacier Mass Balance Bulletin No 11. 2008-2009. Zemp, M, Nussbaumer, SU, Gärtner-Roer, I, Hoelzle, M, Paul, F and Haeberli, W. eds), ICSU. WDS. / IUGG. IACS. / UNEP / UNESCO / WMO, World Glacier Monitoring Service, Zurich, Switzerland: 102pp, 2011

Willis I C, Sharp M J, Richards K S. 1991. Studies of the water balance of Midtdalsbreen, Hardangerj kulen, Norway II: Water storage and runoff prediction. ZGletscherkd Glazialgeol, 27: 117~138

Xu J, Liu S, Zhang S, et al. 2013. Recent Changes in Glacial Area and Volume on Tuanjiefeng Peak Region of Qilian Mountains, China, PLOS One, 8, e70574, doi: 101371/journalpone0070574

Yang W, Guo X, Yao T, et al. 2015. Recent accelerating mass loss of southeast Tibetan glaciers and the relationship with changes in macroscale atmospheric circulations. Climate Dynamics, Publish online, 23: 1~11

Yang W, Yao T, Xu B, et al. 2008. Quick ice mass loss and abrupt retreat of the maritime glaciers in the Kangri Karpo Mountains, southeast Tibetan Plateau Chinese Science Bulletin, 53: 2547~2551

Yao T, Thompson L, Yang, et al. 2012. Different glacier status with atmospheric circulations in Tibetan Plateau and surroundings. Nature Climate Change, 2: 663~667

Ye B S, Daqing Y, Lijuan M. 2012. Effect of precipitation bias correction on water budget calculation in Upper Yellow River, China, Environmental Research Letters, 7

Ye B S, Ding Y J, Liu F J, et al. 2003. Responses of various-sized alpine glaciers and runoff to climatic change. Journal of Glaciology, 49: 1~7

Zemp M, Thibert E, Huss M, et al. 2013. Reanalysing glacier mass balance measurement series. The Cryosphere, 7: 1227~1245

Zhang Y, Fujita K, Liu S, et al. 2010. Multi-decadal ice-velocity and elevation changes of a monsoonal maritime glacier: Hailuogou glacier, China. Journal of Glaciology, 56: 65~74

Zhang Y, Hirabayashi Y, Liu S. 2012. Catchment-scale reconstruction of glacier mass balance using observations and global climate data: Case study of the Hailuogou catchment, south-eastern Tibetan Plateau. Journal of Hydrology, 444~445, 146~160

# 第5章 冰川物质平衡与径流模拟

冰川物质平衡变化是反映气候变化最敏感的指标之一，是冰川作用区能量—物质—水交换的纽带，是引起冰川性质、规模和径流变化的物质基础，已成为全球气候系统中一个重要的监测和模拟对象。随着全球变暖，冰川变化及其径流对流域水资源和人类活动的影响日益增强。因此，研究冰川物质平衡与径流时空变化特征及其对气候变化的响应过程，可以揭示冰川—气候—水文之间的定量联系，深化冰川对气候变化响应机理及影响的科学认识，进一步了解中国西部地区冰川变化的水资源效应。本章首先介绍了冰川物质平衡和冰川径流的过程及其模型模拟的重要性，其次从冰川尺度和流域尺度的角度概述了物质平衡和径流不同模型的原理、结构及其在典型区域的应用，其中，包括中国西部广泛分布的表碛覆盖型冰川的物质平衡模拟，最后从流域的角度介绍了冰川水文过程模拟及其未来预估。

## 5.1 冰川物质平衡与径流过程

### 5.1.1 冰川物质平衡

冰川物质平衡是指冰雪积累收入与消融支出的差值，是冰川学研究的重要内容之一。对于任一冰川，任何时段的物质平衡都是积累量和消融量的代数和。过去几十年来，在气候变暖背景下，全球大多数山地冰川普遍退缩，且其物质平衡亏损有加速趋势（Zemp et al.，2013），引起的海平面上升、水循环和生态变化等问题受到广泛关注（Vaughan et al.，2013）。冰川物质平衡变化是冰川对气候变化的直接响应，搞清全球不同区域冰川物质平衡变化过程、差异及其控制机理，系统揭示冰川对气候变化的响应过程，有利于提高对冰川未来变化及其影响的预测水平。

目前，全球进行物质平衡观测的冰川数量共 126 条，且冰川规模相对较小（WGMS，2014）。如果根据这些冰川观测资料推算所有冰川物质平衡变化，会引起较大误差。同时，在不同区域，由于冰川物理性质和冰川自身地形特征的不同，冰川对气候变化的响应差别较大，如海洋型冰川对气候变化比较敏感，大陆型冰川则较为迟钝，这种差别很可能是由物质平衡对气候变化敏感性差异引起的（Oerlemans and Fortuin，1992；Braithwaite and Raper，2007）。因此，对于区域/全球尺度冰川物质平衡研究而言，鉴于冰川物质平衡观测的困难性，模型模拟是解决这一问题的有效途径。

### 5.1.2 冰川径流

冰川径流模拟研究是冰川水文水资源研究的核心内容，也是国际关注的焦点。冰川径流对出山径流有显著的补给和调节作用，其影响可波及流域的中下游地区（Hock et al.，2005；Kaser et al.，2010），尤其在干旱、半干旱地区（Yao et al.，2004；Cruz et al.，2007）。通常，冰川覆盖率越大，冰川径流对河川径流的影响越明显，且冰川变化对流域水资源的影响也越大（Cruz et al.，2007）。

关于冰川径流组成的认识国际上并不统一（杨针娘，1991；Radić and Hock，2014）。一般接受的观点认为：冰川径流是指冰川区除去裸露山坡径流的所有径流，主要包括冰雪融水和降水形成的径流（杨针娘，1991；Radić and Hock，2014）。冰川径流具有独有的特征（杨针娘，1991；康尔泗等，2000），主要表现为：①与冰川物质平衡关系密切：在正物质平衡年，冰川径流呈减少趋势，水资源以降雪的形式保存于冰川上；相反，在负物质平衡年，水资源则随着冰川消融释放出来进入水循环，冰川径流增加。②季节变化显著：冰川具有明显的积累期与消融期，而冰川径流的形成主要集中于夏季消融期，在冬季积累期，冰川径流可以忽略，水资源以降雪的形式保存于冰川上。由于冰川径流季节变化非常明显，导致径流年内分配极不均匀，尤其是大陆型冰川，冰川径流高度集中于 6～8 月，约占消融期径流量的 85%～95%；海洋型冰川消融期较长，加之冰内融水的调节作用，径流年内分配相对较为均匀，6～8 月径流量占年径流量的 50%，4～9 月占 10%～20%。③日变化过程显著：由于气温和太阳辐射平衡有显著的日变化过程，导致冰川径流具有明显的日周期变化特征，即冰川径流呈现谷—峰—谷的日变化周期，其峰、谷具有滞后于气温的特征，时间的长短取决于冰川类型、冰川排水性质、流域面积大小以及水文观测断面距离冰川末端的距离。在无雨日，冰川径流的最大洪峰量是最小径流量的几倍。规模较小的大陆型冰川，由于以冰面径流为主，受气温变化的影响十分显著，日变化过程显著；对于亚大陆型和海洋型冰川来说，冰内、冰下水道发育，汇流时间除冰面汇流外，还有融水在垂直方向与水平方向流动的汇流时间，使得日变化过程比大陆型冰川平缓（杨针娘，1991；李吉均和苏珍，1996）。④显著的年际变化特征：冰川径流的年际变化与冰川覆盖率有很大关系。在冰川作用面积介于 10%～40% 的流域，冰川径流的年际变化较小，而在高于或低于 10%～40% 的流域内，冰川径流的年际变化相对较大（Chen and Ohmura，1990；Cruz et al.，2007）。⑤与气温、降水的关系：气温和降水对冰川径流有着相反的作用，这种作用在大陆型冰川区表现尤为明显；在高温少雨年份，山区热量充分，雪线升高，冰川产流面积扩大，冰川径流增加；相反，冰川径流减少（杨针娘，1991；Jansson et al.，2003）。

气候变暖以及由此引起的冰川退缩对径流的最初影响是冰川径流显著增加，这是冰川消融增大的缘故（图 5.1）。气候变暖背景下，粒雪区和积雪区面积减小、厚度减薄，导致融水在冰川区汇流过程相应发生变化，进而影响冰川径流的分布。与积雪区和粒雪区相比，裸冰区水的流速较大（Fountain and Walder，1998）。随着粒雪区和积雪区面积减小、厚度减薄，降低了粒雪区和雪盖的保水性能，加速了水在冰川上的平均传输速度，其中，最直接的影响是冰川径流日洪峰和日变幅的增大（图 5.1）。同时，气候变暖延长了冰川消融期，减弱了冰川径流主要集中于消融期这一特征。

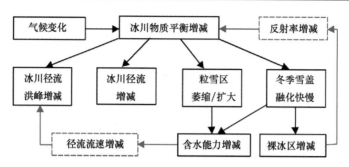

图 5.1 冰川物质平衡与气候变化之间的关系及对冰川径流的影响（据 Hock et al.，2005）

冰川径流对气候变暖的响应随着时间尺度而不同（Jansson et al.，2003）。通常，冰川径流对气候变暖响应较为迅速，如果降水条件不变、冰川处于负物质平衡状态，冰川消融增大，水资源由储存状态转为释放状态，导致冰川径流在初始阶段呈增加趋势。然而，长期的物质亏损导致冰量减少，相应的冰川总体产水量也减少，冰川径流趋于减少，势必导致河川径流的持续减少和减弱冰川对河川径流的调节作用导致流域水资源—生态与环境恶化的连锁反应，进而影响人类生存与发展（Braun et al.，2000；Jansson et al.，2003；Cruz et al.，2007）。尽管冰川径流的特征以及对流域水资源的影响已有较多认识，但众多研究主要集中于冰川物质平衡的模拟（Raper and Braithwaite，2006；Hirabayashi et al.，2010；Radić and Hock，2011；Marzeion et al.，2012），而冰川径流模拟研究相对较少（Liu et al.，2009；Bliss et al.，2014；Zhang et al.，2015）。

### 5.1.3 冰川物质平衡与径流模拟

冰川物质平衡与径流模拟对于水资源管理、冰雪灾害、水文水资源以及冰川对气候变化的响应等具有重要的现实和理论意义。冰川物质平衡模型目前主要有两类：以气温驱动的温度因子模型（P-T 模型、度日模型）（刘时银等，1996，1998；张勇和刘时银，2006；Hock，1999；Braithwaite and Zhang，2000；Hock，2003）和以能量平衡为基础的能量物质平衡模型（蒋熹等，2009；Arnold et al.，1996；Hock and Holmgren，2005；Zhang et al.，2012）。度日模型简单实用，应用广泛，但需要局部地形等资料矫正参数；而能量平衡模型可较全面地考虑冰川和气候系统之间的复杂作用，但计算较复杂。如何结合这两类模型的优点，既能使模型更加具有物理意义，模拟结果更精准，又能适当简化计算量，并能与流域水文模型耦合，是现阶段冰川物质平衡与径流模型发展的一个重要课题。

冰川径流变化不仅反映了冰川融水补给的变化，同时反映了冰川排水系统在不同季节的演变过程。因此，冰川径流的模拟包括两个方面：①冰川物质平衡过程，即冰川消融和积累的时空变化；②冰雪融水和降水在冰川区汇流过程，即水经冰面、冰内及冰下各介质单元流出冰川的过程。如上所述，物质平衡模型发展相对较快，从基于冰川冰或积雪消融与气温及其他气候变量之间线性关系的度日模型到基于冰川表面能量收支状况的能量平衡模型都有了较大的发展（Hock，2005）。然而，冰雪融水和降水在冰川上的运移过程相当复杂，尤其是冰内和冰下水系结构的演化过程，人们很难通过直接观测手段对其全面认识（刘巧和刘时银，2012）。同时，冰川排水系统在不同时间尺度上是动态变化的，对此模型模拟相当困难。尽管如此，近年来针对冰川排水系统过程的模型方法有了很大的进展（Flowers，2015），目前的研究主要趋向于将冰川排水过程与冰川水文模型和动力学模型相耦合。

气候变暖对冰川物质平衡与径流的影响是非常复杂的，不同时间尺度上冰川物质平衡与径流的响应也不相同（Oerlemans and Fortuin，1992；Jansson et al.，2003；Braithwaite and Raper，2007；Cruz et al.，2007），尤其是在较长的时间尺度上还需考虑冰川面积变化的影响。因此，冰川物质平衡与径流模拟策略应随着研究目的做出调整。开展短期冰川变化影响评估时，冰川面积变化过程可以忽略。然而，为获取高时间分辨率的洪峰流量，尤其考虑典型冰川流域较大日径流量变幅时，冰川面积的变化应当考虑。这种影响对于流域水资源管理、临近冰川上游地区的洪水预测是非常重要的，尤其是冰川消融期与降水期一致的情况。开展长期影响评估时，不可避免地要考虑冰川面积的变化。因而，冰川物质平衡与径流模型耦合或与其他可以调节气候变化条件下冰川面积的模型耦合是十分必要的。

# 5.2　冰川尺度物质平衡与径流模拟

## 5.2.1　度日模型

太阳辐射是冰川区消融的主要能量来源，尤其是净辐射。在天山、祁连山、喀喇昆仑山、喜马拉雅山、帕米尔等地区冰川的能量平衡研究中发现，净辐射供热占了冰川表面消融期能量平衡组成的80%以上，有些冰川甚至达到90%以上（施雅风等，2000；张寅生和康尔泗，2000）。研究表明（Ohmura，2001），冰川区能量平衡各组分与气温的相关性较好，因此，气温可以作为衡量冰雪表面能量综合状况的理想指标。此外，冰雪表面的另一能量来源——热通量，受气温影响较大。由此可见，气温与冰雪消融之间存在较为密切的关系。中国西南天山科其卡尔冰川夏季冰川消融与正积温的相关系数达到了0.7（张勇等，2005），而格陵兰冰盖年消融量与年正积温的相关系数可达0.96（Braithwaite and Olesen，1989）。度日模型正是基于冰雪消融量与气温，尤其是冰雪表面的正积温之间的密切关系这一物理基础建立的（Braithwaite and Olesen，1989；Ohmura，2001）。

对于度日模型来说，气温是模型的主要输入数据。相对于其他观测要素，气温是较为容易获取的，且无资料区域的气温插值与预测相对较为容易。此外，度日模型计算相对简单。该类模型虽然不能描述冰川与积雪消融的物理过程，但研究表明可以获取类似于能量平衡模型的输出结果（Hock，2003）。在模型中，冰雪消融量（$M$）由下式获取：

$$M = \begin{cases} \text{DDF}_{\text{snow/ice}}(T - T_{\text{m}}) & T > T_{\text{m}} \\ 0 & T \leq T_{\text{m}} \end{cases} \tag{5-1}$$

式中，$\text{DDF}_{\text{snow/ice}}$ 是冰川冰和雪的度日因子 [mm/（d·℃）]；$T$ 是某一海拔高度的平均

气温（℃）；$T_m$ 是基准气温，一般取值为 0℃。

降水是地表水循环的基本输入项，分为液态和固态两种形式。在冰川区，固态降水看作是冰川物质平衡组成中的积累项。基于复杂的物理模型进行降水类型分析时，所需的很多观测数据无法获取，且计算复杂耗时，适用性不强。因此，冰川区不同高度上降水的液态和固态识别一般采用临界气温法来确定，即当气温高于上临界值时，为降雨；低于下临界值时，为降雪；气温介于两临界值之间，则为雨夹雪，固液比例按线性插值计算。该方法在冰川物质平衡与径流研究中应用较为广泛（康尔泗，1995；高鑫等，2010；Liang et al.，1996；Arnold et al.，1998；Zhang et al.，2012，2015），如下式所示：

$$P_L = \begin{cases} P_{tot} & T \geqslant T_1 \\ \dfrac{T_1 - T}{T_1 - T_s} P_{tot} & T_s < T < T_1 \\ 0 & T \leqslant T_s \end{cases} \tag{5-2}$$

$$P_S = P_{tot} - P_L$$

式中，$P_S$ 和 $P_L$ 分别为某一高度带的固态、液态降水量（mm）；$P_{tot}$ 为某一高度带的总降水量（mm）；$T_1$ 和 $T_s$ 为降雨、降雪临界气温（℃）。

上述模型中所需的气温和降水可通过空间插值的方法从冰川区临近的气象观测站点或临近的网格数据获取。利用式（5-1）和式（5-2），可计算出冰川表面某一高度在某一时段的消融和积累量。对于整个冰川来说，冰川物质平衡（$B$；mm w.e.）和冰川径流（$Q$；mm）分别由下式确定：

$$B = \frac{1}{S_T} \sum_{i=1}^{n} S(i)[(1-f)M(i) + P_S(i)] \tag{5-3}$$

$$Q = \sum_{i=1}^{n} S(i)[(1-f)M(i) + P_L(i)] \tag{5-4}$$

式中，$f$ 为融水渗浸冻结率；$S_T$ 和 $S(i)$ 分别为冰川总面积和某一高度带的冰川面积（km$^2$）；$P_L(i)$ 是某一高度带的降水量 mm，冰面上的降雨直接形成径流。

对于亚大陆型和极大陆型冰川，在平衡线之上存在附加冰带（施雅风等，2000；Cuffey and Paterson，2010）。在附加冰带，夏季部分冰川融水和粒雪的混合物冻结成冰连成整体，形成附加冰。附加冰是在融点下演变而成的。因此，在模拟冰川径流时，冰川融水再冻结过程是必须考虑的（Fujita and Ageta，2000；Wright et al.，2007）。由于冰川区气候寒冷，冰面蒸发损失一般较小，蒸发量变化引起的冰川径流的变化相对要小（叶柏生等，1997；张寅生等，1997）。因此，在估算冰川径流过程中忽略了冰面蒸发的影响。

度日模型最早应用于 19 世纪末欧洲阿尔卑斯山冰川变化的研究中（Finsterwalder and Schunk，1887）。在随后的一个多世纪中，模型有了长足的发展，已广泛应用于国内外冰川物质平衡、冰川对气候敏感性响应及冰雪融水径流模拟等研究中（张勇和刘时银，2006；Hock，2003）。本节以天山地区冰川物质平衡模拟为例，介绍度日模型在典型冰川区的应用。在天山地区，具有物质平衡观测的冰川有 9 条（图 5.2 和表 5.1）。其中，

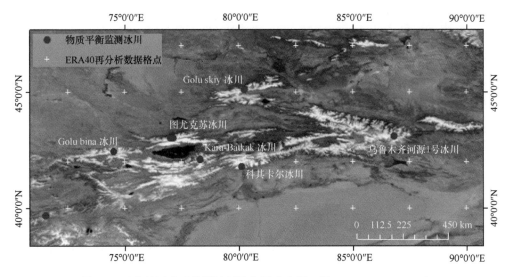

图 5.2　天山地区典型监测冰川的位置分布图（据 Liu and Liu，2015）

**表 5.1　天山地区物质平衡监测冰川基本信息**（据 Liu and Liu，2015）

| 冰川名称 | 经纬度 | | 海拔范围/m | 面积/km² | 朝向 | 监测期限/年 |
|---|---|---|---|---|---|---|
| Abramov | 39.62°N | 71.56°E | 3620~4960 | 22.50 | SE/E | 1968~1998 |
| Shumskiy | 45.08°N | 80.28°E | 3126~4464 | 2.81 | NE/N | 1967~1991 |
| Ts. Tuyuksu | 43.06°N | 77.09°E | 3414~4219 | 2.66 | NW/N | 1957~2009 |
| Igly Tuyuksu | 43.00°N | 77.10°E | 3450~4220 | 1.72 | NW/NW | 1976~1990 |
| Molodezhniy | 43.00°N | 77.10°E | 3450~4150 | 1.43 | NE/NE | 1976~1990 |
| Mametova | 43.00°N | 77.10°E | 3610~4190 | 0.35 | W/W | 1976~1990 |
| Kara–Batkak | 42.10°N | 78.30°E | 3293~4829 | 4.19 | N/N | 1957~1998 |
| Golubina | 42.45°N | 74.50°E | 3250~4437 | 6.21 | N/NW | 1969~1994 |
| Glacier No 1 | 43.12°N | 86.81°E | 3736~4486 | 1.84 | NE/NE | 1959~2009 |

图尤克苏冰川和乌鲁木齐河源 1 号冰川自 20 世纪 50 年代以来拥有比较连续的物质平衡资料，至今仍在监测（WGMS，2014）。该研究基于 ERA-40 再分析数据中的逐日 2m 气温和总降水资料（图 5.3），应用度日模型模拟了天山地区五条典型冰川 1957~2002 年的年物质平衡变化序列（Liu and Liu，2015）。

在这项研究中，模型模拟所需输入参数主要包括度日因子、气温和降水梯度。这些参数的空间变化明显，需对这些参数进行率定。基于观测的物质平衡数据，对每条冰川的度日因子、气温和降水梯度进行单独率定。其中，气温梯度不考虑季节变化和海拔变化，而降水梯度仅考虑海拔变化。模型模拟的时段为 1957~2002 年，其中，1957~1980 年为模型率定期。在模型率定过程中，兼顾了年际物质平衡变化与冬夏季和年净物质平衡梯度，使得模拟结果尽可能接近上述各项观测值。图 5.4 与图 5.5 显示了五条冰川在模型率定期内各项观测值与模拟值的对比。从两图中可以看出，模型在率定期间内模拟效果较为理想，模型率定的相关参数见表 5.2。

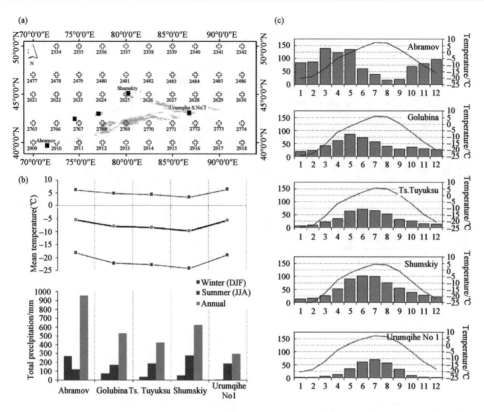

图 5.3　天山地区 ERA-40 数据的空间分布及用于驱动 5 条冰川物质平衡模拟的格点气温与降水的季节
分布图（据 Liu and Liu，2015）

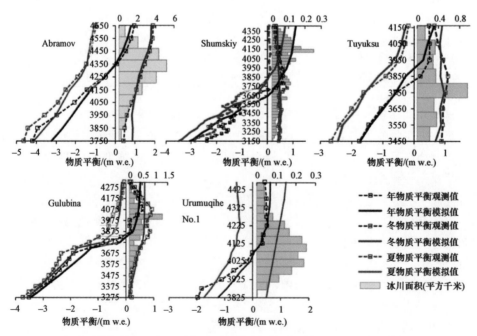

图 5.4　天山 5 条冰川模拟的年、冬、夏物质平衡梯度与观测值模对比，其中柱状图为冰川面积-海拔
分布（Liu and Liu，2015）

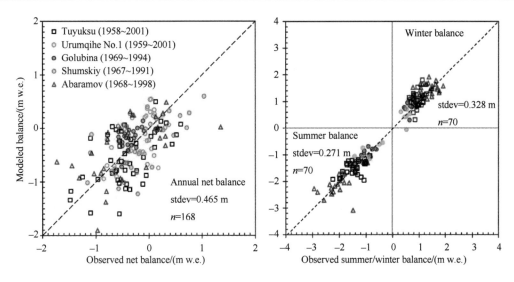

图 5.5　天山 5 条冰川模拟的年平衡，冬、夏平衡与观测值比较（Liu and Liu，2015）

表 5.2　天山 5 条观测冰川度日模型所需参数的率定结果（Liu and Liu，2015）

| 冰川 | DDF / [mm/(℃·d)] | $dT/dz$ / (℃/100m) | $dP/dz$（海拔范围）/ [mm/(month·100m)] | $t_{shreshold}$ /℃ |
|---|---|---|---|---|
| Abramov | 6.4 | 0.58 | +30（<4350m）；+23.3（>4350m） | 2.5 |
| Shumskiy | 3.0 | 0.61 | +3.3（<3860m）；−10（>3860m） | 2.0 |
| Tuyuksu | 4.8 | 0.39 | +6.7（<3850m）；−25（>3850m） | 1.8 |
| Golubina | 5.5 | 0.47 | +18.3（<4025m）；−43（>4025m） | 2.1 |
| Glacier No 1 | 5.9 | 0.41 | +18（<4225m）；−5（>4225m） | 2.0 |

　　基于模型率定的参数（表 5.2）和气温降水驱动数据（图 5.3），模拟了五条冰川的年物质平衡变化序列（图 5.6）。与物质平衡观测值对比可见，除个别年份模拟结果与实测值存在较大差别外，总体上模型对物质平衡的年际波动过程能较好模拟（图 5.6）。在图尤克苏冰川，模型较好地模拟了 1972 年前后的物质平衡亏损过程。各年份冬、夏物质平衡计算结果与观测值对比发现，夏平衡的模拟效果较冬平衡好（图 5.6），模型平均标准偏差为：0.465m（年平衡）、0.328m（冬平衡）和 0.271m（夏平衡）。同时，五条冰川观测与模拟的平均物质平衡具有一致的波动变化趋势，这表明度日模型对该区域冰川物质平衡的年际变化过程能较好地模拟。

　　通过模型在天山地区应用可知，度日模型能够获取较为理想的模拟效果，且输入数据和所需参数相对较少。然而，度日模型存在不足之处（张勇和刘时银，2006；Hock，2003），主要表现为：①模型在较长时间段内能够取得较为理想的模拟结果，但其精度随着时间分辨率的增加而逐渐降低；②受地形条件及冰面条件的影响，模型对冰雪表面消融状况的空间变化特征无法精确描述；③模型无法描述冰雪消融的实际物理过程，只是在一定区域内对水文过程进行统计分析。因此，度日模型还需进一步改进与完善。

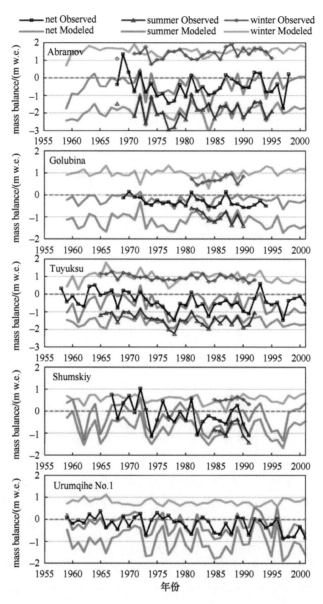

图 5.6　1957~2002 年天山五条典型冰川物质平衡逐年变化过程观测与模拟对比

## 5.2.2　能量-物质平衡模型

　　冰川表面能量平衡研究是认识和预测冰川对气候变化响应的重要手段和途径,也是联系冰川物质平衡和冰川径流的物理纽带(Oerlemans,1993;Hock,2005)。与度日模型相比,能量-物质平衡模型输入参数较多,理论基础和模型结构较为复杂,因此,所需驱动数据相应较多,在冰川区开展系统观测存在很大困难。然而该类模型能从物理机制上准确揭示冰川区的不同相态物质转化过程,特别是在地形复杂、具有较强空间变异的区域,对冰川不同相态物质变化的模拟更为准确,同时对于冰川径流的峰值模拟也十分重要(Hock,2005;Hock and Holmgren,2005;Mölg et al.,2009)。

国外对冰川能量-物质平衡模型的研究开始较早，对不同类型冰川的研究较多，发展相对较快（Arnold et al.，1996；Brock et al.，2000；Klok and Oerlemans，2002；Hock and Holmgren，2005；Mölg et al.，2008）。由于条件限制，中国西部冰川区能量-物质平衡研究开展起步较晚，主要以单点的冰川表面能量或者能量-物质平衡模型为主，且大部分观测集中于消融区，时间相对较短（白重瑗，1989；康尔泗和 Ohmura，1994；施雅风等，2000；张寅生和康尔泗，2000）。随着观测资料的积累和高分辨率DEM 数据的发展，近年来在青藏高原东南部、天山、祁连山等地区开展了以整个冰川作为研究对象的能量-物质平衡研究（蒋熹等，2009；Zhang et al.，2012；Yang et al.，2013）。

在能量-物质平衡模型中，冰川区任一点的物质平衡与径流可由下式获得：

$$b = P_S - Q_M / l_f + R_F + Q_L / l_e$$
$$Q_g = Q_M / l_f + P_L - R_F - Q_L / l_e \qquad (5\text{-}5)$$

式中，$b$ 是冰川物质平衡（mm w.e.）；$Q_g$ 为冰川径流量（mm）；$P_S$ 和 $P_L$ 分别为固态、液态降水量（mm）；$Q_M$ 是冰川表面消融能量；$Q_L$ 是升华或蒸发耗热；$R_F$ 是融水再冻结量（mm）；$l_f$ 和 $l_e$ 为冰的融化潜热系数（$3.34 \times 10^{-5}$ J/kg）和升华或蒸发潜热系数（$2.5 \times 10^{-6}$ J/kg）。$Q_M$ 由冰川表面的能量平衡方程获取，如下式所示：

$$Q_M = (1 - \alpha)R_S + R_{Ld} + R_{Lu} + Q_S + Q_L + Q_R + Q_G \qquad (5\text{-}6)$$

式中，$\alpha$ 为反照率；$R_S$ 为入射短波辐射；$R_{Ld}$ 和 $R_{Lu}$ 分别为入射和出射长波辐射；$Q_S$ 和 $Q_L$ 分别是冰雪面—大气间的感热和潜热交换；$Q_R$ 是降雨供热；$Q_G$ 是冰川表面向下的热传输项。

在上述各式中，能量平衡各项均以表面获得热量为正，失去热量为负，单位为 W/m$^2$。只有当表面的能量通量为正且表面温度达到融点时，消融才发生；同时假设只有当冰川上的积雪层完全消融后，才开始消融下伏冰层。

模型中入射短波辐射值来源于气象观测/格网数据或基于大气层顶太阳辐射和透射率计算获得。反照率是这类模型中最重要的参数之一，其值变化范围较大（0.1～0.9）。目前获取冰雪表面反照率的手段主要有实地观测、卫星遥感反演和模型模拟。实地观测冰雪表面反照率的结果相对较为准确，但空间推广较难；区域尺度反照率的获取主要来自卫星遥感反演，但山地冰川区地表条件复杂，遥感反演的反照率在较小的尺度上存在较大差异，需利用实地观测数据改进遥感反演的反照率。冰雪表面的反照率受到冰雪表面物理属性的影响，包括雪的粒径、形状、密度、含水量、污化度或杂质、冰雪面的状况（如有无融水、冰川沉积物、表面的形状、纹理等）等，且大气含水量、混浊度、云量、云状、太阳高度角等会通过改变入射辐射光谱分布特征影响冰雪表面反照率。因此，需利用雪粒径大小、云量、太阳高度角、短波向下辐射、冰雪面温度等变量建立参数化方案，从而估算冰雪表面的反照率（Zuo and Oerlemans，1996；Oerlemans and Knap，1998；Henneman and Stefan，1999；Fujita，2007）。

模拟冰川上冰与雪的反照率一般分开处理。冰的反照率常采用常数（Hock and Holmgren，2005；Fujita，2007；Zhang et al.，2012），或将冰的反照率作为气温、海拔等的函数（Arnold et al.，2006；Mölg et al.，2008）。雪的反照率参数化方案来源于 Fujita（2007），其计算公式如下：

$$\alpha = r_I + \frac{(1-r_I)^2 \tau}{1-r_I\tau}$$

$$\tau = \frac{(1-T_I)-\sqrt{(1-T_I)^2-R_I^2}}{R_I}$$

$$T_I = \frac{(1-r_I)^2 \exp(-k_I l_I)}{1-r_I^2 \exp(-2k_I l_I)}$$  (5-7)

$$R_I = r_I + \frac{(1-r_I)^2 r_I \exp(-2k_I l_I)}{1-r_I^2 \exp(-2k_I l_I)}$$

$$l_I = \frac{2}{\rho_i S^*}$$

$$\log_{10} S^* = -15.32\times10^{-9}\rho^3 + 16.65\times10^{-6}\rho^2 - 7.30\times10^{-3}\rho + 3.23$$

式中，$r_I$ 是冰的反射率（0.018）；$S^*$ 为比表面积（$m^2$/kg）；$\rho_s$ 为积雪密度；$T_I$、$R_I$ 和 $L_I$ 为参数。

长波辐射由入射和出射的长波辐射组成。入射长波辐射主要受气温、湿度和云量影响，因此，该参数基于气温、相对湿度和入射短波辐射与大气层顶太阳辐射比值计算获得（Kondo，1994）。出射长波辐射采用斯蒂芬-玻尔兹曼定律计算公式，主要依赖于冰川表面温度的变化，即

$$R_{Lu} = \varepsilon\sigma(T_S + 273.2)^4$$  (5-8)

式中，$\varepsilon$ 为冰雪面的比辐射率（在此取值 1）；$\sigma$ 为 Stefan-Boltzmann 常数。

冰雪面-大气间的湍流交换（感热（$Q_S$）和潜热（$Q_L$））受空气和地面的温度、湿度和风速控制，常采用块体空气动力学方法计算。冰川表面的感热和潜热通量计算公式如下：

$$Q_S = c_a\rho_a CU(T_a - T_S)$$  
$$Q_L = l_e\rho_a CU[rhq(T_a) - q(T_S)]$$  (5-9)

式中，$C_a$ 是空气比热 [1006 J/（kg·K）]；$\rho_a$ 是空气密度（kg/$m^3$）；$C$ 是感热和潜热的体积系数（0.002）；$U$ 是风速（m/s）；$l_e$ 是水的蒸发潜热（2.5×106 J/kg）；$q$ 是饱和比湿。

对于液态降水放热项（$Q_R$）的估算，假定降雨的温度（$T_R$）等于降雨时段的平均气温，则降雨供热可由下式估算：

$$Q_R = c_w\rho_w P_L(T_R - T_S)$$  (5-10)

式中，$C_w$ 是水的比热 [4180 J/（kg·K）]；$\rho_w$ 是水密度（kg/$m^3$）。

当冰面存在积雪时，表层的融水会下渗，当雪层温度<0℃时会发生冻结。融水冻结量（$R_F$），是冰川物质平衡中的重要组成部分（Fujita and Ageta，2000；Wright et al.，2007），其计算公式如下所示：

$$R_\mathrm{F} = \frac{\rho_i c_i}{L_\mathrm{f}} \int_{\mathrm{interface}}^{z_c} \Delta T_Z \mathrm{d}z + \frac{\rho_\mathrm{s} c_i}{L_\mathrm{f}} \int_{\mathrm{surface}}^{\mathrm{interface}} \Delta T_Z \mathrm{d}z \tag{5-11}$$

如果雪层中没有水，冰川内部热量的传导过程主要基于一定时段内不同层的温度差异计算（Fujita and Ageta，2000）。另外，如果冰川表面为湿雪，当雪层温度为 0℃时，冰川表面与内部之间没有热量交换，而当雪层温度<0℃时，热量则会从冰川内部传输到冰川表面，其传导的热量根据冰川内部的温度梯度进行计算。其计算公式如下式所示：

$$Q_\mathrm{G} = \begin{cases} \dfrac{-c_i(\rho_\mathrm{s} \displaystyle\int_{\mathrm{surface}}^{\mathrm{interface}} \Delta T_Z \mathrm{d}z + \rho_i \displaystyle\int_{\mathrm{interface}}^{z_c} \Delta T_Z \mathrm{d}z)}{\Delta t} & \text{no water in snow} \\[4mm] -K_\mathrm{s} \dfrac{T_\mathrm{s}}{b_\mathrm{s}} & \text{wet snow \& } T_\mathrm{s} < 0 \end{cases} \tag{5-12}$$

式中，$\rho_\mathrm{s}$ 和 $\rho_i$ 是雪和冰的密度（kg/m³）；$C_i$ 是冰的比热容 [2100 J/（kg·K）]；$\Delta t$ 是时间步长（s）；$K_\mathrm{s}$ 是雪的有效热传导率 [W/（m·K）]；$b_\mathrm{s}$ 是划分雪层厚度（m）；$z$ 是雪面到冰面的深度（m）；$z_c$ 是年冰温小于 0.1℃的深度；$\Delta T_Z$ 是给定深度冰/雪面温度差（℃）。在计算过程中，按照不同厚度将冰雪层划分为多层，直到冰川底部温度恒定的深度。

除了长波辐射项外，能量组成各项均取决于地表温度，因此，地表温度采用多次迭代计算获得。首先假设融化热量为 0 且没有向下的热传导，据此计算出地表温度；然后利用计算出来的地表温度，计算向下的地热通量；这样又可以获取新的地表温度，一直迭代下去，直到计算地表温度的差别小于 0.1℃。

冰雪融水和降雨通过冰川区的汇流过程采用线型水库模型获得，该模型是基于冰川径流的出流过程与冰川融水储量成正比建立的（Baker et al.，1982；Hock and Noetzli，1997；Escher-Vetter，2000），即

$$V(t) = kQ(t)$$
$$\frac{\mathrm{d}V}{\mathrm{d}t} = I(t) - Q(t) \tag{5-13}$$

由式（5-13）得到

$$k\frac{\mathrm{d}V}{\mathrm{d}t} = I(t) - Q(t) \tag{5-14}$$

那么 $Q$（$t$）的解为

$$Q(t) = Q(t_0)\mathrm{e}^{-\frac{1}{k}} + I(t)(1 - \mathrm{e}^{-\frac{1}{k}}) \tag{5-15}$$

式中，$V$（$t$）为 $t$ 时刻冰川融水储量；$Q$（$t$）为 $t$ 时刻冰川融水排泄量；$k$ 为储水常数；$I$（$t$）为 $t$ 时刻入水量，包括冰川融水和降水。

根据储水常数（$k$）的不同，冰川区可分为一个或多个类型区。不同类型区的储水常数赋予不同的值，反映了冰川不同类型区水通过冰川的速度不同。通常，根据冰川表面特征，把冰川分为三种不同类型区：平衡线以上的粒雪区，具有季节变化的、粒雪区以外的积雪区和裸冰区。粒雪区和裸冰区的储水常数分别赋予最小值和最大值，积雪区则介于两者之间。随着消融季节的到来，积雪区不断缩小，裸冰区面积逐渐扩大，导致

裸冰区排水量逐渐增大，产生径流高水位。由此可见，冰川径流的季节变化是由积雪区、粒雪区和裸冰区面积的增减所致。然而，大多数研究假定储水常数不随时间变化（Baker et al., 1982; Hock and Noetzli, 1997; Escher-Vetter, 2000），忽略了每个类型区的时间变化，增大了冰下水道的作用，或减弱了雪盖在消融期的作用。

本节以青藏高原东南部的海螺沟冰川流域为例，介绍能量-物质平衡模型的应用效果。海螺沟冰川流域位于青藏高原东南缘贡嘎山东坡（图 5.7），面积约 80.5 km²。该流域有 7 条冰川，面积约 36.44km²，约占整个流域面积的 45.3%，其中，海螺沟冰川为该流域最大的山谷冰川，长 13.1km，面积为 25.71km²，零平衡线位于 4880m 附近。冰舌末端海拔 2990m，大部分为表碛覆盖。冰川区气候显著特征为雨热同季，海拔 3000 m 多年平均气温为 4.1℃，年降水量为 1956 mm，其中，夏季（5~10 月）降水量占 80%（Zhang et al., 2012）。

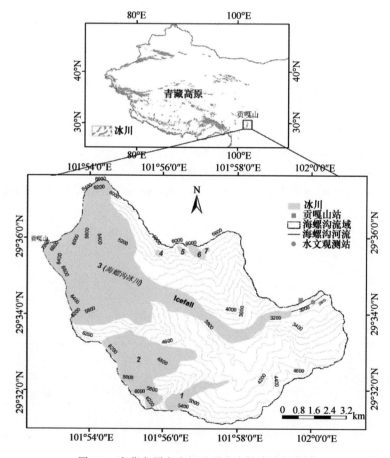

图 5.7 青藏高原东南部贡嘎山海螺沟冰川流域

基于海螺沟冰川区观测到气温、降水、风速、相对湿度和太阳辐射数据（1988~2012 年）、0.5°全球格网气温和降水数据（1950~2007 年）（Hirabayashi et al., 2008; Yatagai et al., 2012），应用上述冰川能量-物质平衡模型模拟了过去 60 年该流域物质平衡和冰川径流的变化趋势。图 5.8 是不同时期冰川消融的观测值与模拟值对比。从图 5.8

中可以看出，该模型对不同时期冰川消融模拟结果较为接近观测值，效果较为理想。图 5.9 给出了 1994～2007 年海螺沟冰川流域月径流观测值与模拟值，其中，1994～2000 年为模型校正区间 ［图 5.9（a）］ 和 2001～2007 年为模型验证区间 ［图 5.9（b）］。从图 5.9 中可以看出，与不同时期获取的冰川流域径流对比，模型模拟值较为接近，校正和验证期间，效率系数（NSE）分别为 0.86 和 0.83。尽管个别时间点的模拟值有偏差，但大多数情况下的模拟消融与径流比较准确，NSE 达到 0.85。由此可见，该模型对于冰川区物质平衡和径流模拟效果较为理想。

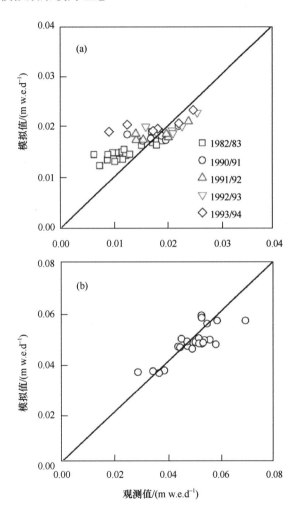

图 5.8　贡嘎山海螺沟冰川区观测与模拟消融对比，其中（b）为 2008 年夏季观测与模拟对比
（Zhang et al.，2012）

基于上述模型模拟效果，以观测数据（1991~2013 年）和 0.5°全球气候数据为驱动，模拟了海螺沟流域 1950~2013 年冰川径流与流域径流（图 5.10）。由图 5.10 可以看出，在该流域尽管冰川消融与降雨同期，但在过去几十年间冰川径流对流域径流的贡献依然占主导地位，其平均补给为 53.4%。

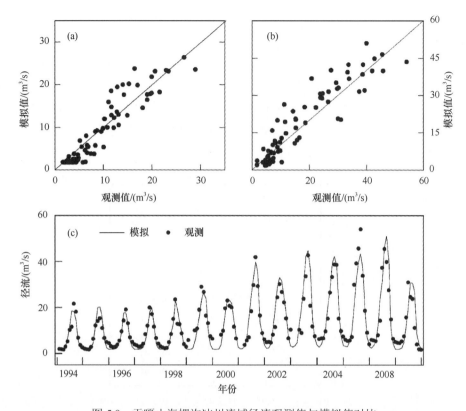

图 5.9　贡嘎山海螺沟冰川流域径流观测值与模拟值对比

（a）1994～2000 年径流观测值与模拟值（模型校正）；（b）2001～2007 年径流观测值与模拟值（模型验证）

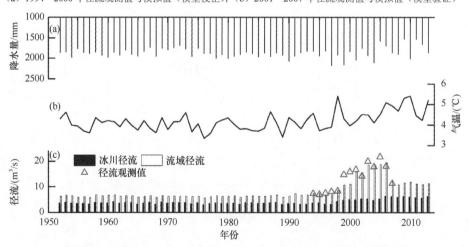

图 5.10　贡嘎山海螺沟流域（a）降水、（b）气温和（c）冰川径流和流域径流变化趋势

### 5.2.3　表碛覆盖型冰川物质平衡模拟

在天山、喀喇昆仑山、昆仑山、喜马拉雅山、横断山等山区广泛分布的一种冰川类型是表碛覆盖型冰川，其典型特征是冰川消融区覆盖了一层厚度不一的表碛（李吉均和苏珍，1996；施雅风等，2005；Ben and Owen，2002；Zhang et al.，2007，2011）。该类

型冰川消融区表碛是指覆盖在冰川表面的冰碛物,其形成主要是包裹在冰川中的岩块及碎屑物随冰川运动至下部消融区,冰面消融后残留在冰川表层,经常年的积累而形成的覆盖层。研究表明(苏珍等,1985),表碛的来源可以分为以下 4 种情况:①冰、雪崩把山坡上大量的岩屑物质带下,形成丰富的内碛,分布较浅的内碛由于冰川在向下运动过程中冰面消融而暴露在冰川表面,这种表碛多呈次棱角状;②冰川在向下漫长的运动过程中,有相当一部分的表碛是一些原来的内碛和底碛沿着冰川层面或冰内断裂面从冰内和冰床中挤溢上来的,这样的表碛磨圆度较好且粒度较小,多为粉砂至中细砂砾;③由于寒冻等风化作用,冰川两侧山坡上的一些岩块崩落至冰川表面,形成棱角分明的块状表碛;④支冰川汇合后,许多支冰川的侧碛变成了中碛,使冰面表碛的分布呈明显的条带状,此时的表碛成分比较复杂。

与裸冰或雪相比,表碛覆盖层由于其反射率、颗粒大小、颜色等物理性质的差异,具有独特的热力过程。在表碛覆盖型冰川开展的野外观测试验与研究表明(Østrem,1959;Nakawo and Young,1981,1982;Mattson et al.,1993;Kayastha et al.,2000),表碛小于某一临界厚度(20~30 mm),加速了冰川消融;随着表碛的增厚(大于临界厚度),其阻热作用抑制了冰川消融。对于表碛覆盖层较厚的冰川区来说,表碛层使太阳辐射不能直接到达冰面,只能先加热增温表碛层表面,然后热量再由表碛层向冰面传导,且在气层不稳定层结条件下,表碛层表面部分热量还要向上传导给空气,从而减少了到达冰川表面的热量,对冰面消融起到了抑制作用;对于较薄的表碛层来说,表碛覆盖减小了地表反照率(相对于冰雪面),增加了地面辐射热量的吸收,促进了冰面的消融(康尔泗等,1985;Nakawo and Young,1982;Mattson et al.,1993;Nicholson and Benn,2013)。由此可见,表碛厚度的空间分布对冰川消融过程的影响十分显著(Nicholson and Benn,2006;Zhang et al.,2011,2012,2015),而这一过程继而影响着冰川物质平衡的空间分布特征(Benn and Lehmkuhl,2000;Zhang et al.,2011,2015)。与无表碛覆盖冰川相比,表碛覆盖型冰川对同样的气候变化条件显示出不同的响应特征(Benn et al.,2012)。

冰川消融区是冰川主要的产流区,而大面积表碛覆盖于消融区必然对冰川消融及径流的形成与变化过程产生重要的影响,继而影响周边及下游地区水资源的利用。同时,在表碛覆盖型冰川消融区容易形成冰面湖泊(Sakai et al.,2000;Röhl,2008),这些冰面湖泊存在着潜在溃决洪水的危害,进而影响周边地区人类的生产和生活(Richardson and Reynolds,2000;Ben et al.,2012)。因此,对于表碛覆盖型冰川来说,冰川径流预估、物质平衡模拟以及冰面湖泊突发洪水评估需要考虑表碛厚度的空间分布及其对冰川消融过程的影响,这一特征完全不同于无表碛覆盖型冰川。

发展较好刻画表碛覆盖型冰川区表碛及其下覆冰川消融物理过程的模型将有助于对气候变化和水资源变化的研究。目前许多表碛覆盖型冰川消融模型所面临的共同难题是模型的输入参数(Kayastha et al.,2000;Nicholson and Benn 2006;Reid and Brock,2010;Reid et al.,2012;Lejeune et al.,2013),尤其是与表碛厚度、热属性及其分布等相关的参数。这些参数在准确描述表碛下覆冰川消融的物理机制方面起着重要的作用,而在实际观测中较难获取,只有少数表碛覆盖型冰川有表碛厚度和地表温度等的观测(Nicholson and Benn,2006;Mihalcea et al.,2008;Zhang et al.,2011),且这些参数的空间分布和时间变化趋势很难估算。因此，本节基于遥感数据反演的表碛热属性参数分析表碛的空间分布，同时结合能量-物质平衡模型综合评估表碛分布对冰川消融及其径流的影响。

表碛覆盖综合评估模型主要包括 3 个模块（Zhang et al.，2016），分别为：①表碛空间特征的提取；②表碛覆盖消融模型；③能量-物质平衡/径流模型。该模型的基本结构如图 5.11 所示。

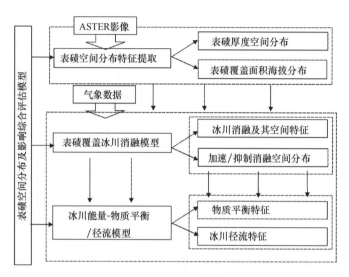

图 5.11 表碛覆盖综合评估模型示意图

在表碛空间分布提取模块中，"表碛热阻系数"这一概念是由 Nakawo 和 Young（1981，1982）提出的，其是表碛厚度与其导热系数的比值。因此，基于表碛厚度与其导热系数可计算表碛热阻系数（$R$；$m^2 \cdot K/W$），如下式所示：

$$R = \frac{h}{\lambda} \tag{5-16}$$

式中，$h$ 和 $\lambda$ 分别是表碛层厚度（m）和热传导系数 [W/（m·K）]。

在较大的空间尺度上，冰川区表碛厚度和导热系数的实测数据较难获取。为解决这一困难，部分研究基于 ASTER 数据和太阳辐射数据计算冰川区表碛的热阻系数（Suzuki et al.，2007；Zhang et al.，2011，2016）。需要指出的是，如果太阳辐射数据来源于再分析资料，其获取的时间、位置必须与 ASTER 影像一致。这一方法的计算流程如图 5.12 所示。

计算表碛热阻系数的方法是基于如下假设进行的，即在表碛覆盖型冰川表碛层的能量组成中，净辐射是主要的热量来源，湍流热通量（感热和潜热通量）所占比例较小，可以忽略。这一特征是在喜马拉雅山、喀喇昆仑山等地区表碛覆盖型冰川开展的能量平衡野外观测试验与研究中发现的（Mattson et al.，1993；Kayastha et al.，2000；Takeuchi et al.，2000；Suzuki et al.，2007），尤其是在冰川消融期的晴朗天气条件下，这一特征更显著。同样，在贡嘎山海螺沟冰川的能量平衡研究中也发现了这一现象（Zhang et al.，2011）。如图 5.12 所示，地表温度是基于 ASTER 数据的热红外波段进行估算的。基于

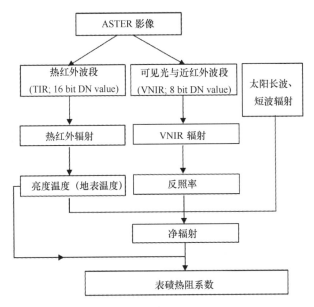

图 5.12　ASTER 数据反演表碛层热阻系数流程图

ASTER 数据的热红外波段对冰川区的平均亮温进行估算，以冰川区的平均亮温作为地表温度。由于在计算过程中忽略了感热和潜热通量，净辐射是基于 ASTER 数据的可见光近红外波段和太阳辐射数据计算的。ASTER 可见光/近红外波段大气顶部的光谱反射率用来估算宽波段的反照率，结合 NCAR/NCEP 的太阳辐射数据，可以计算冰川区的净辐射。基于上述计算获取冰川区的表碛热阻系数（图 5.12）。需要指出的是，由于 ASTER 影像的分辨率为 90 m，表碛热阻系数计算也使用了相同的分辨率。

上述方法的不确定性在不同表碛覆盖型冰川开展的研究中已进行了探讨（Suzuki et al.，2007；Zhang et al.，2011，2016）。Suzuki 等（2007）基于多期 ASTER 影像采用上述方法计算了喜马拉雅山地区典型表碛覆盖型冰川区表碛的热阻系数，同时基于该冰川区观测资料（温度、风速、湿度、太阳辐射），且在计算过程中考虑了湍流热通量（感热和潜热通量），采用能量平衡模型计算了同一冰川的表碛热阻系数，对比分析发现，忽略湍流热通量和应用不同时段 ASTER 影像所产生的不确定性基本不影响表碛热阻系数的空间分布特征，同时山体对太阳辐射的遮蔽作用对热阻系数的空间分布影响不明显。

基于表碛热阻系数的空间分布，从而划分出表碛覆盖区（$R>0$），和无表碛覆盖区（$R \leqslant 0$）。对于表碛覆盖区来说，冰川表面消融量（$M'$），由下式获得：

$$M' = \frac{Q_{\mathrm{M}}}{\rho_{\mathrm{i}} L_{\mathrm{f}}} \tag{5-17}$$

$$Q_{\mathrm{M}} = Q'_{\mathrm{G}} = \frac{T_{\mathrm{S}} - T_{\mathrm{I}}}{R} \tag{5-18}$$

$$Q'_{\mathrm{G}} = (1 - \alpha')R_{\mathrm{S}} + R_{\mathrm{Ld}} + R_{\mathrm{Lu}} + Q_{\mathrm{S}} + Q_{\mathrm{L}} + Q_{\mathrm{R}}$$

式中，$\alpha'$ 为表碛层反照率；$Q'_{\mathrm{G}}$ 是表碛层传输热量；$T_{\mathrm{S}}$ 和 $T_{\mathrm{I}}$ 是表碛层地表温度和冰面温度（℃）。上述能量平衡各项及其计算方法与本节 2.2 中各量一致，均以表面获得热量为正，失去热量为负，单位为 W/m²。只有当表面的能量通量为正且表面温度达到融点时，消融才发生；同时假设只有当冰川上的积雪层完全消融后，开始消融下伏击冰层。

为综合评估表碛对消融的影响，采用消融比值（MR）来分析，其定义为表碛覆盖冰川消融量（$M'$）与无表碛覆盖消融量（$M$）的比值，如下式所示：

$$MR = M'/M \tag{5-19}$$

式中，无表碛覆盖消融量基于式（5-6）计算获取。如果 MR 大于 1.0，说明表碛促进冰川消融；如果 MR 小于 1.0，说明表碛抑制冰川消融；如果 MR 等于 1.0，说明表碛下覆冰川消融量与裸冰消融量一致。

本节以青藏高原东南部的贡嘎山为例，介绍表碛综合评估模型的应用效果。贡嘎山（29°20′~30°10′ N，101°30′~102°15′ E，7556 m）位于青藏高原东南缘，为横断山最高峰。贡嘎山主峰周围共发育冰川 74 条（图 5.13），冰川面积为 257.7 km²（蒲健辰等，1994），是我国海洋型冰川的主要分布区之一（Shi and Liu，2000），其中，5 条冰川长度大于 10 km，分别是海螺沟冰川、磨子沟冰川、燕子沟冰川、大贡巴冰川和南门关沟冰川。冰川雪线东坡低于西坡，东坡一般为 4800~5000 m，西坡为 5000~5200 m（施雅风等，2005）。

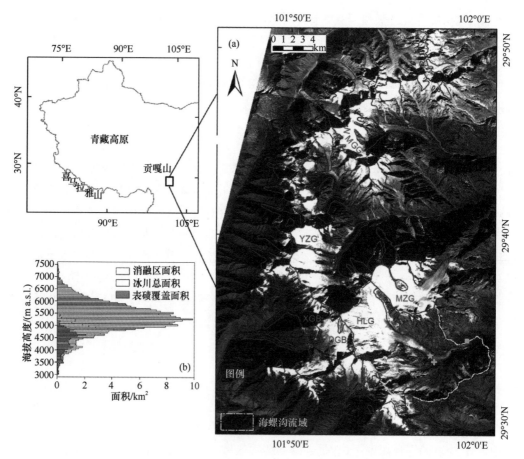

图 5.13　贡嘎山位置示意图及其冰川分布，其中，柱状图（b）为冰川面积-海拔分布

研究使用的主要数据包括：①4景 ASTER 影像；②冰川编目数据（蒲健辰等，1994；Pan et al.，2012）；③研究区1989年1∶5万地形图；④不同时期表碛厚度和冰川消融观测数据（李吉均和苏珍，1996；Zhang et al.，2011）；⑤海螺沟冰川区观测到气温、降水、风速、相对湿度和太阳辐射数据（1988～2012）和 0.5°×0.5°全球格网气温和降水数据（1950～2007）（Hirabayashi et al.，2008；Yatagai et al.，2012）。

基于以上输入数据，应用上述方法获取了贡嘎山冰川区表碛的空间分布特征，并分析了其空间分布的影响。通过表碛覆盖冰川消融速率模拟值与观测值对比发现（图 5.14（a）），该模型取得了较为理想的模拟效果，两者相关系数达 0.82（显著性水平 $p<0.001$）。通过对比不同厚度表碛下的冰川消融速率观测值与模拟值发现（图 5.14（b）），两者的相对误差仅为 10%左右。由此可见，基于辐射平衡和地表热量平衡构建的表碛覆盖冰川消融模型能够较好地模拟不同厚度表碛下的冰川消融速率。

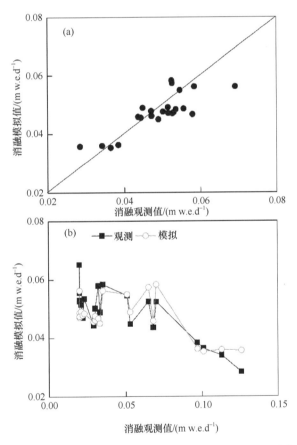

图 5.14　（a）表碛覆盖区冰川消融模拟值与观测值对比和（b）不同厚度表碛层消融速率

贡嘎山冰川消融区的表碛分布十分广泛，多分布于面积较大的冰川消融区。贡嘎山地区共有 50 条冰川消融区有表碛覆盖，且空间差异显著（图 5.15（a））。总体上，贡嘎山地区表碛覆盖型冰川占冰川数量的 68%，表碛覆盖面积为 32 km²，占冰川面积的 13.5%。由图 5.15（b）可以看出，对于表碛覆盖型冰川消融区面积的 10.2%区域来说，表碛促进冰川消融，约 40.8% 的区域表碛抑制冰川消融。对于五条长于 10km 的冰川来说，其表碛覆盖率为 1.74%～20.1%（表 5.3）。在这五条冰川中，仅有海螺沟冰川区以表碛促进消融为主，其余以抑制为主。由此可见，表碛空间分布的差异性对于贡嘎山冰川消融的梯度变化和空间变化有着显著的影响，进而影响冰川物质平衡的变化趋势。在贡嘎山海螺沟流域开展的冰川物质平衡研究表明（Zhang et al.，2012），表碛空间分布的差异性加速了流域冰川物质的亏损。

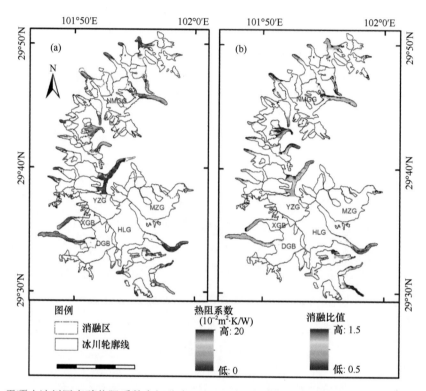

图 5.15　贡嘎山冰川区表碛热阻系数空间分布（a）和消融比值空间分布图（b）（Zhang et al.，2016）

表 5.3　冰川长度大于 10km 冰川表碛分布及其影响（Zhang et al.，2016）

| 冰川 | 海拔 / (m a.s.l.) | 面积 /km² | 长度 /km | 坡度 / (°) | 表碛覆盖比例 /% | 表碛覆盖影响/% | |
|---|---|---|---|---|---|---|---|
| | | | | | | 加速消融 | 抑制消融 |
| 海螺沟 | 2990～7556 | 25.7 | 13.1 | 16.0 | 6.4 | 44.0 | 17.0 |
| 大贡巴 | 3660～6684 | 21.2 | 11.0 | 7.3 | 16.8 | 3.0 | 56.0 |
| 磨子沟 | 3600～6886 | 26.8 | 11.6 | 22.2 | 1.74 | 2.0 | 11.0 |
| 燕子沟 | 3680～7556 | 32.2 | 11.7 | 13.4 | 11.7 | 41.0 | 50.1 |
| 南门关 | 3460～6540 | 16.7 | 10.0 | 10.5 | 20.1 | 17.0 | 35.6 |

## 5.3　区域尺度物质平衡模拟

冰川物质平衡一直是冰川变化研究的核心问题，也是冰川观测的主要内容（Vaughan et al.，2013）。然而，全球进行物质平衡观测的冰川不仅数量有限，而且冰川规模普遍偏小（WGMS，2014）。如仅根据小冰川观测资料推算所在区域全部冰川的变化，将会引起较大的误差。此外，同样的气候变化，冰川规模和形态不同，会导致冰川物质平衡量级上的较大差异（Oerlemans，2001；Cuffey and Paterson，2010）。鉴于冰川物质平衡观测的困难性，模型研究是解决区域物质平衡研究的有效途径。

对区域冰川物质平衡进行模拟的模型亦有两类：度日模型（Radić and Hock，2011，2014；Marzeion et al.，2012；Hirabayashi et al.，2010，2013；Huss and Hock，2015）和能量-物质平衡模型（Glesen and Oerlemans，2012）。能量-物质平衡模型尽管具有较好的物理基础，然而所需观测资料较多，且对这些资料在空间上分布的要求较高，导致其在区域尺度上的应用受到很大限制。度日模型简单易用，尽管主要参数度日因子存在较大的时空变异性（Hock，2003；Zhang et al.，2006），但可通过实测资料率定度日因子，从而在区域或全球冰川物质平衡模拟中得到了广泛的应用。

在众多应用度日模型进行区域模拟的研究中（Radić and Hock，2011，2014；Marzeion et al.，2012；Hirabayashi et al.，2010，2013；Huss and Hock，2015），常基于现有冰川编目数据和数字高程模型，将区域内的每条冰川区按一定等高距划分为若干海拔带。基于网格化气候驱动数据集，应用空间插值的方法从冰川区临近的格网数据获取每一海拔带的气温和降水，而每一海拔带的面积基于正态分布公式或其他经验公式计算获取（Raper and Braithwaite，2006；Hirabayashi et al.，2010；Radić and Hock，2011）。在每条冰川的每一海拔带上，冰雪消融采用度日模型计算，积累则采用临界温度从降水中分离，见本章第二节中的介绍。积雪层的再冻结过程则通过积雪层的热传导计算获取（Huss and Hock，2015）或基于经验公式计算（Radić and Hock，2011，2014）。

对于冰川尺度来说，度日因子通过观测冰川区消融与气温计算获取；而在区域尺度上，度日因子具有较大的时空变异性（Hock，2003；Zhang et al.，2006）。Zhang 等（2006）根据中国西部不同地区数十条冰川的短期考察和观测资料，分析了西部冰川度日因子的空间变化特征，结果表明：由于青藏高原及其周围地区独特的气候和热量条件，西部冰川度日因子具有明显的区域特征。从冰川类型来看，与极大陆型及亚大陆型冰川相比，海洋型冰川的度日因子较大。总体看来，西部冰川的度日因子由西北向东南逐渐增大，这与中国西部冰川的气候环境变化趋势是一致的，即在干冷的气候条件下，度日因子较小；而在暖湿的气候条件下度日因子较大。运用度日模型进行区域冰川物质平衡模拟时，需要给出每条冰川的度日因子值。部分研究基于实测资料，对度日因子进行率定，进而推广到每条冰川（Hirabayashi et al.，2010，2013；Huss and Hock，2015）。Radić 和 Hock（2011）基于北美和北欧的 36 条冰川的观测资料，首先对这些冰川的度日因子进行率定，然后基于率定的度日因子、年降水量、大陆度、冰川海拔和冰川对气温和降水的敏感性特征，采用多元线性回归方法，建立了裸冰与积雪度日因子的转换公式；然后基于年降水量、大陆度、冰川海拔和冰川对气温与降水的敏感性特征，应用建立的度日因子转换公式计算每条冰川的度日因子。

在青藏高原及周边地区有长期观测的冰川数量较少，除乌鲁木齐河源 1 号冰川外，其他冰川监测多不超过 10 年。因此，无法通过冰川区观测资料进行计算，获取每一条冰川的度日因子值。为此，本研究收集了过去几十年来不同时期的冰川考察和观测数据，共 40 条冰川，其分布如图 5.16 所示。这些冰川的消融数据主要是通过花杆测量获取的，大部分冰川消融观测时长超过 1 个月。大部分冰川同期观测的气象数据也存在；对于气象资料不存在的冰川区，使用距离冰川区最近的气象台站数据或 0.5°×0.5°格网的再分析气象数据。基于上述收集的消融与气温数据，计算了 40 条冰川的度日因子值。基于计算的度日因子值、冰川末端海拔高度、冰川经纬度，以及冰川区年平均气温和降水数据，采用多元线性回归方法，建立了裸冰与积雪度日因子的转换公式（表 5.4）。基于冰川末端海拔高度、冰川经纬度，以及冰川区年平均气温和降水，通过转换公式可以计算每一冰川的度日因子值，从而为区域物质平衡模拟、径流估算提供参数支持。

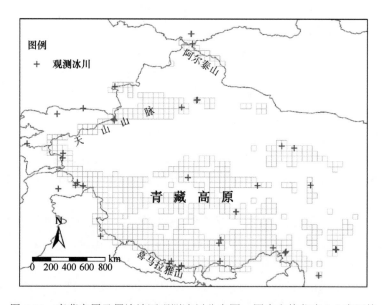

图 5.16 青藏高原及周边地区观测冰川分布图，图中方格代表 0.5 度网格

**表 5.4 度日因子的转换公式**

| 参数 | 观测值范围 | 平均值 | 转换公式 | $r^2$ |
|---|---|---|---|---|
| DDF$_{ice}$ | 2.6～16.9 | 7.64 | DDF$_{ice}$ = 15.763 − 0.277Lat + 0.047Lon − 1.72×10$^{-3}$H <br> − 0.62T + 6.99×10$^{-3}$P | 0.38 |
| DDF$_{snow}$ | 1.5～9.2 | 4.63 | DDF$_{snow}$ = 64.533 − 0.837Lat − 0.238Lon − 2.85×10$^{-3}$H <br> − 1.092T + 2.833×10$^{-3}$P | 0.86 |

注：式中，DDF$_{ice}$ 和 DDF$_{snow}$ 表示冰和积雪度日因子 [mm/（d·℃）]，Lat、Lon、$H$、$T$ 和 $P$ 分别表示冰川纬度（°）、经度（°）、末端海拔高度（m）、年平均气温（℃）和降水（mm）

基于表 5.4 中的度日因子转换公式、格网气温和降水数据以及冰川编目数据，计算出我国西部冰川区的度日因子值，如图 5.17 和图 5.18 所示。总体上，裸冰的度日因子介于 3～15 mm/（d·℃），而积雪则介于 1.5～10 mm/（d·℃）。从图中可以看出，由于青藏高原及其周围地区独特的气候和热量条件，冰川度日因子具有明显的区域特征，喜马拉雅山东段、青藏高原东南部裸冰的度日因子值相对其他地区较大，而积雪度日因子在青藏高原中部、喜马拉雅山区较大。由于观测数据相对较少，该计算结果还需进一步验证。

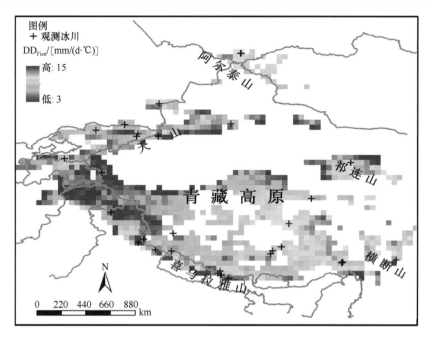

图 5.17 青藏高原及周边地区冰川冰的度日因子值

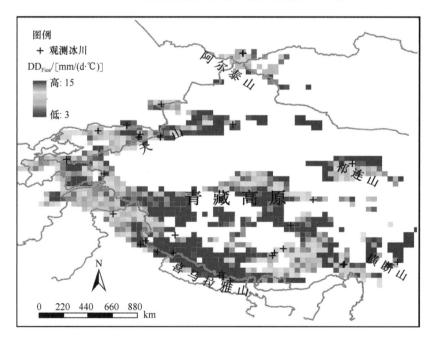

图 5.18 青藏高原及周边地区积雪的度日因子值

随着冰川物质平衡的长期变化，冰川则通过自身的动力过程来调整面积、长度等来适应新的物质平衡或气候状况。目前，国际上主要通过冰川动力学模型模拟研究冰川变化对物质平衡的响应（Oerlemans，2001；van de Wal and Wild，2001；Ye et al.，2003；Paul and Svobada，2010）。这些冰川动力学模型在数据处理、参数选取、计算复杂度、模拟结果优劣等方面存在一定差异。然而，这些模型中所需的诸多参数需要进行观测，限制了模型在区域尺度中的应用。Radić 等（2007）对比分析了冰川体积-面积比例公式和冰流动力模型的模拟结果，结果发现：前者能够获取与冰流动力模型近似的模拟结果，能够获取冰川物质平衡与冰川储量、面积和长度之间的反馈机制。因此，在区域冰川物质平衡模拟中，一般采用冰川体积-面积-长度比例关系更新冰量、面积和长度（Chen and Ohmura，1990；Bahr et al.，1997；Bahr，1997；Bahr et al.，2015）。目前，这一方法被广泛应用于不同区域冰川变化模拟研究中（Radić and Hock，2011，2014；Marzeion et al.，2012；Hirabayashi et al.，2013）。

在某一时段内，山地冰川体积（$V$）的变化可基于同一时段内冰川面积（$A$）的变化来获取；同时，冰川最大长度（$L$）也随着冰量增减而变化。其比例关系式如下所示：

$$A = (V/c_a)^{1/\gamma} \tag{5-20}$$

$$L = (V/c_i)^{1/q} \tag{5-21}$$

式中，$\gamma$ 和 $q$ 为比例系数；$c_a$ 和 $c_i$ 是比例常数。$\gamma$ 和 $c_a$ 取值范围分别为 1.15～1.52 和 0.12～0.22$\mathrm{m}^{3-2\gamma}$（Radić et al.，2007）。$c_i$ 取值为 1.7026$\mathrm{m}^{3-2\gamma}$，$q$ 取值为 2 或 2.2（Bahr et al.，1997；Hirabayashi et al.，2013）。

# 5.4　流域尺度水文模拟

冰川水文过程模拟具有重要的科学和实践意义。冰川水文模拟的好坏在很大程度上取决于我们对冰川水文过程和机制的认识。随着冰川水文学理论研究的逐步深入和计算机技术的快速发展，应用水文模型开展冰川水文过程研究成为主要发展趋势（Stahl et al.，2008；Jeelani et al.，2012；Kalra et al.，2013；Huss et al.，2014）。这些模型被广泛应用于流域管理的各个方面，包括水电站址的最优选择、水库修建、水资源供给、洪水预测以及评估冰川变化对海平面的影响。随着全球变暖以及由此引起的冰川退缩，冰川水文过程的模拟尤其显得重要，尤其在干旱、半干旱地区（Yao et al.，2004；Cruz et al.，2007）。

HBV 是 Hydrologiska Byråns Vattenbalansavdelning（Hydrological Bureau Waterbalance-section）的缩写形式。该模型最初由瑞典国家气象和水文研究所（Swedish Meterological and Hydrological Institute，SMHI）开发（Bergström，1976），目前已开发出多个不同版本，并在北欧等地的 50 多个国家推广应用，获得了良好使用效果（Lindström et al.，1997；Hagg et al.，2007；Stahl，2008；Akhtar，2008，2009）。HBV 模型是一种模拟积雪、融雪、实际蒸散发、土壤水分存储和径流等机制的概念性、半分布式水文模型（图 5.19）。

## 5.4.1　模型基本原理与结构

HBV 模型是一个降雨-径流模型，模型原理为水量平衡，其方程定义为

$$P - E - Q = \frac{\mathrm{d}}{\mathrm{d}t}[\mathrm{SP} + \mathrm{SM} + \mathrm{UZ} + \mathrm{LZ} + \mathrm{Lakes}] \tag{5-22}$$

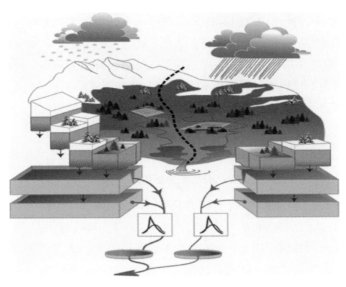

图 5.19 HBV 模型示意图（SMHI，2006）

式中，$P$ 为降水；$E$ 为蒸散发；$Q$ 为流量；SP 为积雪；SM 为土壤含水量；UZ 为表层地下含水层；LZ 为深层地下含水层；Lakes 为水体体积。

　　HBV 模型考虑了下垫面和降雨空间分布差异，将研究区划分为多个子流域，每个子流域又根据高程、植被类型划分为多个带，然后根据流域水系拓扑结构，分别模拟各子流域的径流过程，确定各子流域产流到达总流域出口所流经的子流域，并计算各子流域径流到达总流域的出口时间，最后根据汇流时间叠加总流域产流量，形成流域总出口的径流过程（SMHI，2006）。HBV 模型主要包括四个子模块：积雪及融雪模块、土壤含水量计算模块、径流响应模块和河道流量演算模块（图 5.20）。

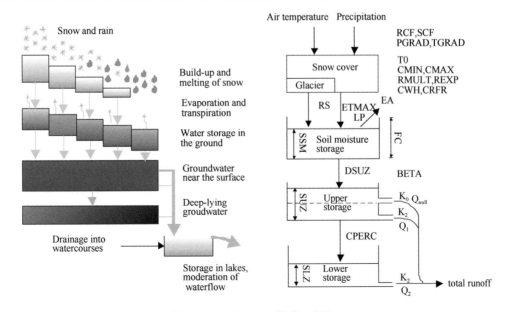

图 5.20 改进 HBV 模型示意图

在 HBV 模型中，流域内气温和降水是通过一个计算权重的程序进行，权重计算结果由气候和地形因素或几何方法（泰森多边形）确定。固、液态降水分离采用临界气温法。当某一海拔温度（$T$）大于等于阈值温度（$tt$）时，降水为降雨，反之为降雪。冰川冰/积雪的消融量由度日模型计算获取。其计算方法如下式所示：

$$RF = pcorr \cdot rfcf \cdot P \quad \text{if } T \geqslant tt \qquad (5\text{-}23)$$

$$SF = pcorr \cdot sfcf \cdot P \quad \text{if } T < tt \qquad (5\text{-}24)$$

$$Snow\ melt = cfmax \cdot (T - tt) \qquad (5\text{-}25)$$

$$Glacier\ melt = gmelt \cdot (T - tt) \qquad (5\text{-}26)$$

$$Refereezing\ melt\ water = cfr \cdot cfmax \cdot (T - tt) \qquad (5\text{-}27)$$

式中，$RF$ 为降雨；$SF$ 为降雪；$P$ 为观测的降水量；$rfcf$ 为降雨修正因子；$sfcf$ 为降雪修正因子；$pcorr$ 为普通降水修正因子；$cfmax$ 为雪的度日因子；$cfr$ 为冻结系数；$cfmax$ 为雪度日因子；$gmelt$ 为冰川冰的度日因子。

积雪及融雪模块产生的冰川和积雪融水与降雨之和作为土壤模块输入的总水量，用来模拟土壤含水量。土壤含水量是基于 $\beta$、$LP$ 和 $FC$ 三个参数进行计算的，其表达式为

$$\Delta Q / \Delta P = (SM / FC)^{\beta} \qquad (5\text{-}28)$$

式中，$\Delta Q / \Delta P$ 为径流系数；$SM$ 为土壤含水量；$FC$ 为最大土壤含水量；$\beta$ 为土壤参数。$LP$ 是蒸散发达到最大时的土壤含水量，参数 $LP$ 作为 $FC$ 的分数给出。$\Delta Q / \Delta P$ 和 $E_a / E_{pot}$ 与土壤含水量关系见图 5.21。

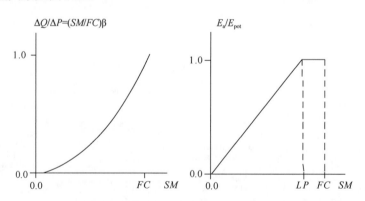

图 5.21　$\Delta Q / \Delta P$ 和 $E_a / E_{pot}$ 与土壤含水量关系

HBV 模型把径流形成过程概化为一个响应函数，该函数由一个上层非线性水库和一个下层线性水库组成（图 5.22）。

在该类模型中，径流过程通过上、下两个盒子来体现，如图 5.20 所示。上层响应盒子有两个出口，通过两个消退系数 $k_0$、$k_1$ 完成。只要上层盒子里有水，$k_1$ 就立即发挥作用，当上层储水量 UZ 超过 LUZ 时，上层盒子第一个出口排水将会形成直接径流，并从最表层出口流出。下层盒子根据 $k_2$ 表现为形成流域基流成分的地下水储存。上、下盒子的出流量 $Q_0$ 和 $Q_1$ 表达式为

$$Q_0 = k \cdot UZ^{(1+\alpha)} \qquad (5\text{-}29)$$

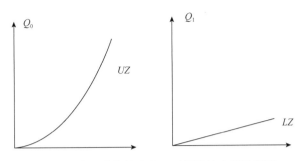

图 5.22　上层非线性水库、下层线性水库示意图

$$Q_1 = k_2 \cdot LZ \qquad (5\text{-}30)$$

式中，$Q_0$、$Q_1$ 为径流组成；$k$ 为壤中流消退系数；$k_2$ 为地下径流消退系数；$UZ$ 为表层含水层；$LZ$ 为地下含水层；$\alpha$ 为壤中流消退指数。$Q_0$、$Q_1$ 最后通过一个三角形权重函数 maxbas 对产生的径流过程进行过滤修匀（图 5.23）。

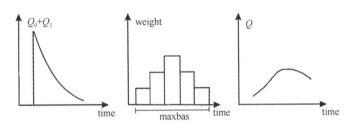

图 5.23　HBV 模型中径流的演变过程

## 5.4.2　模型输入和输出数据

模型输入数据包括气温和降水数据，模型参数率定时还需要某些站点的流量观测数据。此外，输入数据还包括描述流域地理信息的数据，如数字高程模型（DEM）、土地利用、植被类型等，根据这些数据进行子流域划分和连接、流域分带等计算。模型输出数据有径流量、降水量、融雪量、实际蒸发量、土壤含水量、地下水补给、径流系数等。模型用到的参数经过率定、校准过程确定。一般来说，HBV 模型至少需要 10～15 年的数据，校验需要 10 年以上的水文观测数据，率定需要 5 年以上的数据。表 5.5 列出了HBV 模型的输入数据和输出数据。

表 5.5　HBV 模型的输入数据和输出数据

| 输入数据 | 输出数据 |
| --- | --- |
| 降水时间序列 | 径流量或水库入流量 |
| 温度时间序列 | 面降水量 |
| 潜在蒸散发估算 | 积雪量 |
| 流量时间序列 | 消融量 |
| 流域地理信息（DEM、土地覆被） | 实际蒸发量 |
| 子流域划分和连接 | 土壤含水量 |
| | 地下水补给量、存储量 |

### 5.4.3 模型应用进展

1972 年，HBV 模型首次由瑞典国家气象和水文研究所提出，针对北欧寒区流域特点，用于径流模拟和水文预报（Bergström，1976）。1975 年，模型中加入了积雪和融雪模块，在瑞典国家北部某一流域试用并取得良好效果，同年传入挪威、芬兰等北欧国家。1986 年，在世界气象组织（WMO）关于融雪径流模拟的模型比较中，HBV 模型表现突出（WMO，1986）。1996 年，发布了 HBV-96 模型，实现了由集总式模型向分布式模型的转变（Lindström et al.，1997）。2000 年至今，SMHI 正在开发基于 HBV 模型的 10 天预报期欧洲洪水预报模型。

HBV 模型由于能以比较简单的形式来模拟径流形成过程，把由降水转换为径流的复杂过程简单地归纳为流域的蓄水容量与出流的关系进行模拟，使它具有很强的适应性。目前在欧洲国家，特别是在北欧，几乎每个流域都建立起了 HBV 模型（SMHI，2006）。

在我国，康尔泗（1995）开创了 HBV 水文模型在我国冰川流域的应用研究，他根据 HBV 模型的基本原理，率先对该模型进行了改进，将山区划分为高山冰雪冻土带和山区植被带两部分，分别模拟流域的产流量对降水量和气温的响应，然后通过一个流域集总的响应函数对出山口月径流量进行模拟，建立了我国西北干旱区内陆河出山径流的概念性水文模型，并应用该模型对祁连山北坡黑河年径流和月径流进行了预报，对下游水资源的合理调配与利用提供了科学参考和决策依据。张建新等（2007）应用 HBV 模型对我国东北地区乌苏里江一级支流挠力河洪水进行了预报，研究认为，HBV 模型对于中国东北多冰雪地区的洪水或水量预报是可行的。高红凯等（2011）应用含有冰川模块的 HBV 简化模型（HBV-Light）对长江源区冬克玛底河流域 1955~2008 年的冰川径流进行了模拟，结果表明模拟的年和月径流效果明显好于日径流效果，即年月尺度上的模拟径流深精度是可信的。

除了利用 HBV 模型进行冰雪融水径流研究，该模型还被广泛应用于我国中、东部地区河流径流研究。赵彦增等（2007）应用 8 年实测资料建立了淮河官寨河流域 HBV 模型，探讨了该模型在我国中部地区的适用性，从模型检验标准（确定性系数为 0.84，误差在 20%以内）看，模拟结果较为理想，可在我国推广应用。张洪斌等（2008）改进了 HBV 模型中的产汇流结构，对广东省韩江棠荆流域降雨径流进行了模拟，根据亚热带和热带地区水文特征，去掉冰雪融水量对产汇流的影响，增加了坡面产流和汇流模块，模型改进后的模拟和验证结果均比较理想，为今后拓展 HBV 模型在不同流域的应用提供有益借鉴。此外，靳晓莉等（2008）进行了 HBV 模型参数区域化研究，以东江流域为例，分别采用代理流域法和全局平均法来估计无资料流域的模型参数，结果表明这两种方法都能有效地对无资料流域的模型参数值进行估计，且效果较好。

### 5.4.4 西部典型流域冰川水文过程模拟与预估

冰川水文要素模拟对于深刻理解在气候变暖、冰川普遍处于退缩状态背景下，冰川流域尺度的水文循环和水资源管理尤为重要。雨雪冰产流补给河川径流是我国西北干旱区内陆河流域的共同特点，但雨雪冰产流贡献比例不同，并且受气候条件、流域特征的影响，不同流域具有不同的水循环过程特征。本节从以下方面介绍典型流域冰川变化对径流影响的评估模型（图 5.24）。

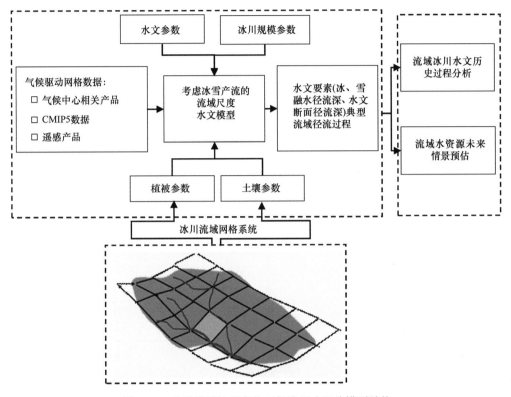

图 5.24　典型流域冰川变化对径流影响评估模型结构

## 1. 机理研究：流域冰川水文历史过程分析

以观测的气象数据为输入，以典型流域水文断面径流观测及可能的冰雪观测（冰川物质平衡、面积、积雪厚度等）数据为检验，应用上述 HBV 模型模拟历史时期冰川水文过程，分析不同径流组分（冰川冰、粒雪、新雪融水径流及降雨径流）和水文要素（降水、蒸发、冰雪径流等）的变化及其对流域径流的影响。

表 5.6 列出了模型需率定的参数。基于流域观测数据，采用手动试错法，通过不断改变参数值，直到找到一个与观测值相符合的参数值，且这些参数取值具有实际的物理意义，率定顺序遵从以下基本规则。

（1）调整 *sfcf*、*rfcf* 和 *fc* 数值去匹配春季和其他季节的流量过程线，这些参数主要影响产流量；

（2）调整 *tt*、*dttm*、*tti* 和 *cfmax* 数值。*tt+dttm* 参数决定了春季融雪开始的时间，主要影响流量过程线的起涨点，*cfmax* 影响消融期流量曲线斜率；

（3）调整 *fc*、*lp* 和 *beta* 数值去匹配夏季和秋季径流，*beta* 小则径流系数大，这 3

个参数亦影响产流量；

（4）调整 $k_4$、*perc*、*khq*、*hq* 和 *alfa*。这些参数影响流量过程线的形状，而不影响径流总量。*khq* 大，流量峰值高，流量过程线波动；*alfa* 大，流量峰值高，退水快。*perc* 和 $k_4$ 用来调整基流，*perc* 小基流小，$k_4$ 影响基流形状；

（5）调整 *maxbaz* 数值，该参数描述产流到流出水文断面时间的长短，用来反映径流响应的快慢，与流域面积大小和下垫面有关。

表 5.6　模型中需率定的模型参数

| 参数 | 含义（单位） | 参数 | 含义（单位） |
| --- | --- | --- | --- |
| *alfa* | 壤中流消退指数（—） | *khq* | 为 *hq* 对应的退水系数（d⁻¹） |
| *beta* | 土壤含水量参数（—） | *lp* | 潜在蒸散发上限（—） |
| *cflux* | 最大毛管上升水（mm/d） | *maxbaz* | 权重函数的演算长度（d） |
| *cfmax* | 雪度日因子［mm/（℃·d）］ | *pcalt* | 降水高程修正因子（—） |
| *cfr* | 冻结系数（—） | *perc* | 从表层到地下含水层的渗漏（mm/d） |
| *dttm* | 与 *tt* 加和作为雪融化的临界温度（℃） | *rfcf* | 降雨修正因子（—） |
| *ecalt* | 蒸发高程修正因子（—） | *sfcf* | 降雪修正因子（—） |
| *fc* | 最大土壤含水量（mm） | *tcalt* | 温度直减率（℃/100 m） |
| *gmelt* | 冰度日因子［mm/（℃·d）］ | *tt* | 区分雨、雪阈值温度（℃） |
| *hq* | 高流量参数（mm） | *tti* | 雨夹雪的气温步长（中值为 *tt*）（—） |
| $k_4$ | 地下径流退水系数（d⁻¹） | *whc* | 雪的持水能力（—） |

模型参数调试时，主要采用下列两项目标函数进行检验。

（1）反映流量过程吻合程度的模型效率系数 $R^2$，计算公式如下：

$$R^2 = \frac{\sum \left(QR - QR_{\text{mean}}\right)^2 - \sum \left(QC - QR\right)^2}{\sum \left(QR - QR_{\text{mean}}\right)^2} \tag{5-31}$$

式中，$QR$ 为实测流量；$QC$ 为模拟流量（m³/s）；$QR_{\text{mean}}$ 为实测流量的均值（m³/s）。$R^2$ 值越接近 1，模拟效果越好。

（2）反映总量模拟精度的多年径流相对误差 *RE*（%），计算公式如下：

$$RE = 100 \times \frac{\sum_{i=1}^{N} \left[QC(i) - QR(i)\right]}{\sum_{i=1}^{N} QR(i)} \tag{5-32}$$

式中，$QC$、$QR$ 意义与式（5-31）相同，*RE* 值越接近 0，模拟效果越好。

为降低参数的不确定性，除应用实测流量对模型进行约束外，还可应用冰川物质平衡数据对模型的雪冰模块参数进行多重标准检验。

基于模型模拟结果，对流域内径流水量平衡进行分析，从而获知流域内径流各组分的贡献率；同时，分析流域积雪量、土壤含水量、浅层地下水和深层地下水变化情况，这些蓄水量变化参数反映了流域的调节能力。如季节积雪像一个年调节水库，影响河流的年内分配；土壤对到达地面后的降水起到再分配的作用，地下水起到径流稳定作用。

## 2. 模拟预测：冰川退缩情景下流域水资源未来情景预估

基于 CMIP5 全球气候模式数据，采用降尺度技术，应用上述模型，并考虑冰川面积渐变过程，从而预估未来几十年典型流域不同冰川覆盖率背景下年内及年际径流变化过程，识别冰川退缩对出山径流变化的影响程度；在此基础上，与当前参考期（2000～2008 年）的径流做比较，分析未来预测期径流量及年内分布发生的变化，从而为典型流域未来水资源合理利用及开发提供理论参考。基于 HBV 模型的流域尺度水文模拟案例详见本书第 6 章第三节。

# 参 考 文 献

白重瑗. 1989. 天山乌鲁木齐河源冰川与空冰斗辐射气候的计算结果. 冰川冻土, 11(4): 336～349

高红凯, 何晓波, 叶柏生, 等. 2011. 1955-2008 年冬克玛底河流域冰川径流模拟研究. 冰川冻土, 33(1): 171～181

高鑫, 叶柏生, 张世强, 等. 2010. 1961～2006 年塔里木河流域冰川融水变化及其对径流的影响. 中国科学, 40(5): 654～665

蒋熹, 王宁练, 贺建桥, 等. 2009. 山地冰川表面分布式能量–物质平衡模型及其应用. 科学通报, 55(18): 1757～1765

靳晓莉, 张奇, 许崇育. 2008. 一个概念性水文模型的参数区域化研究——以东江流域为例. 湖泊科学, 20(6): 723～732

康尔泗, Atsumu Ohmura. 1994. 天山冰川作用流域能量、水量和物质平衡及径流模型. 中国科学(B 辑), 24(9): 983～991

康尔泗, 杨针娘, 赖祖铭, 等. 2000. 冰雪融水径流和山区河川径流. 见: 施雅风主编. 中国冰川与环境——现在、过去和未来. 北京: 科学出版社

康尔泗, 朱守森, 黄明敏. 1985. 托木尔峰地区的冰川水文特征. 见: 中国科学院登山考察队编. 天山托木尔峰地区的冰川与气象. 乌鲁木齐: 新疆人民出版社

康尔泗. 1995. 冰川作用流域能水平衡的径流模拟计算. 地理学报, 50(6): 552～561

李吉均, 苏珍. 1996. 横断山冰川. 北京: 科学出版社

刘巧, 刘时银. 2012. 冰川冰内及冰下水系研究综述. 地球科学进展, 27(6): 660～669

刘时银, 丁永建, 王宁练, 等. 1998. 天山乌鲁木齐河源 1 号冰川物质平衡对气候变化的敏感性研究. 冰川冻土, 20(1): 9～13

刘时银, 丁永建, 叶佰生, 等. 1996. 度日因子用于乌鲁木齐河源 1 号冰川物质平衡计算的研究. 第五届全国冰川冻土学大会论文集(上册)

蒲健辰. 1994. 中国冰川目录Ⅷ——长江水系. 兰州: 甘肃文化出版社

施雅风, 刘潮海, 王宗太, 等. 2005. 简明中国冰川编目. 上海: 上海科学普及出版社

施雅风. 2000. 中国冰川与环境——现在、过去和未来. 北京: 科学出版社

苏珍, 张文敬, 丁良福. 1985. 托木尔峰地区的现代冰川. 见: 中国科学院登山考察队主编. 天山托木尔峰地区的冰川与气象. 乌鲁木齐: 新疆人民出版社

杨针娘. 1991. 中国冰川水资源. 兰州: 甘肃科学技术出版社

叶柏生, 陈克恭, 施雅风. 1997. 冰川及其径流对气候变化响应过程的模拟模型——以乌鲁木齐河源 1 号冰川为例. 地理科学, 17(1): 32～40

张洪斌, 李兰, 赵英虎, 等. 2008. HBV 模型的改进与应用. 中国农村水利水电, 12: 70~75

张建新, 赵孟芹, 章树安, 等. 2007. HBV 模型在中国东北多冰雪地区的应用研究. 水文, 27(4): 31~34

张寅生, 康尔泗. 2000. 能量平衡与冰面微气候. 见: 施雅风主编.中国冰川与环境——现在、过去和未来.北京: 科学出版社

张寅生, 姚檀栋, 蒲健辰, 等. 1997. 青藏高原唐古拉山冬克玛底河流域水文过程特征分析. 冰川冻土, 19(3): 214~222

张勇, 刘时银, 上官冬辉, 等. 2005. 天山南坡科其卡尔巴契冰川度日因子变化特征研究. 冰川冻土, 27(3): 337~343

张勇, 刘时银. 2006. 度日模型在冰川与积雪研究中的应用进展. 冰川冻土, 28(1): 101~107

赵彦增, 张建新, 章树安, 等. 2007. HBV 模型在淮河官寨流域的应用研究. 水文, 27(2): 57~59

Arnold J, Srinivasan R, Muttiah R, et al. 1998. Large area hydrologic modeling and assessment part I: Model development. Journal of the American Water Resources Association, 34(1): 73~89

Arnold N S, Rees W G, Hodson A J, et al. 2006. Topographic controls on the surface energy balance of a high Arctic valley glacier. Journal of Geophysical Research, 111: F02011

Arnold N S, Willis C, Sharp M J, et al. 1996. A distributed surface energy balance model for a small valley glacier: I. Development and testing for Haut Glacier d' Arolla, Valais, Switzerland. Jouranl of Glaciology, 42(140): 77~89

Bahr D B, Meier M F, Peckham S D. 1997. The physical basis of glacier volume-area scaling. Journal of Geophysical Research, 102(B9): 20355~20362

Bahr D B. 1997. Global distributions of glacier properties: a stochastic scaling paradigm. Water Resources Research, 33: 1669~1679

Baker D, Escher-Vetter H, Moser H, et al. 1982. A glacier discharge model based on results from field studies of energy balance, water storage and flow. In: Glen J, eds. Hydrological Aspects of Mountain Areas, IAHS Publication No. 138: 103~112

Benn D I, Bolch T, Hands K, et al. 2012. Response of debris-covered glaciers in the Mount Everest region to recent warming, and implications for outburst flood hazards. Earth-Science Reviews, 114(1-2): 156~174

Benn D I, Lehmkuhl F. 2000. Mass balance and equilibrium-line altitudes of glaciers in high-mountain environments. Quaternary International, 65-66: 15~29

Benn D I, Owen L A. 2002. Himalayan glacial sedimentary environments: a framework for reconstructing and dating the former extent of glaciers in high mountains. Quaternary International, 97-98: 3~25

Bergström S. 1976. Development and application of a conceptional runoff model for Scandinavian catchments. Norrkoping, Sweden: Swedish Meterological and Hydrological Institute

Bergström S. 1976. Development and application of a conceptual runoff model for Scandinavian catchments. SMHI RHO 7. Norrköping. 134

Bliss A, Hock R, Radić V. 2014. Global response of glacier runoff to twenty-first century climate change. Journal of Geophysical Research, 119(4): 717~730

Braithwaite R J, Olesen O B. 1989. Calculation of glacier ablation from air temperature, West Greenland. In: Oerleamns J, eds. Glacier fluctuations and climatic change. Kluwer Academic Publishers

Braithwaite R J, Raper S C B. 2007. Glaciological conditions in seven contrasting regions estimated with the degree-day model. Annals of Glaciology, 46: 297~302

Braithwaite R J, Zhang Y. 2000. Sensitivity of mass balance of five Swiss glaciers to temperature changes assessed by tuning a degree-day model. Journal of Glaciology, 46(152): 7~14

Braun L N, Weber M, Schulz M. 2000. Consequences of climate change for runoff from Alpine regions. Annals of Glaciology, 31: 19~25.

Brock B W, Willis I C, Sharp M J, et al. 2000. Modelling seasonal and spatial variations in the surface energy balance of Haut Glacier d' Arolla, Switzerland. Annals of Glaciology, 31: 53~62

Chen J, Ohmura A. 1990. On the infl uence of Alpine glaciers on runoff. In: Lang H, Musy A. Hydrology of mountainous regions I. IAHS Publ., 193: 117～126

Cruz R V, Harasawa H, Lal M, et al. 2007. Asia. In: Parry M L, Canziani O F, Palutikof J P, et al., eds. Climate Change 2007: Impacts, Adaptation and Vulnerability. Cambridge, United Kingdom and New York, NY, USA: Cambridge University Press

Cuffey K M, Paterson W S B. 2010. The physics of glaciers. Oxford: Butterworth-Heinemann

Escher-Vetter H. 2000. Modelling meltwater production with a distributed energy balance method and runoff using a linear reservoir approach – results from Vernagtferner, Oetztal Alps, for the ablation seasons 1992 to 1995. Zeitschrift fur Gletscherkunde und Glazialgeologie, 36: 119～150

Finsterwalder S, Schunk H. 1887. Der Suldenferner. Zeitschrift des Deutschen und Oesterreichischen Alpenvereins, 18: 72～89.

Flowers G E. 2015. Modelling water low under glaciers and ice sheets. Proceedings of the Royal Society of London A: Mathematical, Physical and Engineering Sciences, 471(2176): 20140907

Fountain A G, Walder J S. 1998. Water fl ow through temperate glaciers. Reviews of Geophysics, 36: 299～328

Fujita K, Ageta Y. 2000. Effect of summer accumulation on glacier mass balance on the Tibetan Plateau revealed by mass-balance model. Jouranl of Glaciology, 46(153): 244～252

Fujita K. 2007. Effect of dust event timing on glacier runoff: sensitivity analysis for a Tibetan glacier. Hydrological Processes, 21(21): 2892～2896

Hagg W, Braun L N, Kuhn M, et al. 2007. Modelling of hydrological response to climate change in glacierized Central Asian catchments. Journal of Hydrology, 332: 40～53

Henneman H, Stefan H. 1999. Albedo models for snow and ice on a freshwater lake. Cold Regions Science and Technology, 29(1): 31～48

Hirabayashi Y, Döll P, Kanae S. 2010. Global-scale modeling of glacier mass balances for water resources assessments: Glacier mass changes between 1948 and 2006. Journal of Hydrology, 390: 245～256

Hirabayashi Y, Kanae S, Motoya K, et al. 2008. A 59-year(1948-2006)global near-surface meteorological data set for land surface models. Part I: Development of daily forcing and assessment of precipitation intensity. Hydrological Research Letters, 2: 36-40

Hirabayashi Y, Zhang Y, Watanabe S, et al. 2013. Projection of glacier mass changes under a high-emission climate scenario using the global glacier model HYOGA2. Hydrological Research Letters, 7(1): 6～11

Hock R, Holmgren B. 2005. A distributed surface energy-balance model for complex topography and its application to Storglaciären. Sweden. Journal of Glaciology, 51(172): 25～36

Hock R, Jansson P, Braun L N. 2005. Modelling the Response of Mountain Glacier Discharge to Climate Warming. In: Huber U M, Bugmann H K M, Reasoner M A, eds. 2005: Global Change and Mountain Regions(A State of Knowledge Overview), Springer, Dordrecht., 243～252

Hock R, Jansson P. 2005. Modelling Glacier Hydrology. In: Anderson M, eds. Encyclopedia of Hydrological Sciences. John Wiley & Sons, Ltd

Hock R, Noetzli C. 1997. Areal melt and discharge modelling of Storglacier, Sweden. Annals of Glaciology, 24: 211～216

Hock R. 1999. A distributed temperature-index ice- and snowmelt model including potential direct solar radiation. Journal of Glaciology, 45: 101～111

Hock R. 2003. Temperature index melt modelling in mountain areas. Journal of Hydrology, 282: 104～115

Hock R. 2005. Glacier melt: a review of processes and their modelling. Progress in Physical Geography, 29(3): 362～391

Huss M, Hock R. 2015. A new model for global glacier change and sea-level rise. Frontiers in Earth Science, 3

Huss M, Zemp M, Joerg P C, et al. 2014. High uncertainty in 21st century runoff projections from glacierized. Journal of Hydrology, 510: 35～48

Jansson P, Hock R, Schneider T. 2003. The concept of glacier storage: a review. Journal of Hydrology, 283: 116~129

Jeelani G, Feddema J J, van der Veen C J, et al. 2012. Role of snow and glacier melt in controlling river hydrology in Liddar watershed(western Himalaya)under current and future climate. Water Resources Research, 48(12): W12508

Kalra A, Ahmad S, Nayak A. 2013. Increasing streamflow forecast lead time for snowmelt-driven catchment based on large-scale climate patterns. Advances in Water Resources, 53: 150~162

Kayastha R B, Takeuchi Y, Nakawo M, et al. 2000. Practical prediction of ice melting beneath various thickness of debris cover on Khumbu Glacier, Nepal, using a positive degree-day factor. IAHS Publ., 264: 71~81

Klok E, Oerlemans J. 2002. Model study of the spatial distribution of the energy and mass balance of Morteratschgletscher, Switzerland. Journal of Glaciology, 48: 505~518

Kondo J. 1994. Meteorology of Water Environment. Tokyo: Asakura

Lejeune Y, Bertrand J M, Wagnon P, et al. 2013. A physically based model of the year-round surface energy and mass balance of debris-covered glaciers. Jouranl of Glaciology, 59(214): 327~344

Liang X, Wood E, Lettenmaier D. 1996. Surface soil moisture parameterization of the VIC-2L model: Evaluation and modification. Global and Planetary Change, 13(1-4): 195-206

Lindström G, Johansson B, Persson M, et al. 1997. Development and test of the distributed HBV-96 hydrological model. Journal of Hydrology, 201(1-4): 272~288

Liu Q, Liu S. 2015. Response of glacier mass balance to climate change in the Tianshan Mountains during the second half of the twentieth century. Climate Dynamics

Liu S, Zhang Y, Zhang Y S, et al. 2009. Estimation of glacier runoff and future trends in the Yangtze River source region, China. Journal of Glaciology, 55(190): 353~362

Marzeion B, Jarosch A H, Hofer M. 2012. Past and future sea-level change from the surface mass balance of glaciers. The Cryosphere, 6: 1295~1322.

Mattson L E, Gardner J S, Young G J. 1993. Ablation on debris covered glaciers: an example from the Rakhiot Glacier, Punjab, Himalaya. IAHS Publ. No. 218(Symposium at Kathmandu 1992-Snow and Glacier Hydrology), 289~296

Mihalcea C, Brock B W, Diolaiuti G, et al. 2008. Using ASTER satellite and ground-based surface temperature measurements to derive supraglacial debris cover and thickness patterns on Miage Glacier. Cold Regions Science and Technology, 52: 341~354

Mölg T, Cullen N J, Hardy D R, et al. 2008. Mass balance of a slope glacier on Kilimanjaro and its sensitivity to climate. International Journal of Climatology, 28: 881-892

Mölg T, Cullen N J, Kaser G. 2009. Solar radiation, cloudiness and longwave radiation over low-latitude glaciers: implications for mass balance modeling. Journal of Glaciology, 55(190): 292~302.

Nakawo M, Rana B. 1999. Estimate of ablation rate of glacier ice under a supraglacial debris layer. Geografiska Annaler, 81A: 695~701

Nakawo M, Young G J. 1981. Field experiments to determine the effect of a debris layer on ablation of glacier ice. Annals of Glaciology, 2: 85~91

Nakawo M, Young G J. 1982. Estimate of glacier ablation under a debris layer from surface temperature and meteorological variables. Jouranl of Glaciology, 28(98): 29~34

Nicholson L, Benn D I. 2006. Calculating ice melt beneath a debris layer using meteorological data. Jouranl of Glaciology, 52(178): 463~470

Nicholson L, Benn D I. 2013. Properties of natural supraglacial debris in relation to modelling sub-debris ice ablation. Earth Surface Processes and Landforms, 38(5): 490~501

Oerlemans J, Fortuin J P F. 1992. Sensitivity of Glaciers and Small Ice Caps to Greenhouse Warming. Science, 258: 115~117

Oerlemans J. 1993. Evaluating the role of climate cooling in iceberg production and the Heinrich events.

Nature, 364: 783～786

Oerlemans J. 2001. Glaciers and Climate Change. A.A. Balkema Publishers

Ohmura A. 2001. Physical Basis for the Temperature–Based Melt-Index Method. Journal of Applied Meteorology, 40: 753～761

Østrem G. 1959. Ice melting under a thin layer of moraine and the existence of ice cores in moraine ridges. Geografiska Annaler, 41: 228～230

Pan B, Zhang G, Wang J, et al. 2012. Glacier changes from 1966–2009 in the Gongga Mountains, on the south-eastern margin of the Qinghai-Tibetan Plateau and their climatic forcing. The Cryosphere, 6: 1087～1101

Paul F, Svoboda F. 2010. A new glacier inventory on southern Baffin Island, Canada, from ASTER data: II. Data analysis, glacier change and applications. Annals of Glaciology, 50(53): 22～31

Radić V, Hock R. 2011. Regionally differentiated contribution of mountain glaciers and ice caps to future sea-level rise. Nature Geoscience, 4: 91～94

Radić V, Hock R. 2014. Glaciers in the Earth's Hydrological Cycle: Assessments of Glacier Mass and Runoff Changes on Global and Regional Scales. Survey of Geophysics, 35(3): 813～837

Radić V, Hock R, Oerlemans J. 2007. Volume–area scaling vs flowline modelling in glacier volume projections. Annals of Glaciology, 46: 234～240

Raper S C B, Braithwaite R J. 2006. Low seal level rise projections from mountain glaciers and icecaps under global warming. Nature, 439: 311～313

Reid T D, Brock B W. 2010. An energy-balance model for debris-covered glaciers including heat conduction through the debris layer. Journal of Glaciology, 56(199): 903～916

Reid T D, Carenzo M, Pellicciotti F, et al. 2012. Including debris cover effects in a distributed model of glacier ablation. Journal of Geophysical Research, 117: D18105

Richardson S D, Reynolds J M. 2000. Degradation of ice-cored moraine dams: implications for hazard development. In: Raymond C F, Nakawo M, Fountain A, eds. Debris-Covered Glaciers, Proceedings from a worshop held at Seattle, WA, USA, IAHS Publication, Wallingford, UK

Röhl K. 2008. Characteristics and evolution of supraglacial ponds on debris-covered Tasman Glacier, New Zealand. Journal of Glaciology, 54: 867～880

Sakai A, Takeuchi N, Fujita K, et al. 2000. Role of supraglacial ponds in the ablation processes of a debris-covered glacier in the Nepal Himalyas. In: Raymond C F, Nakawo M, Fountain A, eds. Debris-Covered Glaciers, Proceedings from a worshop held at Seattle, WA, USA, IAHS Publication, Wallingford, UK

Shi Y, Liu S. 2000. Estimation on the response of glaciers in China to the global warming in the 21st century. Chinese Science Bulletin, 45: 668～672

Stahl K, Moore R D, Shea J M, et al. 2008. Coupled modelling of glacier and streamflow response to future climate scenarios. Water Resources Research, 44: W02422

Suzuki R, Fujita K, Ageta Y. 2007. Spatial distribution of the thermal properties on debris-covered glaciers in the Himalayas derived from ASTER data. Bulletin of Glaciological Research, 24: 13-22

Swedish Meteorological and Hydrological Institute (SMHI). Integrated hydrological modelling system (IHMS): manual version 5.10. Norrkoping: SMHI

Takeuchi Y, kayastha R B, Nakawo M. 2000. Characteristics of ablation and heat balance in debris-free and debris-covered areaas on Khumbu Glacier, Nepal Himalayas, in the pre-monsoon season. In Raymond CF, Nakawo M, Fountain A, eds. Debris-Covered Glaciers, Seattle, WA, USA, AHS Publication, Wallingford, UK

van de Wal R S W, Wild M. 2001. Modelling the response of glaciers to climate change, applying volume-area scaling in combination with a high resolution GCM. Climate Dynamics, 18: 359～366

Vaughan D G, Comiso J C, Allison I, et al. 2013. Observations: Cryosphere. In: Stocker T F, Qin D, Plattner G-K, et al., eds. Climate Change 2013: The Physical Science Basis Contribution of Working Group I to the Fifth Assessment Report of the Intergovernmental Panel on Climate Change. New York: Cambridge University Press

WGMS. 2014. Fluctuations of Glaciers Database World Glacier Monitoring Service, Zurich, Switzerland

WMO. 1986. Intercomparison of models of snowmelt runoff. Operational Hydrology Report No. 23. Geneva.

Wright A P, Wadham J L, Siegert M J, et al. 2007. Modeling the refreezing of meltwater as superimposed ice on a high Arctic glacier: A comparison of approaches. Journal of Geophysical Research: Earth Surface, 112: F04016

Yao T, Thompson L, Yang W, et al. 2012. Different glacier status with atmospheric circulations in Tibetan Plateau and surroundings. Nature Climate Change, 2: 663～667

Yao T, Wang Y, Liu S, et al. 2004. Recent glacial retreat in High Asia in China and its impact on water resource in Northwest China. Science in China Series D: Earth Sciences, 47(12): 1065～1075

Yatagai A, Kamiguchi K, Arakawa O, et al. 2012. APHRODITE: Constructing a Long-Term Daily Gridded Precipitation Dataset for Asia Based on a Dense Network of Rain Gauges. Bulletin of the American Meteorological Society, 93(9): 1401～1415

Ye B, Ding Y, Liu F, et al. 2003. Responses of various-sized alpine glaciers and runoff to climatic change. Journal of Glaciology, 49(164): 1～7

Zemp M, Thibert E, Huss M, et al. 2013. Reanalysing glacier mass balance measurement series. The Cryosphere, 7(4): 1227～1245

Zhang Y, Fujita K, Liu S, et al. 2011. Distribution of debris thickness and its effect on ice melt at Hailuogou Glacier, southeastern Tibetan Plateau, using in situ surveys and ASTER imagery. Jouranl of Glaciology, 57(206): 1147～1157

Zhang Y, Hirabayashi Y, Fujita K, et al. 2016. Heterogeneity in supraglacial debris thickness and its role in glacier mass changes of the Mount Gongga. Science China: Earth Sciences, 59(1): 170～184

Zhang Y, Hirabayashi Y, Liu Q, et al. 2015. Glacier runoff and its impact in a highly glacierized catchment in the southeastern Tibetan Plateau: past and future trends. Journal of Glaciology, 61(228): 713～730

Zhang Y, Hirabayashi Y, Liu S. 2012. Catchment-scale reconstruction of glacier mass balance using observations and global climate data: Case study of the Hailuogou catchment, south-eastern Tibetan Plateau. Journal of Hydrology, 444-445: 146～160

Zhang Y, Liu S, Ding Y. 2006. Observed degree-day factors and their spatial variation on glaciers in western China. Annals of Glaciology, 46: 301～306

Zhang Y, Liu S, Ding Y. 2007. Glacier meltwater and runoff modelling, Keqicar Baqi glacier, southwestern Tien Shan, China. Journal of Glaciology, 53(180): 91～98

Zuo Z, Oerlemans J. 1996. Modelling albedo and specific balance of the Greenland ice sheet: Calculations for the Sondre Stromfjord transect. Journal of Glaciology, 42(141): 305～317

# 第6章 中国冰川水资源

冰川融水径流是地表水资源的重要组成部分。在气候变暖、冰川退缩减薄背景下，认识冰川流域水循环过程及其控制机理，定量评估冰川变化对水资源的影响及趋势预估，对促进我国西部水资源合理利用有重要的理论和现实意义。本章首先对过去的冰川水资源评估概况、冰川径流空间分布及融水径流峰值可能出现的时间进行了系统梳理；其次，基于最新完成的中国第二次冰川编目、大尺度再分析数据和0℃层高度信息，对冰川储量和冰川融水量进行了系统更新。之后，介绍了基于改进的流域水文模型，以典型流域为研究对象，探讨了不同冰川覆盖率流域冰川径流变化过程及其趋势。

## 6.1 冰川水资源评估历史

### 6.1.1 概况

中国冰川资源丰富，冰川融水在河川径流构成和调节方面占有重要地位。20世纪90年代初期，我国著名寒区水文学者杨针娘（1988）通过对1958年以来的冰川水文短期野外考察资料、中国第一次冰川编目和大量水文气象站资料的整理，综合运用冰川融水径流模数法、流量和气温关系法、对比观测实验法，估算出我国年平均冰川融水径流总量约为 $563.43 \times 10^8 \, \mathrm{m^3}$，占全国河川径流量的 2.2%左右，相当于黄河多年平均入海径流量，并出版了我国第一部有关冰川水资源的专著——《中国冰川水资源》。在此基础上，康尔泗（2000，2009）经修正，估计中国年冰川融水径流总量为 $604.65 \times 10^8 \, \mathrm{m^3}$，其中，38.7%来源于内流河水系，61.3%来源于外流河水系。此外，谢自楚（2006）采用冰川系统模型冰川平衡线高度处消融与夏季气温关系亦做了估算，得到1980年全国冰川总径流量为 $615.7 \times 10^8 \, \mathrm{m^3}$，略高于杨针娘和康尔泗的计算结果。

自20世纪90年代以来，姚檀栋、刘时银、丁永建、叶柏生、张世强、苏凤阁等学者对我国冰川变化对水文过程、水资源影响及未来径流预测开展了大量研究工作（表6.1）。姚檀栋等（2004）指出，近十几年来中国西部冰川呈现出加速退缩之势，对中国西部的江、河、湖、沼已产生明显影响；近40年来我国冰川储量减少了450～590 km³，估计20世纪90年代以来的冰储量减少导致西北地区冰川径流量增加已超过5.5%，并已对中国西北干旱区水资源产生了重大影响。刘时银等（1996）在国内率先应用度日因子法计算了乌鲁木齐河源1号冰川物质平衡，该方法是目前冰川消融和径流估算中最常用也是最简便的方法之一，不仅应用于冰川，还被广泛应用于融雪径流的研究中。之后Liu 等（2009）应用该方法计算了长江源区1961～2000年的冰川径流，发现这一时期冰川融水占河流总径流的 11%，且近几年来随着冰川的持续退缩，冰川融水径流对河流补给比例在增加；基于全球气候模式 ECHAM5/MPI-OM 预测的气候情景，长江源区冰川径流预估在 2001~2050 年将表现出显著增大趋势，其中，年内变化表现为春季和夏初径流增加，夏末径流显著减少。Ye 等（1997，2003）运用一维冰流模型对伊犁河流域不同规模冰川径流对气候变暖的响应进行了研究，结果表明冰川径流有一个先增大后减小的过程，径流峰值大小和出现时间取决于升温速率和冰川规模，即升温越快，峰值越高且出现时间越早；冰川规模越小，冰川径流对气温变化越敏感。Zhang 等（2007a，2007b，2012）在冰川径流模拟方面做了诸多研究工作，如应用度日模型对长江源区沱沱河流域冰川及其融水径流变化进行了估算，该方法同时被应用于科其卡尔冰川融水径流模拟。此外，Zhang 等（2015）应用能量-物质平衡模型，基于 10 个 CMIP5 模式情景数据（RCP4.5 和 RCP8.5）模拟了藏东南贡嘎山海螺沟流域过去和未来冰川径流变化及其对河流径流的影响，这一流域的特征是冰川覆盖率高（45.3%），表碛分布较多。冰川径流在 1952~2013 年占流域总径流成分的比重为 53.4%；未来冰川和河流径流因两种情景预估数据在 20 世纪 50 年代后期差别大，变化趋势及冰川径流在河流径流中的作用不同；表碛覆盖与无表碛覆盖对冰川消融速率的对比试验分析表明，表碛覆盖区总体上消融量增大更突出，约占总径流的 8.1%。

随着计算机技术的快速发展，有不少学者将水文模型应用于冰川水资源评估。Luo 等（2013）结合冰川水文学理论方法拓展了 SWAT 模型对冰川水文过程的模拟能力，将冰川作为独立的水文响应单元，即冰川响应单元，利用冰川体积-面积经验公式以及冰川面积-高程分布曲线，更新冰川面积以及高程分布的变化，并将其应用于天山北麓玛纳斯河流域，结果表明 1961~1999 年期间玛纳斯河流域冰川面积退缩 11%，冰川融水径流对河川径流贡献高达 25%。Wang 等（2015）基于上述改进的含冰川产流模块 SWAT 模型，结合气温和降水的趋势分析情景数据，定量分析了天山阿克苏河上游昆马力克河流域（协和拉水文站控制）气候变化对河流径流的影响，发现该流域径流总量在 1961~2005 年增加了 4.4%，气温和降水增加贡献分别为 2.5% 和 1.9%，总径流和冰川消融表现为增大，而积雪径流有所减少。Sun 等（2015）运用 HBV-SMHI 模型，基于观测的气温和降水数据以及 RegCM3 区域气候模式数据，并结合不同冰川变化情景，对 21 世纪中期天山北麓乌鲁木齐河源水资源变化进行预估，认为冰川变化对流域水资源及年内分配产生影响，当冰川面积减少一半时，未来河流流量有小幅减少；若冰川全部消失，未来河流流量将显著减少，流量峰值将由目前的 7~8 月提前到 5 月。

此外，Zhao 等（2015）应用 VIC 陆面过程模型，模拟了天山南麓昆马力克河径流对冰川退缩及气候变暖的响应，结果表明该流域在 1990~2007 年冰川总面积减少了13.2%，预估到 21 世纪中期，冰川面积退缩将超过 30%，夏季冰川融水量将减少，河流径流也会下降，年总流量减少幅度为 2.8%~19.4%。Zhang 等（2013）亦应用 VIC 模型及径流与气象要素回归法分析了青藏高原六大河流上游流量变化并对其模拟，研究结果表明：季风性降水是维持青藏高原东南地区季节性径流的主导因素，贡献比例为 65%~78%；对印度河上游而言，径流变化很大程度上受冰川融水和春、夏季的积雪影响，冰

表 6.1　中国西部地区主要河流的冰川水资源比较

| 流域 | 控制水文站 | 集水面积/km² | 冰川面积/km² | 冰川覆盖率/% | 冰川储水量/10⁸m³ | 冰川年融水量/10⁸m³ | 河流年径流量/10⁹m³ | 冰川融水贡献率/% | 参考文献 |
|---|---|---|---|---|---|---|---|---|---|
| 石羊河 | 杂木寺 | 851 | 3.9 | 0.45 | | | | 1.4 | Zhang 等，2015 |
| | 南营 | 841 | 6.7 | 0.8 | | | | 3.1 | Zhang 等，2015 |
| | 九条岭 | 1077 | 19.8 | 1.84 | | | | 7 | Zhang 等，2015 |
| | 沙沟寺 | 1614 | 34.4 | 2.1 | 10.65 | 0.32 | 3.69 | 9.9 | Zhang 等，2015 |
| 北大河 | | 6883 | 136.67 | 1.99 | 38.79 | 0.81 | 6.6 | 12.3 | Zhang 等，2015 |
| 叶尔羌河 | 卡群 | 50248 | 5574.18 | 11.09 | 5962.04 | 41.44 | 64.5 | 64.2 | Zhang 等，2015 |
| 玛纳斯河 | 肯斯瓦特 | 5119 | 716.7 | 14 | 351.56 | 4.42 | 12.2 | 25 | Luo 等，2013 |
| 乌鲁木齐河 | 1 号冰川 | 3.34 | 1.67 | 50 | | | 0.002 | 67 | Sun 等，2012 |
| | 总控 | 28.9 | 5.7 | 19.7 | | | 0.013 | 40.5 | Sun 等，2015 |
| 伊犁河 | 特克斯 | 27671 | 1511 | 5.5 | | | | 9.8 | Xu 等，2015 |
| 阿克苏河 | 沙里桂兰克 | 18400 | 980 | 5.3 | | | | 29.2 | Zhao 等，2012 |
| | 协和拉 | 12800 | 3200 | 25 | | | | 58.6 | Zhao 等，2012 |
| | 协和拉 | | | 22 | | | | 52 | Wang 等，2015 |
| 黄河 | 唐乃亥 | 121972 | 134.16 | 0.11 | | | | 0.8 | Zhang 等，2014 |
| | 唐乃亥 | 140000 | 1060.2 | 0.75 | | | | 17.5 | Li 等，2014 |
| 长江 | 直门达 | | 1276.06 | 0.9 | 1004 | 422 | | 11 | Liu 等，2009 |
| | 直门达 | 137704 | 1308.19 | 0.95 | | | | 6.5 | Su 等，2015 |
| 藏东南海螺沟 | | 80.5 | 36.44 | 45.3 | | | | 53.4 | Zhang 等，2015 |
| 湄公河 | 昌都 | 53800 | 225.96 | 0.42 | | | | 1.4 | Su 等，2015 |
| 萨尔温江 | 嘉玉桥 | 69384 | 1151.58 | 1.7 | | | | 4.8 | Su 等，2015 |
| 布拉马普特拉河 | 奴下 | 191235 | 4225.2 | 2.1 | | | | 11.6 | Su 等，2015 |
| 印度河 | Besham | 164867 | 15325.2 | 9.46 | | | | 48.2 | Su 等，2015 |

川融水比例为 48%；黄河和湄公河冰川融水径流比例不到总径流的 2%，长江和萨尔温江冰川径流占 5%～7%，布拉马普特拉河冰川融水占 12%。在此基础上，Su 等（2015）结合 20 个 CMIP5 GCM 三种情景（RCP2.6，RCP4.5，RCP8.5）预估数据，同样应用 VIC 模型评估了青藏高原上述六大主要河流源区未来气候变化对其水资源的影响。在整个高原尺度上，预测的年降水和气温都有增加趋势，其中，青藏高原西北增温幅度最大为 2.0～4.0℃；增温幅度最小出现在藏东南地区，为 1.2～2.8℃；流域径流在近期（2011～2040 年）保持稳定或是有一个小幅度的增加，远期（2041～2070 年）相对于基准期（1971～2000 年）径流增加 2.7%～22.4%。液态降水增加是导致黄河、长江、萨尔温江和湄公河上游径流增加的主要原因，而在印度河上游则是增强的冰川消融；在更长时间尺度上，布拉马普特拉河上游增加的 50%以上径流都源于冰川消融的增强。从年内水文过程来看，在所有季风主导的流域，年内径流分布特征没有显著变化，然而在西风环流控制的印度河上游流域，三种情景下都明显地呈现出消融期提前和春季径流增加趋势。

总结近 30 余年工作，冰川水资源评估大多局限在流域尺度上，应用水文模型研究成为热点。随着中国第二次冰川编目工作的完成，亟待评估过去 40 年间面向整个中国西部地区冰川水资源状况及其变化。

### 6.1.2　冰川径流空间分布

冰川作为高山固态水库，在低温多雨年份，能将天然降水以固态形式储存在高山上；在干旱年份和高温条件下又可提供大量冰川融水，增加河川径流。对于我国西北干旱半干旱地区的主要河流而言，冰川融水的补给作用至关重要。

冰川融水径流对河流的补给比重是指流域的冰川融水量与该流域河流的径流量之比，同一流域冰川径流补给比重随流域参考断面位置不同而不同，但多以出山口水文断面为参考。冰川融水径流对河流的补给比重不仅与气候变化有关，而且与流域内的冰川发育程度有关。图 6.1 为不同冰川覆盖率条件下的融水径流贡献，两者之间呈对数函数关系，即随着冰川覆盖率增加，冰川融水径流补给比重相应增加，但冰川覆盖率低于 10%左右之前是快速增加，之后冰川融水径流补给比重增加相对缓慢。当冰川覆盖率大于 5%时，冰川融水径流贡献通常在 30%以上；当冰川覆盖率大于 22%时，冰川融水径流可占河川径流的一半以上。冰川覆盖率与冰川融水径流补给比重关系如下式所示：

$$y=12.242\ln x+12.328 \tag{6-1}$$

式中，$y$ 为冰川融水径流对河川径流的贡献（%）；$x$ 为流域冰川覆盖率（%）。

需要指出的是，式（6-1）虽然反映出我国冰川融水径流比重与冰川覆盖率关系，但因站点少，参数有限，由此在分析我国西部山区冰川的消融补给规律时，其精度相应会受到一定的影响。尽管如此，这仍不失为估算冰川融水径流贡献的途径之一，但有待于在积累和补充资料的基础上不断修正和完善。

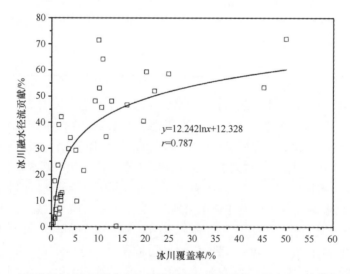

图 6.1　不同流域（冰川覆盖率）的冰川融水径流贡献（据表 6.1 中数据绘制）

在我国西部山区，各流域冰川融水径流对河流的补给比重差异极大（图 6.2）。在祁连山区，自东向西随着干旱度上升和冰川覆盖率增加，冰川融水径流比重呈上升趋势。刘潮海等（2002）认为，在祁连山冰川融水补给比例由东段 10%以下向西上升为 30%；另据 Zhang 等（2015）的研究，位于祁连山东段的石羊河流域冰川融水径流比重介于 1.4%~9.9%，黑河流域为 7.6%，北大河流域为 12.3%；西段疏勒河和党河流域冰川融

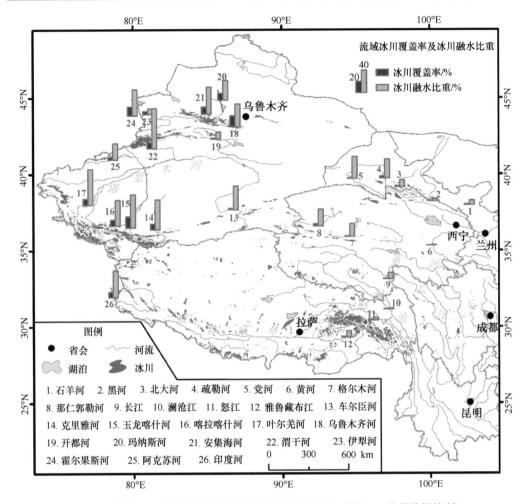

图 6.2　中国西部各流域冰川覆盖率和冰川融水比重（据表 6.1 中的数据绘制）

水径流比重显著上升，分别为 34.1% 和 39.1%。柴达木盆地西侧格尔木河和那棱格勒河流域随着海拔上升，冰川融水径流比重虽低于祁连山西段，但仍占到河川径流的 23.5%～29.8%。图 6.2 的另一显著特征是位于新疆维吾尔自治区的塔里木盆地和准噶尔盆地主要河流都具有较高的冰川融水径流比重，如塔里木河冰川融水补给平均可达 40.3%（杨针娘，1991）；在昆仑山北坡西段补给比例则高达 60% 左右（刘潮海等，2002），克里雅河、玉龙喀什河和喀拉喀什河冰川融水径流比重都超过 45.7%；喀喇昆仑山东北坡的叶尔羌河和天山南坡的渭干河冰川融水径流比重则高达 64.2% 和 71.5%；天山北坡的乌鲁木齐河、玛纳斯河和安集海河冰川融水径流比重虽小于上述塔里木盆地的几条河流，但其数值也均大于 34.5%。与内流水系相比，冰川融水径流对外流水系的补给比重较低，其原因是除印度河外，其他外流水系多处于季风或北冰洋水汽影响区，降水对河流的补给作用较强。这就造成青藏高原东南部的雅鲁藏布江和怒江（境外称萨尔温江）冰川融水径流量虽较大，但其补给比重尚不足 12%，其中，雅鲁藏布江为 11.6%，怒江为 4.8%；澜沧江（境外称湄公河）和印度河流域冰川融水径流量基本相当，但前者位于降水丰富的藏东南地区，而后者则位于干旱少雨的高寒地区，致使印度河流域冰川融水补给比重高达 48.2%，澜沧江仅为 1.4%；黄河由于其流域内冰川面积较小，冰川融水径流量和所占比重最少，仅为 0.8%。整体而言，冰川融水对于我国内流水系的补给比重大于外流水系，这也进一步说明冰川水资源对于我国西北内陆干旱区，尤其是甘肃河西走廊、新疆塔里木盆地和准噶尔盆地生态环境建设与社会经济可持续发展的重要性。

### 6.1.3 融水径流变化预估

冰川融水径流峰值可能出现的时间与冰川规模和空间分布、冰川类型、升温速率等有关。随着气候变暖，冰川出现变薄后退，初期以变薄为主，融水量增加，后期冰川面积大幅度减少，融水量衰退，届时冰川萎缩会削弱或大大削弱冰川融水对河川径流的调节作用。施雅风（2001）基于中国第一次冰川编目统计数据，选择若干区域预估了 2050 年左右冰川萎缩对水资源的影响情景，结果表明在祁连山北麓河西地区、天山北麓准噶尔盆地南缘和天山南麓吐哈盆地等地区，由于小冰川占绝对优势，对气候变暖最为敏感，因此衰退迅速，在 21 世纪初期出现融水高峰，中期融水量减少；但在少数流域（如疏勒河、玛纳斯河等），由于若干 5～30km$^2$ 中等规模冰川的存在，冰川融水量占河川径流 33% 以上，预计到 21 世纪中期才出现融水峰值。塔里木盆地是我国最大的内流水系，其冰川面积（19889km$^2$）和冰储量（2313km$^3$）分别占我国西北内流区冰川总面积的 56% 和冰储量的 65%，该流域大冰川数量众多，冰川融水占河川总径流的 40% 以上，预期在 2050 年前冰川融水一直处于增长状态。位于柴达木盆地的水系集中了祁连山西南部、昆仑山中段北坡的冰川融水，受极大陆型冰川消融强度低影响，冰川融水补给比例为 11.4%，预估冰川融水高峰将出现在 2030～2050 年。在青藏高原内陆流域，这里的冰川全部为极大陆型冰川，冰川融水补给比重约为 15%，预期到 21 世纪 50 年代冰川融水量将持续增长。谢自楚等（2006）同样基于中国冰川编目资料，应用冰川系统理论对中国西部各大流域冰川及其径流变化做了预测，研究表明，在升温 0.02K/a 及 0.03K/a 情景下，冰川径流将在 2030 年左右达到峰值，2030 年以后冰川径流开始从高峰缓慢回落，到 2050 年分别比 1980 年的流量增加 8.6% 和 13.6%；如果出现极端的持续高温，如升温速率为 0.05K/a，冰川径流增率可达 26.5%，21 世纪末回落到 1980 年的水平。Zhang 等（2012，2015）基于月尺度度日模型，对祁连山、喀喇昆仑山部分水系冰川径流峰值可能出现的时间进行了研究，认为祁连山石羊河流域冰川融水径流峰值大约出现在 2000 年，北大河冰川径流峰值出现时间为 2020～2030 年，而叶尔羌河的冰川径流峰值出现在 2050 年左右。

未来气候变化对我国西部各个流域冰川融水径流峰值出现时间、影响程度及表现形式不同。总结认为，以小冰川为主的流域冰川融水峰值出现在 21 世纪前期，而以中型和大型冰川占主导的流域冰川融水最大值将出现在 21 世纪中期或更晚时间，即冰川融水径流变化与冰川规模分布、变化特征以及融水所占河川径流的比例不同关系密切。

## 6.2 冰川水资源现状评估

冰川是高山地区特殊气候条件下大气降水以固态形式长期积累和演变并长期存在地表的特有产物，是水资源的重要组成部分。冰川水资源包括固态的冰川储量和液态的冰川融水量两种（杨针娘，1988）。本节从静态的冰储量和动态的冰川融水量两个方面展开评估。

## 6.2.1 冰川冰储量估算

冰川冰储量是评估冰川水资源的基础数据。中国第一次冰川编目统计结果表明，20世纪60～80 年代我国共有冰川 46377 条，总面积为 59425 $km^2$，冰储量为 5600 $km^3$，仅次于加拿大、俄罗斯和美国（施雅风等，2008）。为充分了解和认识我国冰川资源分布和变化状况，2006 年科技部启动了科技基础性工作专项"中国冰川资源分布及其变化调查"项目，至 2012 年科研人员完成了占全国冰川总面积85.53%地区的冰川数据更新，初步形成了我国第二次冰川编目数据集（详见本书第 3 章）。经统计，21 世纪初期我国冰川条数共 48571 条，面积 51766 $km^2$，冰储量约 4494 $km^3$（刘时银等，2015）。在中国第二次冰川编目数据集中，冰川冰储量计算分别采用 Radić 和 Hock（2010）、Grinsted（2013）、Liu 等（2003）提出的冰川面积-冰储量经验公式：

$$V = 0.0365 \cdot A^{1.375} \tag{6-2}$$
$$V = 0.0433 \cdot A^{1.29} \tag{6-3}$$
$$V = 0.04 \cdot A^{1.35} \tag{6-4}$$

式中，$V$ 为冰川冰储量（$km^3$）；$A$ 为冰川面积（$km^2$）。

利用上述三个经验公式估算的各山系冰川冰储量结果见表 6.2。总体来看，基于 Liu 等（2003）提出的冰川面积-冰储量经验公式计算结果最大（5151.31 $km^3$），利用 Grinsted

表 6.2 不同经验公式估算的冰储量及误差比较

| 山系/高原 | 冰川储量/$km^3$ | | | 误差/% | |
| --- | --- | --- | --- | --- | --- |
| | Radić 和 Hock | Grinsted | Liu 等 | 最小 | 最大 |
| 阿尔泰山 | 10.28 | 10.71 | 10.38 | 3.9 | 4.1 |
| 穆斯套岭 | 0.37 | 0.42 | 0.35 | 17.5 | 21.1 |
| 天山 | 781.86 | 684.13 | 890.29 | 23.2 | 30.1 |
| 喀喇昆仑山 | 625.62 | 556.73 | 703.31 | 20.8 | 26.3 |
| 帕米尔高原 | 171.63 | 161.03 | 185.56 | 13.2 | 15.2 |
| 昆仑山 | 1174.19 | 1061.73 | 1303.69 | 18.6 | 22.8 |
| 阿尔金山 | 14.71 | 16.00 | 14.38 | 10.1 | 11.3 |
| 祁连山 | 81.35 | 87.60 | 80.21 | 8.4 | 9.2 |
| 唐古拉山 | 141.96 | 138.54 | 149.27 | 7.2 | 7.7 |
| 羌塘高原 | 169.72 | 164.29 | 179.36 | 8.4 | 9.2 |
| 冈底斯山 | 52.32 | 59.30 | 49.94 | 15.8 | 18.7 |
| 喜马拉雅山 | 507.65 | 491.71 | 536.75 | 8.4 | 9.2 |
| 念青唐古拉山 | 891.88 | 826.83 | 973.76 | 15.1 | 17.8 |
| 横断山 | 74.58 | 79.49 | 74.07 | 6.8 | 7.3 |
| 总计 | 4698.12 | 4338.51 | 5151.31 | 12.7 | 15.0 |

（2013）经验公式结果则最小（4338.51 km³），Radić 和 Hock（2010）经验公式结果居中（4698.12km³）。理论上（图6.3），当冰川面积≤3.74 km² 时，Grinsted 经验公式计算的冰储量最大，其次为 Liu 等的经验公式，Radić 和 Hock 经验公式则最小。当冰川面积>3.74km² 时，Grinsted 经验公式计算结果在三者中最小。当冰川面积≤38.97km² 时，Liu 等经验公式计算的冰储量大于 Radić 和 Hock 的经验公式计算结果；当冰川面积>38.97km² 时，后者结果大于前者。

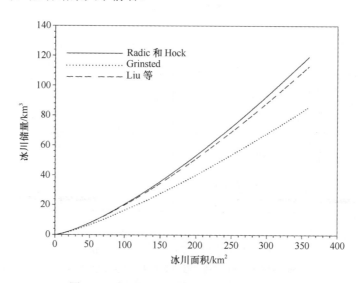

图6.3　不同冰川面积-冰储量经验公式对比

　　由于各山系冰川规模组成差异，致使在各山系利用上述 3 个经验公式得到的冰储量有所不同。具体而言，在冰川总面积较大的天山、喀喇昆仑山、昆仑山和面积最少的穆斯套岭利用上述三个冰川面积-冰储量经验公式计算的结果相差较大，误差均在 20%以上；而在阿尔泰山、祁连山、唐古拉山、羌塘高原、喜马拉雅山和横断山计算结果误差则较小（<10%）。尽管不同经验公式计算的各山系（高原）冰储量数值有所差异，但在一定程度上并不影响我们对我国西部各山系（高原）冰川冰储量的分布规律的认识。总体来看，昆仑山冰川冰储量最大，其次是念青唐古拉山、天山、喀喇昆仑山和喜马拉雅山，这 5 座山系拥有的冰川冰储量约占我国冰川冰储量的 84.7%～85.6%，略大于其冰川面积所占比例（84.02%）。阿尔金山、阿尔泰山和穆斯套岭的冰川冰储量位居后三位，三者总和仅占我国冰川冰储量的 0.5%～0.6%。

　　按照内流区和外流区划分（表6.3），我国西部冰川储量分别为2882.04km³（64.13%）和1611.96 km³（35.87%），在次分的 10 个一级流域中，东亚内流区（5Y）的冰川冰储量最大，占全国冰川冰储量的47.04%；其次是中国境内的恒河-雅鲁藏布江流域（5O），所占比值为 29.08%；黄河流域（5J）冰川冰储量最小，仅 8.53 km³（0.19%）。从行政区划来看（表 6.4），新疆维吾尔自治区冰川储量最多（47.97%），其次是西藏自治区（44.17%），青海省位居第三（6.11%），其他三省冰川储量所占比重都不足 1%，其中，云南省最少，仅为0.08%。

表 6.3　中国各水系冰川面积与冰储量统计

| 分区 | 一级流域（编码） | 冰储量 | |
|---|---|---|---|
| | | km³ | % |
| 内流区 | 中亚内流区（5X） | 106.00±0.27 | 2.36 |
| | 东亚内流区（5Y） | 2113.98±112.51 | 47.04 |
| | 青藏高原内流区（5Z） | 662.06±27.78 | 14.73 |
| | 合计 | 2882.04±140.56 | 64.13 |
| 外流区 | 鄂毕河（5A） | 10.84±0.23 | 0.24 |
| | 黄河（5J） | 8.53±0.03 | 0.19 |
| | 长江（5K） | 117.24±0.14 | 2.61 |
| | 湄公河（5L） | 11.15±0.55 | 0.25 |
| | 萨尔温江（5N） | 91.88±0.86 | 2.04 |
| | 恒河（5O） | 1306.95±38.01 | 29.08 |
| | 印度河（5Q） | 65.37±1.11 | 1.45 |
| | 合计 | 1611.96±35.37 | 35.87 |

表 6.4　中国西部 6 省（自治区）冰川面积与冰储量统计

| 省（自治区） | 面积 | | 冰储量 | | 省（自治区） | 面积 | | 冰储量 | |
|---|---|---|---|---|---|---|---|---|---|
| | km² | % | km³ | % | | km² | % | km³ | % |
| 西藏 | 23795.78 | 45.97 | 1984.78±61.22 | 44.17 | 甘肃 | 801.10 | 1.55 | 39.90±1.76 | 0.89 |
| 新疆 | 22623.82 | 43.70 | 2155.82±116.60 | 47.97 | 四川 | 549.12 | 1.06 | 35.02±0.38 | 0.78 |
| 青海 | 3935.81 | 7.60 | 274.74±0.32 | 6.11 | 云南 | 60.45 | 0.12 | 3.74±0.07 | 0.08 |

## 6.2.2　冰川水资源现状评估

冰川融水量的评估方法目前主要有物质平衡法、热量平衡法、水文模型、水文测验法和经验公式法。由于前三种方法需通过直接或间接观测资料获得平衡方程和模型中各个参量，而目前对冰川水文过程的观测实验研究十分有限，且对各个参量的观测亦没有统一的方法，因此，难以满足面向整个西部地区冰川融水量评估。本节主要采用两个应用效果较好的经验公式（即表 6.5 中杨针娘和克林克公式），基于最新的中国第二次冰川编目数据，结合中国西部 37 个探空站及欧洲中尺度预报中心再分析资料（European Centre for Medium-Range Weather Forecastsre-analysis，ERA）（图 6.4），计算中国西部冰川在 2005~2010 年的年平均消融深和年融水总量，并在此基础上对其空间分布规律进行分析和讨论，以期了解近期冰川融水量值及其空间分布格局。

## 1. 研究方法

### 1）冰川年消融深估算

估算冰川年消融深的经验公式很多，其中大多是根据冰川消融深随海拔升高而递减，冰川平衡线上积累量与消融量相等的基本原理，并以冰川平衡线高度处的消融深代表冰川平均消融深。表 6.5 给出了常用的计算冰川消融深的经验公式，其中，杨针娘经

表 6.5　冰川消融量计算经验公式及其意义

| 经验公式 | 物理意义 | 应用地区 | 文献资料 |
|---|---|---|---|
| $h=0.328b^2(T+4)^{2.7}$ | $b$ 为冰川辐射平衡相对值（%），$T$ 为消融期冰川中值面积高度处日平均气温，$h$ 为日消融量；$b$ 值见杨针娘《中国冰川水资源》 | 应用于中国西部地区 | 杨针娘，1991 |
| $h=1.33(t_s+9.66)$ | $t_s$ 为平衡线处的夏季（6~8月）平均气温 | 先在苏联广泛应用，后在国际上流行，被称作"全球公式" | 克林克，1982 |
| $h=652.8e^{-0.00253\Delta H}$ | $\Delta H$ 为冰川平衡线海拔与6~8月零温层海拔的差值 | 喀喇昆仑山叶尔羌河流域 | 丁良福，1991 |
| $h=0.78(t_s+9.0)^{3.09}$ | $t_s$ 为冰川平衡线高度处夏季平均气温 | 天山地区 | 刘潮海，1988 |
| $h=(t_{6-8}+11.6)^{4.6}/55$ | $t_{6-8}$ 为冰面6~8月平均气温，$h$ 为年消融深（mm） | 天山托木尔峰地区 | 康尔泗，1985 |
| $Q_旬=0.026e^{0.254(t+5.0)}$ | $Q_旬$ 为旬平均流量（m³/s），$t$ 为民勤高空600hPa旬平均气温 | 祁连山东段水管河4号冰川 | 杨针娘，1988 |
| $Q_旬=0.39e^{0.409t}$ | $t$ 为乌鲁木齐高空600hPa旬平均气温 | 天山1号冰川 | 路传林，1983 |
| $Q_日=0.666t_日+1.50$ | $t_日$ 为日平均气温，$Q_日$ 为日平均流量（m³/s） | 贡嘎山贡巴冰川 | 曹真堂，1988 |

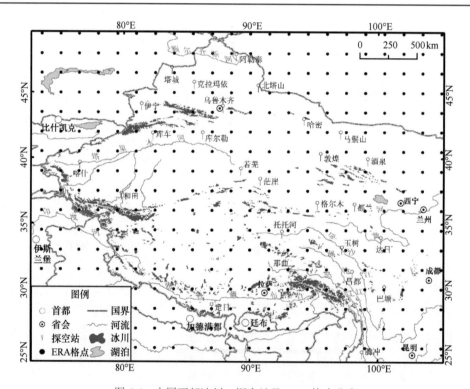

图 6.4　中国西部冰川、探空站及 ERA 格点分布

验公式是根据国内已做过研究工作的数条冰川上观测的消融资料与冰面上气温间的关系计得到，该公式能够反映区域气候差异，可用来计算无资料地区冰川消融径流深（杨针娘，1990）。克林克公式普适性较好，可用于山岳冰川和极地冰川，或海洋型冰川与大陆型冰川，该公式在国际上较为流行，且经验证效果较好（谢自楚，2009）。其他经验公式亦具有良好的使用价值，但均存在一定的局限性，考虑到本研究是面向整个西部地

区的冰川年融水量评估，冰川类型复杂，为此选用前两个经验公式对中国第二次冰川编目各条冰川的平均消融深、冰川融水量进行计算，并与 20 世纪 80 年代的计算结果对比讨论。

### 2）高空气温和海拔关系建立

应用上述两个公式的关键是要计算冰川平衡线处夏季 6～8 月及整个消融期的气温（$t$）及零温层的高度（$H_0$），实质是建立高空气温和海拔之间关系的函数。中国西部地区地面气象台站稀少，为尽可能减少局地地形影响，计算冰川平衡线高度气温时，选取 1971～2012 年中国西部地区探空站 850 hPa，700 hPa，600 hPa，500 hPa 和 400hPa 五个等压面的气温和位势高度，建立各探空站高空气温和海拔关系，并对近 30 年来 0℃层高度变化进行计算（表 6.6）。从相关系数可以看出，两者具有显著的一元线性函数关系。

表 6.6　中国西部 37 个探空站高空气温和海拔关系及近 30 年来 0℃层高度变化

| 探空站 | 拟合公式 | $r$ | 0℃层高度变化/（m/10a） |
| --- | --- | --- | --- |
| 阿勒泰 | $T=-0.00705H+27.67$ | $-1$ | 44.5 |
| 塔城 | $T=-0.00679H+27.26$ | $-0.999$ | 23.8 |
| 克拉玛依 | $T=-0.00712H+29.12$ | $-0.999$ | 11.8 |
| 北塔山 | $T=-0.00646H+27.36$ | $-1$ | 66.0 |
| 伊宁 | $T=-0.00707H+29.03$ | $-1$ | 9.2 |
| 乌鲁木齐 | $T=-0.00691H+28.44$ | $-1$ | 56.3 |
| 库车 | $T=-0.00752H+34.98$ | $-0.999$ | 17.0 |
| 库尔勒 | $T=-0.00751H+34.78$ | $-0.999$ | 21.0 |
| 喀什 | $T=-0.00754H+36.14$ | $-1$ | $-39.4$ |
| 若羌 | $T=-0.00736H+36.69$ | $-0.999$ | 43.4 |
| 和田 | $T=-0.00699H+35.03$ | $-0.998$ | 46.7 |
| 茫崖 | $T=-0.00719H+36.59$ | $-0.999$ | 40.4 |
| 哈密 | $T=-0.00746H+34.41$ | $-0.999$ | 60.8 |
| 马鬃山 | $T=-0.00702H+32.63$ | $-0.999$ | 73.9 |
| 敦煌 | $T=-0.00721H+35.15$ | $-1$ | 46.7 |
| 酒泉 | $T=-0.00684H+33.06$ | $-1$ | 52.4 |
| 张掖 | $T=-0.00669H+32.60$ | $-1$ | 43.0 |
| 民勤 | $T=-0.00647H+31.37$ | $-1$ | 47.3 |
| 格尔木 | $T=-0.00700H+37.39$ | $-1$ | 39.4 |
| 都兰 | $T=-0.00613H+31.02$ | $-1$ | 39.7 |
| 西宁 | $T=-0.00616H+30.77$ | $-1$ | 32.0 |
| 那曲 | $T=-0.00677H+39.75$ | $-1$ | 25.3 |
| 拉萨 | $T=-0.00648H+38.11$ | $-1$ | $-26.0$ |
| 定日 | $T=-0.00644H+38.03$ | $-1$ | 52.0 |
| 沱沱河 | $T=-0.00659H+36.90$ | $-1$ | 6.7 |
| 玉树 | $T=-0.00604H+33.37$ | $-1$ | 11.1 |
| 达日 | $T=-0.00587H+31.40$ | | 13.1 |
| 合作 | $T=-0.00565H+28.53$ | $-1$ | 31.0 |
| 武都 | $T=-0.00563H+28.97$ | $-0.999$ | 2.9 |
| 昌都 | $T=-0.00625H+35.19$ | | $-6.5$ |
| 甘孜 | $T=-0.00595H+33.09$ | | $-2.0$ |
| 红原 | $T=-0.00566H+30.14$ | | $-1.7$ |
| 巴塘 | $T=-0.00628H+35.40$ | $-0.999$ | 7.4 |
| 成都 | $T=-0.00527H+27.87$ | $-1$ | 27.3 |
| 西昌 | $T=-0.00541H+29.43$ | $-1$ | 13.4 |
| 丽江 | $T=-0.00565H+31.01$ | $-1$ | 3.3 |
| 腾冲 | $T=-0.00517H+27.72$ | $-1$ | 13.7 |

　　由于我国西部探空站空间分布不均，尤其是在青藏高原内陆冰川大面积覆盖区域尚无探空测站，为更准确地计算对流层大气 0℃层高度及冰川平衡线处气温，我们亦选用了欧洲中尺度（ECMWF）1.5°×1.5° 的 9 个高度场上（850 hPa，700 hPa，650 hPa，600 hPa，550 hPa，500 hPa，450 hPa 和 400hPa）格点数据。与实测探空资料计算的 1979～2010 年 0℃层高度进行比较，利用格点数据推算的 0℃层高度与探空数据获得的 0℃层高度有较好的一致性。图 6.5 反映了中国西部 37 个探空站 0℃层高度与邻近格点 0℃层高度相关系数，可以看出绝大多数 ERA 格点计算的 0℃层高度与探空站 0℃层高度相关系数在 0.9 以上，其中，祁连山、阿尔泰山等地区相关系数最高，青藏高原中部和南部相关系数稍低，总体表现为由 ERA 计算的 0℃层高度的精度自北向南、自东北向西南呈下降趋势。

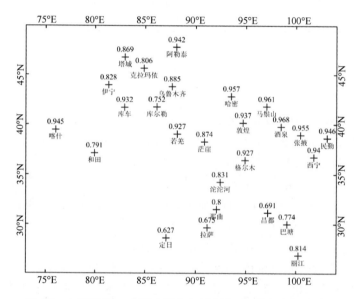

图 6.5　中国西部 37 个探空站与邻近格点 0℃层高度相关系数

### 3）冰川平衡线高度处气温计算

　　冰川平衡线高度处夏季（6～8 月）平均气温（$t_s$）由冰川平衡线同等高度处的对流层气温（$t$）减去由非冰川过渡到冰川的温度跃动值（$t_j$）求得。其中，冰川平衡线高度处对流层气温由表 6.6 中各拟合公式计算得到，$t_j$ 为自由大气过渡到冰川表面的温度跃动值。在本研究中，$t_j$ 的取值取决于冰川面积大小，当冰川面积 ≤3km$^2$ 时，$t_j$ 取 0.5K；冰川面积介于 3～30km$^2$，$t_j$ 取 1K；冰川面积 ≥30km$^2$，$t_j$ 取 1.5K。

## 2. 冰川中值高度及 0℃层高度分布

　　冰川平衡线高度是冰川上积累和消融相等的高度（equilibrium line altitude，ELA），是冰川积累区和消融区的分界线。平衡线高度的变化与冰川物质平衡变化有着密切联系，是气候变化最直接的反映，被视作衡量冰川变化的重要参数，也是冰川消融、产流、冰川水文特征分析及冰川融水径流估算的重要参数之一。

在我国西部高山带广泛分布的现代冰川中，通过观测、短期考察及重建平衡线高度的冰川为数不多（表 6.7），且观测的时段也不统一。参照世界冰川编目指南，建议将冰川中值面积高度作为判断平衡线高度的指标（Muller et al., 1977）。如第 3 章图 3.3 所示，我国冰川中值面积高度空间分布总体上呈现南高北低、西高东低的趋势。阿尔泰山区是中国冰川平衡线海拔最低的地区，平均为 3053m，最低高度只有 2646m；羌塘高原和冈底斯山平衡线海拔为中国冰川平衡线海拔最高地区（5904m）；介于两者之间的平衡线海拔依次为：喀喇昆仑山区（5730m）、喜马拉雅山区（5670m）、昆仑山区（5552m）、唐古拉山区（5529m）、念青唐古拉山区和横断山区（5282m）、帕米尔高原（5036m）、祁连山区（4861m）、天山山区（4035m）、穆斯套岭（3567m）。冰川平衡线高度的这种分布格局是冰川发育获得水热状况的具体反映。青藏高原内陆冰川绝大部分为极大陆型冰川，因高原阻挡作用，东南与西南季风所携带的水汽不能越过高原面而深入高原内部，造成青藏高原内部降水量少，即冰川积累少，造成平衡线海拔高。总体上，冰川的平衡线海拔在极大陆型冰川最高，海洋型冰川次之，亚大陆型冰川较低。

表 6.7　中国西部 21 条冰川的平衡线高度

| 山系 | 冰川名称 | 平衡线高度/m | 观测年度 | 资料来源 |
|---|---|---|---|---|
| 念青唐古拉山 | 则普冰川 | 4683 | | 焦克勤，2005 |
| | 古仁河口冰川 | 5720 | | 蒲健辰，2006 |
| 昆仑山 | 崇测平顶冰川 | 6000 | | 李向应，2007 |
| 天山 | 乌鲁木齐 1 号冰川 | 4106 | 1997~2008 | 孙美平，2011 |
| | 琼台兰冰川 | 4500 | | 李向应，2007 |
| | 青冰滩 72 号冰川 | 4400 | | 曹敏，2011 |
| | 哈希勒根 51 号冰川 | 3600 | 1999~2006 | 焦克勤，2009 |
| | 科契卡尔巴西冰川 | 4713 | 2004/2005 | 张勇，2006 |
| 横断山 | 大贡巴冰川 | 4880 | | 蒲健辰，1994 |
| | 小贡巴冰川 | 4760 | | 蒲健辰，1994 |
| | 燕子沟冰川 | 4840 | | 蒲健辰，1994 |
| | 明永冰川 | 5000 | | 蒲健辰，1994 |
| | 白水 1 号冰川 | 5100 | 2009/2010 | 刘力，2012 |
| | 海螺沟 2 号冰川 | 4800 | | 蒲健辰，1994 |
| | 海螺沟冰川 | 5080 | 1997/1998 | 谢自楚，2001 |
| 喜马拉雅山 | 那克多拉 7 号平顶冰川 | 5950 | | 李向应，2007 |
| | 绒布冰川 | 6000 | | 施雅风，1997 |
| 祁连山 | 老虎沟 12 号冰川 | 4900 | 2006/2007 | 杜文涛，2008 |
| | 七一冰川 | 4772 | 2007/2008 | 王宁练，2010 |
| 唐古拉山 | 冬克玛底冰川 | 5640 | | 施雅风，1997 |
| | 小冬克玛底冰川 | 5725 | 2011/2012 | 张健，2013 |

图 6.6 为中国西部地区 0℃层高度的空间分布图。0℃层高度又称冰冻层高度、消融层高度，强烈影响着高海拔地区的冻融过程，对冰川消融有明确的物理意义。许多研究

证实，这一层位的高度变化会对冰冻圈产生深远的影响。中国西部地区 0℃层高度分布总趋势与冰川平衡线高度类似，呈现出随纬度降低而上升，在青藏高原外围基本上呈与纬线平行走向，高原腹地出现闭合的高值中心，0℃层高度可达 5900m 左右，而在阿尔泰山地区 0℃层高度仅有 3400m，南北高差可达 2500m。

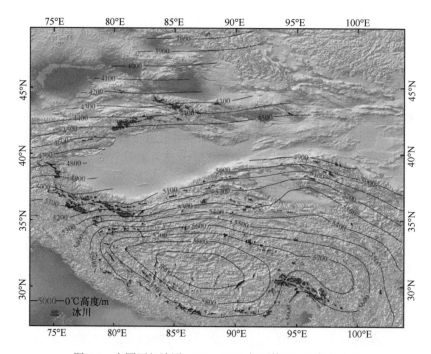

图 6.6　中国西部地区 2005～2010 年平均 0℃层高度分布

冰川中值高度与 0℃层高度两者的差值（$\Delta H$），实际上反映了冰川平衡线附近的温度状况。例如，冰川平衡线海拔高于高空 6～8 月零温层海拔，则该处的夏季温度为负值，温度低且冰川消融也相应较弱；反之则平衡线附近的温度为正值，温度较高，冰川消融相应也较强。图 6.7 比较了各山系平均冰川中值高度与 0℃层高度，可以看出阿尔泰山、穆斯套岭、天山、祁连山、念青唐古拉山、横断山和喜马拉雅山冰川平均中值高度均低于 0℃层高度，表明冰川在夏季消融期获得的热量多，消融强；而阿尔金山、昆仑山、喀喇昆仑山、帕米尔、冈底斯山、唐古拉山和羌塘高原这些山系的冰川在消融期获得的热量较少，冰川消融相应较弱。

## 3. 冰川平均径流深分布

中国西部冰川平衡线处气温分布（图 6.8）总体表现出由青藏高原外围向青藏高原内陆减小趋势。在羌塘高原、冈底斯山、昆仑山、喀喇昆仑山、帕米尔及唐古拉山绝大部分地区冰川平衡线处气温为负值，在阿尔泰山、天山、祁连山及横断山的大部分地区冰川平衡线处气温为正值，这与上一小节描述的冰川平衡线分布格局基本相对应。冰川平衡线海拔越高，气温相对应越低；反之气温则越高。需要说明的是，冰川平衡线处气

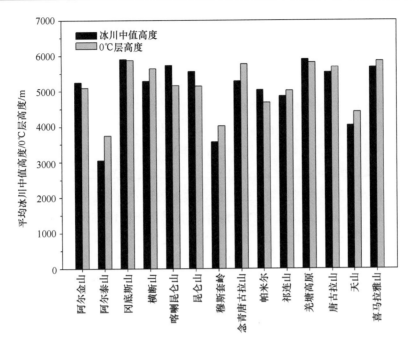

图 6.7　各山系平均冰川中值高度与 0℃层高度比较

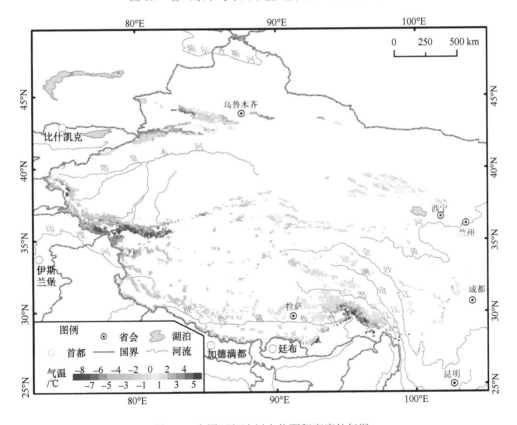

图 6.8　中国西部冰川中值面积高度处气温

温的最低值并没有出现在青藏高原内陆，而是在昆仑山、喀喇昆仑山及帕米尔地区，原因是这里的冰川规模大，冷储作用强。

　　冰川融水径流深是表示冰川融水量大小的一种参数，以单位冰川面积的多年平均产流深度（mm）来表示（杨针娘等，2000）。参照上述杨针娘和克林克的经验公式，估算得到 2005~2010 年中国冰川年平均径流深为 1206mm。从空间分布来看（图 6.9），冰川融水径流深分布趋势与冰川中值面积高度处夏季平均气温分布具有很好的一致性，即由青藏高原外围向其内部随气候干旱度的增强与冰川面积增大而递减。

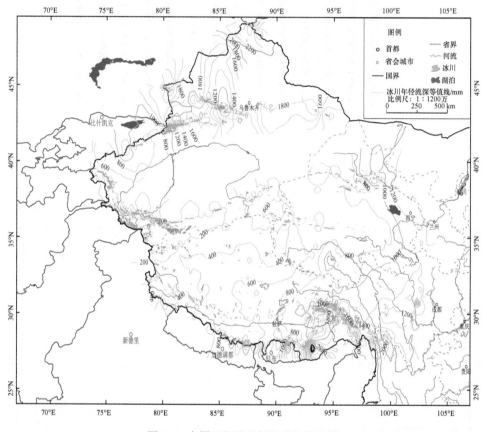

图 6.9　中国西部冰川年消融深等值线

　　在西藏东南部雅鲁藏布江大拐弯一带，为南亚湿润季风气流进入青藏高原的门户，这里雨季最长，雨量最多，冰川平衡线处年降水量大于 1000 mm，最多可达 2000mm 以上，是中国季风海洋型冰川发育的主要地区，冰川年平均径流深为 2000～3500 mm。此外，南亚季风和东亚季风环流也为横断山区和念青唐古拉山带来较丰沛的降水，使其冰川年平均径流深达 1500mm 以上，如玉龙雪山白水河 1 号冰川年径流深在 2500 mm 以上，贡嘎山海螺沟冰川年径流深约达 2000 mm 左右。喜马拉雅山冰川平均年消融深为 1500 mm，其中，绒布冰川年消融深为 700 mm 左右。随着远离水汽补给源地和干旱程度的增加，向北到唐古拉山冰川平均径流深在 1100 mm 左右，其中，位于中段的冬克玛底冰川径流深约为 900 mm。

　　由西藏东南部向西和西北方向进入青藏高原内部，位居腹地的西昆仑山东段和青藏高原内部山地平衡线高度处的年降水量为 300～500 mm，是中国典型的极大陆型冰川发育区，冰川年径流深为 200～800mm，昆仑山平均冰川年消融为 500 mm，羌塘高原平均在 700 mm 左右，喀喇昆仑山冰川年径流深尚不足 300mm，使其成为中国冰川单位面积产水量最少的地区。

受西风环流和东亚季风共同影响的祁连山区，冰川平均年消融深在 1000 mm 左右，随着气候大陆性的增强，冰川径流深分别由东段冷龙岭的 1200mm 减少至西段党河南山的 600mm 以下，其中，祁连山的水管河 4 号冰川年均消融深为 1600 mm，敦德冰帽年消融深为 1400 mm，七一冰川年消融深为 1300 mm，老虎沟 12 号冰川消融深为 800 mm 左右。受西风气流影响的天山，年降水量由西段伊犁地区的 600mm 减少到东段哈密地区的不足 50mm，冰川年径流深高值也相应出现在伊犁地区（2000 mm），向西至托木尔峰南麓减少到 800 mm，其中，天山乌鲁木齐河源 1 号冰川年消融深在 1500 mm 左右，科其卡尔巴西冰川年消融深在 1100 mm 左右。同样受西风气流影响的帕米尔高原和喀喇昆仑山，远离水汽补给源地，冰川年径流深在 200～800mm。其中，喀喇昆仑山的因苏盖提冰川年消融深接近 700 mm。受北冰洋和西风气流的共同影响，阿尔泰山冰川平衡线处的年降水量达 800mm，冰川年径流深可达 2400 mm，成为仅次于西藏东南部冰川融水径流深的第二大高值区，其中，面积最大的喀纳斯冰川年径流深在 2000 mm 左右。

## 4. 中国冰川融水量估算

基于上述研究结果，将冰川年消融径流深和冰川面积相乘来计算冰川消融总量，以下从山系、流域和行政区划几方面对我国冰川水资源进行讨论。

中国西部地区 2005～2010 年冰川年融水总量分别为 $611.26 \times 10^8 m^3$（基于杨针娘辐射参量的经验公式）和 $681.15 \times 10^8 m^3$（基于克林克公式），两者计算结果比较相近，且在各个山系结果上有较好的一致性（表 6.8）。与基于中国第一次冰川编目数据估算的冰川年消融量相比有一定的增加，但各山系冰川融水总量及占全国融水比例有明显变化。例如，天山、喜马拉雅山、祁连山、念青唐古拉山和阿尔泰山这 5 个山区冰川融水总量都比第一次冰川编目评估的结果大。而其他山区，如帕米尔、昆仑山和喀喇昆仑山冰川融水总量则比第一次的评估结果小。

基于中国第二次冰川编目成果估算的各山系冰川融水总量，念青唐古拉山区最多，占全国冰川融水径流总量的40%以上；其次是天山和喜马拉雅山，介于15%～20%之间；阿尔泰山和阿尔金山最少，不足 1%。与各山区拥有的冰川面积相比，我国冰川融水径流水资源既呈现出空间分布不均匀特征，又表现出与冰川面积分布不一致的特征，即冰川面积大的山区，其冰川融水径流不一定大。如昆仑山冰川在我国西部 14 座山系（高原）中面积最大，但其冰川融水径流不足全国的 5%。这一分布特点与冰川所处的地理位置和气候条件息息相关，如念青唐古拉山区冰川为海洋型冰川，该地区受南亚季风影响，降水充沛，气温高，冰川消融强烈，冰川融水径流模数远大于大陆型冰川，所以该区冰川面积虽少于昆仑山，但冰川融水径流量最大。

从中国西部地区冰川分布流域来看（表 6.9），内流水系冰川融水总量基于两个经验公式估算结果分别为 $209.97 \times 10^8 m^3$ 和 $186.2 \times 10^8 m^3$，即约30%的冰川融水汇入内陆河；外流水系年均冰川融水量分别为 $401.3 \times 10^8 m^3$ 和 $494.4 \times 10^8 m^3$，表明我国冰川融水径流总量的 70%左右汇入外流区河流。与第一次冰川编目评估结果相比，内流河径流补给有所减小，外流河补给份额增加，变化值在 9%左右。就整个内流水系而言，各水系冰川融水径流比重与冰川融水径流量关系基本一致，其中塔里木盆地水系的冰川融水占全国径流比例仍是最高，可以达到 13.8%；其次是伊犁河水系（7%左右）；青藏高原内陆尽管冰川面积较大，但以冰温低、变化缓慢的极大陆型冰川为主，其融水量不丰，占全国的 5%左右；河西内流水系、准噶尔盆地水系和柴达木内流水系冰川融水占全国径流比例均小于 5%；吐哈盆地冰川融水比例少于 1%。在外流水系中，恒河-雅鲁藏布江流域冰川融水量最多，达 $300×10^8 m^3$ 以上，占全国冰川融水径流总量的一半之多，这不仅与该流域冰川覆盖面积大有关（占全国冰川总面积的 30%），而且与流域内海洋型冰川消融强烈有关。长江和怒江（境外称萨尔温江）两大水系的冰川融水量基本相当，额尔齐斯河、印度河、澜沧江和黄河的冰川融水径流量和所占比重都较少，均不足 1%，这主要与其流域内的冰川作用面积小有关。

　　各省（自治区）冰川融水量统计结果如表 6.10 所示，显然西藏自治区的冰川融水总量位居首位，集中了全国冰川融水总量的 65%以上；其次是新疆维吾尔自治区，约占 22%~25%，这与基于第一次编目评估结果相比，西藏自治区的冰川融水比重显著升高，新疆冰川融水比重有所减少，这与两自治区的冰川分布规模有关。此外，青海省的冰川融水径流比重有所增加，甘肃省的冰川融水比重减少，而四川和云南两省的冰川融水比重亦呈下降趋势。

表 6.8　中国西部山区 2005～2010 年冰川年平均融水量估算及比较

| 山脉 | 冰川面积 /km² | 冰川融水径流/10⁸m³ | | | | 占全国冰川融水量/% | | | |
|---|---|---|---|---|---|---|---|---|---|
| | | 本研究1 | 本研究2 | 杨针娘 | 康尔泗 | 本研究1 | 本研究2 | 杨针娘 | 康尔泗 |
| 阿尔泰山 | 187.723 | 4.25 | 5.10 | 3.85 | 3.86 | 0.7 | 0.7 | 0.7 | 0.6 |
| 天山 | 7275.347 | 111.26 | 114.67 | 95.92 | 96.34 | 18.2 | 16.8 | 17.0 | 15.9 |
| 祁连山 | 1597.685 | 17.68 | 12.44 | 11.56 | 11.32 | 2.9 | 1.8 | 2.1 | 1.9 |
| 帕米尔 | 1921.659 | 8.84 | 9.06 | 17.05 | 15.36 | 1.4 | 1.3 | 3.0 | 2.5 |
| 喀喇昆仑山 | 5991.367 | 13.91 | 14.11 | 28.71 | 38.49 | 2.3 | 2.1 | 5.1 | 6.4 |
| 昆仑山 | 11738.330 | 37.09 | 33.45 | 62.98 | 61.89 | 6.1 | 4.9 | 11.2 | 10.2 |
| 阿尔金山 | 295.138 | 1.60 | 0.25 | | 1.39 | 0.3 | 0.0 | | 0.2 |
| 唐古拉山 | 1840.920 | 16.93 | 11.35 | 16.33 | 17.36 | 2.8 | 1.7 | 2.9 | 2.9 |
| 念青唐古拉山 | 9771.590 | 256.86 | 302.64 | 150.24 | 213.35 | 42.0 | 44.4 | 26.7 | 35.3 |
| 羌塘高原 | 2105.585 | 13.39 | 7.38 | 16.03 | 9.29 | 2.2 | 1.1 | 2.8 | 1.5 |
| 冈底斯山 | 1296.619 | 11.35 | 11.79 | 8.88 | 9.41 | 1.9 | 1.7 | 1.6 | 1.6 |
| 喜马拉雅山 | 6408.772 | 92.26 | 130.47 | 100.71 | 76.63 | 15.1 | 19.2 | 17.9 | 12.7 |
| 横断山 | 1409.379 | 25.84 | 28.43 | 51.16 | 49.96 | 4.2 | 4.2 | 9.1 | 8.3 |
| 总计 | 51840.113 | 611.26 | 681.15 | 563.42 | 604.65 | 100 | 100.0 | 100 | 100.0 |

　　注：（1）本研究 1 为基于克林克"全球公式"的计算结果，本研究 2 为应用杨针娘基于辐射参量经验公式的计算结果。

　　（2）穆斯套岭冰川面积（8.942 km²）及融水量（研究 1 计算结果 $0.173×10^8 m^3$ 和研究 2 计算结果 $0.259×10^8 m^3$）分别列入阿尔泰山

表 6.9　中国西部山区各流域 2005～2010 年冰川年平均融水量估算及比较

| 水系 | 流域 | 冰川面积/km² | 冰川融水量/10⁸m³ | | | | 占全国冰川融水径流量/% | | | |
|---|---|---|---|---|---|---|---|---|---|---|
| | | | 本研究1 | 本研究2 | 杨针娘 | 谢自楚 | 本研究1 | 本研究2 | 杨针娘 | 谢自楚 |
| 内流河水系 | 河西走廊 | 1072.657 | 11.10 | 7.13 | 9.99 | 11.94 | 1.8 | 1.0 | 1.7 | 1.9 |
| | 准噶尔盆地 | 1738.167 | 26.37 | 29.84 | 16.89 | 33.65 | 4.3 | 4.4 | 2.8 | 5.5 |
| | 伊犁河水系 | 1554.41 | 34.0 | 51.73 | 26.41 | 37.14 | 5.6 | 7.6 | 4.4 | 6.0 |
| | 塔里木盆地 | 17724.612 | 84.19 | 53.65 | 133.42 | 126.5 | 13.8 | 7.9 | 22.1 | 20.5 |
| | 柴达木盆地 | 1775.63 | 15.32 | 16.37 | 6.43* | 13.62 | 2.5 | 2.4 | 1.1 | 2.2 |
| | 吐哈盆地 | 178.112 | 3.25 | 4.17 | 1.9 | 3.6 | 0.5 | 0.6 | 0.3 | 0.6 |
| | 羌塘高原内陆 | 7269.955 | 35.74 | 23.31 | 39.1 | 29.18 | 5.8 | 3.4 | 6.5 | 4.7 |
| | 小计 | 31313.543 | 209.97 | 186.2 | 227.71 | 255.63 | 34.3 | 27.3 | 38.9 | 41.4 |
| 外流河水系 | 长江 | 1674.804 | 19.52 | 18.39 | 32.71 | 15.52 | 3.2 | 2.7 | 5.4 | 2.5 |
| | 黄河 | 126.74 | 1.29 | 2.00 | 2.86 | 1.74 | 0.2 | 0.3 | 0.5 | 0.3 |
| | 额尔齐斯河 | 186.094 | 4.21 | 5.02 | 3.62 | 7.73 | 0.7 | 0.7 | 0.6 | 1.3 |
| | 澜沧江 | 231.299 | 3.63 | 7.35 | 7.16 | 4.43 | 0.6 | 1.1 | 1.2 | 0.7 |
| | 怒江 | 1479.007 | 25.99 | 23.35 | 35.98 | 24.26 | 4.3 | 3.4 | 6.0 | 3.9 |
| | 恒河 | 15721.533 | 340.97 | 435.82 | 280.48 | 299.5 | 55.8 | 64.0 | 46.4 | 48.6 |
| | 印度河 | 1107.089 | 5.68 | 3.02 | 7.7 | 6.95 | 0.9 | 0.4 | 1.3 | 1.1 |
| | 小计 | 20526.566 | 401.3 | 494.95 | 370.51 | 360.13 | 65.7 | 72.6 | 61.4 | 58.4 |
| 总计 | | 51840.113 | 611.26 | 681.15 | 598.22 | 615.7 | 100.0 | 100.0 | 100.0 | 100.0 |

*在杨针娘的统计结果中，将哈拉湖流域内的冰川融水量（0.519×10⁸m³）列入柴达木盆地

表 6.10　中国西部 6 省（自治区）2005～2010 年冰川年平均融水量估算及比较

| 省（自治区） | 冰川融水量/10⁸m³ | | | 占全国融水比例/% | | |
|---|---|---|---|---|---|---|
| | 本研究1 | 本研究2 | 杨针娘 | 本研究1 | 本研究2 | 杨针娘 |
| 甘肃 | 21.17 | 25.1 | 10.72 | 3.5 | 3.7 | 1.8 |
| 青海 | 62.9 | 68.33 | 23.76 | 10.3 | 10.0 | 3.9 |
| 西藏 | 236.46 | 256.97 | 349.15 | 38.7 | 37.7 | 57.7 |
| 新疆 | 286.9 | 326.8 | 201.5 | 46.9 | 48.0 | 33.3 |
| 四川 | 3.52 | 3.6 | 19.52* | 0.6 | 0.5 | 3.2 |
| 云南 | 0.31 | 0.35 | | 0.1 | 0.1 | 0.0 |
| 总计 | 611.26 | 681.15 | 604.65 | 100.0 | 100.0 | 100.0 |

*在杨针娘的统计结果中，将云南省的冰川融水量合计到四川省

# 6.3　冰川水资源变化预估

冰川变化对水资源影响的定量研究包含两方面内容，一是对冰川动态水资源量（融水径流）进行模拟预测，二是将冰川动态水资源组分引入水文模型中，研究其变化对水资源的影响，而研究的核心是预测。冰川过去变化及其对水文、水资源造成影响的观测，可作为模型参数率定和模拟结果验证的依据。如前所述，在我国西北干旱区水系，冰川分布和融水径流所占的比例是不同的，因此，未来气候和冰川变化对其影响程度和表现

形式亦有较大差异。本节利用含有冰川消融模块的 HBV-ETH 水文模型,以天山北坡——乌鲁木齐河源区及南麓的台兰河流域为典型研究区,尝试在过程、量值和时间尺度上对冰川水资源的未来变化进行分析阐述。

### 6.3.1　研究区概况

乌鲁木齐河源区位于天山中段,天格尔 II 峰北坡,海拔介于 3405～4486m 之间,流域内河长 12.1km,面积为 28.9km²,共分布有 7 条冰川,均为小冰川,平均面积为 0.81 km²,其中, 1 号冰川是乌鲁木齐河源区最大的一条冰川（图 6.10）。该区由高山草甸、冰川、冰碛物等下垫面组成,河源区气候严寒,据大西沟气象站 1959～2008 年的观测资料显示,这里年平均气温为−5.4℃,负温期长达 7～8 个月,年降水量为 430.2mm（表 6.11）。

台兰河是阿克苏河的重要支流,与托什干河和昆马力克河共同组成了阿克苏河水系。台兰河发源于天山最高峰托木尔峰南坡,自北向南流,干流全长 69 km,以台兰河水文站控制的流域集水区面积为 1324 km²,冰川覆盖度为 31.5%（图 6.11）,海拔介于 1550～7435m 之间。天山托木尔峰地区是我国现代冰川作用最强烈的地区,该区域广泛发育着在我国高山冰川中独具特色且规模宏大的山谷冰川,如托木尔冰川、科其卡尔冰川、琼台兰冰川等,该区域冰川融水是中亚地区许多河流的主要补给源,补给比例可达 50%～80%。根据 2003～2005 年气象观测数据显示,台兰水文站年平均气温为 9.7℃,年平均降水量为 232.1 mm。

图 6.10　天山乌鲁木齐河源区位置与冰川分布图

底图为 2005 年 9 月 7 日 SPOT5 影像

表 6.11　典型流域水文气象等基本信息

| 流域 | 乌鲁木齐河 | 台兰河 |
| --- | --- | --- |
| 控制站 | 总控 | 台兰 |
| 纬度（N） | 43°07′ | 41°33′ |
| 经度（E） | 86°52′ | 80°29′ |
| 流域高程/（m a.s.l.） | 3405～4441 | 1550～7435 |
| 流域面积/km² | 28.9 | 1324.0 |
| 冰川覆盖/% | 19.7 | 31.5 |
| 年均径流量/10⁸m³ | 0.14 | 7.49 |
| 年降水量/mm | 430.2 | 180.2 |
| 年均气温/℃ | −5.4 | 8.8 |
| 观测起始时间 | 1985 | 1956.10 |

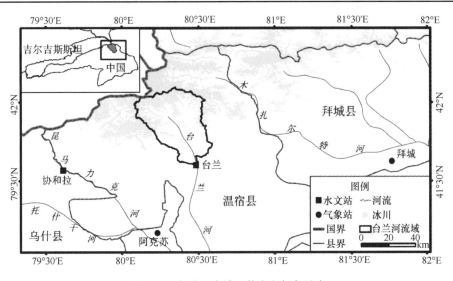

图 6.11　台兰河流域及其水文气象站点

## 6.3.2　径流对气候变化响应

如第 5 章所述，HBV 模型是一种模拟积雪、融雪、实际蒸散量、土壤水分储存和径流等机制的概念性、半分布式水文模型。目前，该模型已有很多个版本，并在世界上50 多个国家和地区得到成功应用和研究（Lindström，1997）。本研究根据乌鲁木齐河源区和台兰河两个流域下垫面特征（如高程、坡度、坡向、植被、土壤）和径流形成过程，选用瑞典水文气象局开发的 HBV-ETH 版本。该版本将研究区划分为多个子流域，每个子流域再根据高程、集水面积和下垫面分成多个径流带，以便考虑下垫面和降雨空间分布的差异。

### 1. 模型驱动数据

乌鲁木齐河源区径流模拟的气象数据来源于大西沟气象站 1985～2008 年观测的日

气温、日降水数据和 2005～2009 年观测的日均风速、日均气温、日最高气温、日最低气温、日相对湿度、日降水量和日照时数数据。流量数据是总控水文断面 1985～1995 年和 1997～2008 年观测的日尺度数据。地形数据采用 1∶50 000 的乌鲁木齐河源区航摄地形图。土地利用数据来源于中国资源环境数据库，其中，冰川数据来自中国第一次冰川编目数据集。

台兰河径流模拟的气象数据包括台兰水文站 2003～2005 年观测的日气温、降水（包括降水类型）数据，中国气象局国家气象信息中心提供的 1973～2005 年阿克苏、拜城气象站的日平均气温和降水数据。流量数据选用台兰水文站 2003～2005 年和 1973～2001 年观测的日尺度数据。地形数据采用 90 m 空间分辨率的 SRTM 数据，该数据用于河网提取、流域的划分和高程分带。土地利用数据来源于中国资源环境数据中心，其中，冰川数据来自第一次冰川编目数据集和 2008～2011 年的野外考察获取的数据。

## 2. 模型参数率定与验证

根据两个流域水文数据获取的完整性，乌鲁木齐河源区（总控水文断面）选用 1985 年的数据作为模型初始化的"预热（warming-up）"期，利用 1997～2008 年的流量数据对模型进行率定，1986～1995 年的流量数据用于模型验证。台兰河流域出山口径流模拟选用台兰水文站 2003～2005 年的流量数据对模型进行率定。如表 6.12 所示，该模型包含

表 6.12　优化后的模型参数

| 参数 | 含义（单位） | 乌鲁木齐河 | 台兰河 |
|---|---|---|---|
| alfa | 壤中流消退指数 | 1.1 | 1.1 |
| beta | 土壤含水量参数 | 1 | 1 |
| cflux | 最大毛管上升水/(mm/d) | 0.2 | 0.5 |
| cfmax | 雪度日因子/[mm/(℃·d)] | 3.4 | 2.8 |
| cfr | 冻结系数 | 0.05 | 0.05 |
| dttm | 与 tt 加和作为雪融化的临界温度/℃ | −3.8 | -0.4 |
| ecalt | 蒸发高程修正因子 | 0.05 | 0.1 |
| fc | 最大土壤含水量/mm | 450 | 300 |
| gmelt | 冰度日因子/[mm/(℃·d)] | 5.1 | 4.3 |
| hq | 高流量参数/mm | 6.4 | 5.9 |
| k₄ | 地下径流退水系数/d⁻¹ | 0.015 | 0.001 |
| khq | 为 hq 对应的退水系数/d⁻¹ | 0.193 | 0.06 |
| lp | 潜在蒸散发上限 | 0.9 | 0.9 |
| maxbaz | 权重函数的演算长度/d | 1 | 0.6 |
| pcalt | 降水高程修正因子 | 0.03 | 0.08 |
| perc | 从表层到地下含水层的渗漏/(mm/d) | 0.35 | 0.8 |
| rfcf | 降雨修正因子 | 1 | 1 |
| sfcf | 降雪修正因子 | 1 | 1 |
| tcalt | 温度直减率/(℃/100 m) | 0.68 | 0.7 |
| tt | 区分雨、雪阈值温度/℃ | 2 | 0.4 |
| tti | 雨夹雪的气温步长（中值为 tt） | 8 | 8 |
| whc | 雪的持水能力 | 0.1 | 0.1 |

了很多可调参数，其中，*tt* 和 *tti* 由观测确定，*hq* 由研究时段的流量峰值和平均流量计算得到，*gmelt* 和 *pcalt* 由文献确定取值范围，但大多数参数都需要由观测流量来率定，本研究采用人工试错法，通过不断改变参数值直到找到一个与观测值相符合的参数值为止。此外，为降低参数的不确定性，在对乌鲁木齐河源区径流模拟时，除应用实测流量对模型进行约束外，还应用 1 号冰川物质平衡数据对模型的雪冰模块参数进行多重标准检验。

图 6.12 和图 6.13 分别为总控和台兰两个水文断面模拟流量与观测流量的比较。两个水文断面在研究时段内，模拟的流量与观测流量波动具有较好的一致性，在率定期模拟精度较高，效率系数为 0.77～0.84，径流深相对误差均在 6%以内；验证期的流量模拟精度亦较满意，效率系数为 0.75～0.81，径流深相对误差控制在 3%以内（表 6.13），且乌鲁木齐河源区模拟的冰川物质平衡与 1 号冰川实测物质平衡有很好的一致性（图 6.14），决定性系数为 0.716，表明该模型在率定期和验证期都比较准确地反映了两个水文断面的径流过程，也说明 HBV 模型在乌河源区和台兰河流域有较好的适用性。模型优化后的参数如表 6.13 所示。

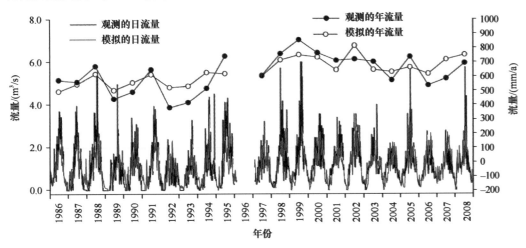

图 6.12　乌鲁木齐河源区总控水文断面模拟流量与观测流量的比较

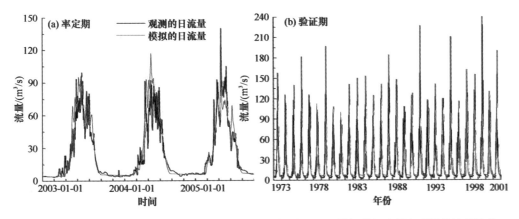

图 6.13　台兰河流域台兰水文断面率定期（a）和验证期（b）模拟的日流量与观测日流量比较

**表 6.13 流域径流模拟评价**

| 水文断面 | 时期 | $R^2$ | RE/% |
|---|---|---|---|
| 乌鲁木齐河（总控） | 率定（1997～2008 年） | 0.77 | −1.6 |
| | 验证（1986～1996 年） | 0.75 | 2.5 |
| 台兰河（台兰） | 率定（2003～2005 年） | 0.84 | 5.3 |
| | 验证（1973～2001 年） | 0.81 | 0.6 |

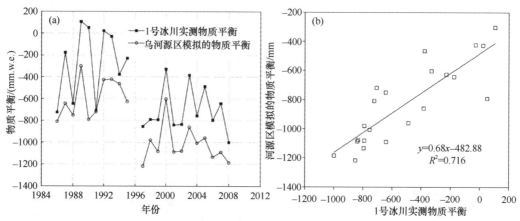

图 6.14 乌河源区模拟的物质平衡与 1 号冰川实测物质平衡比较（a）及拟合关系（b）

### 6.3.3 流域未来气候情景及冰川响应

#### 1. 气候变化

在过去半个多世纪里，天山地区气温上升速率高达 0.30℃/10a，为中国升温平均速率的 1.31 倍，全球气温上升速率的 2.14 倍。本研究两个流域未来气候变化基于中国气象局区域气候模式 RegCM3 预估的 1961～2100 年的月气温和月降水数据进行研究。气候情景数据采用 SRES-A1B 中等排放方案，RegCM3 模式空间分辨率比较高，为 25 km×25 km，但其预估结果应用在本研究的两个流域，尤其是乌鲁木齐河源区仍不能够细致地反映区域信息，因此，在进行流域气候变化影响评估时采用统计降尺度方法。

##### 1）天山北坡乌鲁木齐河源区 21 世纪中期气候变化

基于乌鲁木齐河源区大西沟气象站 1959 年以来的逐月气温和降水数据，采用统计降尺度方法，建立 RegCM3 模式气候预报因子与大西沟气候预报变量间的统计函数关系式：

$$y = a_1x_1 + a_2x_2 + a_3x_3 + a_4x_4 + b \tag{6-5}$$

式中，$y$ 为统计降尺度后 21 世纪中期大西沟气象站的气温与降水序列；$x$ 为 RegCM3 模式计算的距待算点最近四个栅格的气温与降水序列；$a_1$、$a_2$、$a_3$、$a_4$ 和 $b$ 为方程回归系数，其取值如表 6.14 所示。

表 6.14　统计降尺度关系式中的参数值

|  | $a_1$ | $a_2$ | $a_3$ | $a_4$ | $b$ | $r$ | $R^2$ |
|---|---|---|---|---|---|---|---|
| $T$ | 2.744 | −2.923 | 0 | 0.897 | −0.994 | 0.963 | 0.928 |
| $P$ | 0 | 0.398 | 0 | 0 | 1.384 | 0.822 | 0.675 |

图 6.15 为 21 世纪中期（2041～2060 年）乌河源区气温和降水的年内、年际变化。显然，乌河源区气温有明显的上升趋势，与 2000～2008 年相比平均上升 1.7℃，变暖速率为 0.34℃/10a。各个月气温都有增加，表现为 8 月增幅最大（2.1℃），12 月增幅最小（1.1℃）。河源区降水在 21 世纪中期总体上也呈增加趋势，尽管 2041～2050 年的降水有减少趋势，但之后的 10 年增加趋势显著。与 2000～2008 年相比降水将增加 14.2%，各月都有增加，但增幅相差比较大，其中 5 月增加最多（55%），4 月增加最少（1%）。

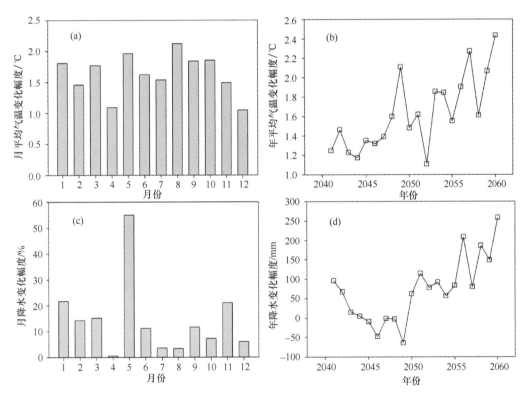

图 6.15　2041～2060 年大西沟气象站气温和降水量变化
（a）气温年内分布；（b）气温年际分布；（c）降水年内分布；（d）降水年际分布

### 2）天山南坡台兰河流域气候变化

台兰河流域气候变化选用 Delta 降尺度处理方法，该方法主要通过比较 RegCM3 输出网格未来不同时期（2041～2060 年和 2081～2100 年）气候值和基准期（1981～2000 年）气候值的差异，来修正观测的历史数据。值得注意的是，使用 Delta 法计算未来降水量和气温时有不同之处，计算降水量是计算其变化比例，即相对变化量，而对于气温，是计算其绝对变化量。其公式如下：

$$P_f = P_o \frac{P_{Rf}}{P_{Ro}} \qquad (6\text{-}6)$$

$$T_f = T_o + (T_{Rf} - T_{Ro}) \qquad (6\text{-}7)$$

式中，$P_f$ 和 $T_f$ 分别为 Delta 法得到的未来时段多年月平均降水、月平均气温；$P_o$ 和 $T_o$ 为基准期观测到的台兰站月平均降水和月平均气温；$P_{Rf}$，$P_{Ro}$ 分别为 RegCM3 模式模拟的未来时期和基准期的月平均降水；$T_{Rf}$，$T_{Ro}$ 分别为 RegCM3 模式模拟的未来时期和基准期的月平均气温。图 6.16 给出了研究区在基准期和未来两个时期的月平均气温和月降水变化。

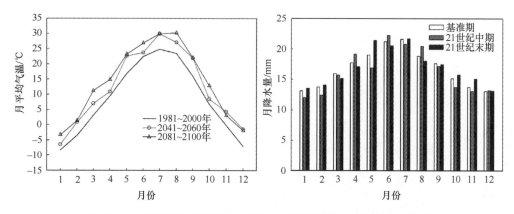

图 6.16　台兰河流域基准期和未来两个时期月平均气温和月降水变化

研究区在 21 世纪中期和末期年平均气温将比基准期分别上升 3.73℃和 5.52℃。其中，世纪中期气温相比基准期，各个月波动较大。具体表现为 5 月和 7 月增幅显著，4 月和 10 月增幅最小。末期气温与基准期相比，各个月增幅大体是平行的。未来两个时期降水变化表现为，21 世纪中期的降水将比基准期减少 2.4%，世纪末期的降水将比基准期增加 1.4%，各个月变化幅度较小。总体上在 21 世纪台兰河流域气温将显著升高，降水没有明显变化。

## 2. 冰川面积变化

由于乌鲁木齐河源区和台兰河流域冰川覆盖面积差异大，且观测资料详细程度不同，在讨论冰川未来面积的可能变化时，两个流域的研究时段不同。其中，乌鲁木齐河源区研究时段为 21 世纪中期，而台兰河流域研究时段为 21 世纪中期和末期。

### 1）乌鲁木齐河源区 21 世纪中期冰川面积变化情景

乌河源区冰川最近几十年呈加速退缩之势。1992 年重复航测与 1964 年航测对比成图结果（陈建明等，1996）表明，该流域冰川全部退缩，冰川面积由 1964 年的 48.04 km²减少到 1992 年的 41.39 km²，冰川面积萎缩了 6.65 km²（13.8%）。统计分析表明，面积小于 1 km²的冰川面积缩小率变化在 3.4%～65.3%。

在乌河源区的 7 条冰川中，目前只对 1 号冰川未来变化有过一些研究，如王文悌和刘宗香（1984）依据 Nye 的频率响应理论对 1 号冰川进行了预估，结果表明从 1981 年到冰川稳定状态，1 号冰川面积将缩小 14%，持续后退时间长达 84.5 年。李慧林（2010）应用浅冰近似冰流模型并对其改进，引入 IPCC 第四次评估报告 SRES A2、A1B 和 B1 对应的三种未来升温情景，并补充了两种根据大西沟气象站 1959～2004 年观测数据建立的升温情景作为气候驱动条件，预估了 1 号冰川未来形态变化①。图 6.17 展示了 1 号冰川东支在不同升温情景下的面积变化过程。可以看出，所有升温情景下 1 号冰川都将持续强烈消融，并在 21 世纪内消失殆尽。其中，在升温速率最高（0.52 ℃/10a）的 DXG1 情景下，冰川消亡需要时间最短，大约需要 50 年；在其他升温情景下，冰川的消亡时间接近，A1B 情景需 70 年，B1 情景需 85 年。

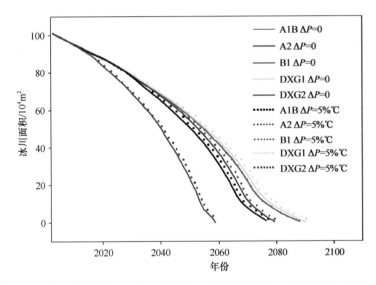

图 6.17　不同升温情景下乌源 1 号冰川东支面积的变化（据李慧林，2010）

　　结合 1 号冰川在上述升温情景下的冰川消亡速率，并考虑到河源区其他 6 条冰川的退缩速率比 1 号冰川更快，我们对河源区 1 号冰川和其他 6 条冰川在 21 世纪中期的存在状态做如下三种情景假设。

　　（1）100%冰川情景：假定到 21 世纪中期冰川面积在 2000～2008 年平均面积基础上不再发生变化，即冰川面积不变假设下，来预测径流未来变化。显然，这种假设在现实中是不会发生的，这种假设是期望能提供在未来升温速率极低条件下，冰川径流达到最大的一种估计。

　　（2）50%冰川情景：假定到 21 世纪中期（2041～2060 年），冰川面积减少为当前（2000～2008 年）面积的一半。对比大西沟气象站未来升温速率（0.34 ℃/10a）与图 6.15 模拟的结果，我们推测这种假设将在 2041～2060 年最有可能发生。

　　（3）0%冰川情景：假定乌河源区冰川在 21 世纪中期全部消失，由上述最高升温速率（0.52 ℃/10a）情景预测出最短冰川消亡时间需要 50 年可知，这种假设在 21 世纪中期也有可能发生，但是概率比较小。

① 李慧林. 2010. 中国山岳冰川动力学模拟研究——以乌鲁木齐河源 1 号冰川为例. 兰州：中国科学院研究生院.

以上三种冰川变化情景的设定，Hagg（2006，2007）和 Akhtar 等（2008）在他们的研究中也做过同样的假设，都获得了比较好的模拟效果。考虑到本研究的气候变化预测只应用了 SRES-A1B 中等排放方案情景，并没有考虑温室气体的高排放和低排放，因此，通过给出冰川变化最慢（100%冰川）和最快（0%冰川）的两种极端情景，可以借助这种多方案的集成分析来降低流域未来流量预估的不确定性。

### 2）台兰河流域 21 世纪冰川面积变化情景

相比乌鲁木齐河源区，台兰河（台兰水文站控制）流域冰川数量和规模都较大，按冰川编目统计该流域共有 100 条冰川，平均冰川面积为 4.17 $km^2$。其中，有 4 条冰川面积大于 10 $km^2$，面积达 307.66 $km^2$，占流域冰川总面积的 73.8%，其中，最大的是琼台兰冰川，面积达 165.38 $km^2$。面积介于 3～6 $km^2$ 的冰川有 8 条，面积为 34.9 $km^2$；介于 1～3 $km^2$ 的冰川有 30 条，面积为 53.69 $km^2$，其余 58 条冰川面积都小于 1 $km^2$，总面积只有 20.58 $km^2$。截至目前，这一区域冰川变化的系统研究还没有报道，但根据近期对托木尔峰地区 4 条冰川的定位观测与考察研究发现（李忠勤等，2010），冰川均呈退缩趋势，其中，青冰滩 72 号冰川面积在 1964～2008 年减少了 22.7%，由 7.27 $km^2$ 缩小到 5.62 $km^2$；青冰滩 74 号冰川（9.55 $km^2$）、克其克库孜巴依冰川（42.83 $km^2$）和托木尔冰川（310.14 $km^2$）在 1964～2009 年面积分别缩小了 14.7%、4.1% 和 0.3%。根据台兰河流域冰川面积的不同规模，结合上述监测的典型冰川退缩速率，应用面积加权平均法（王圣杰等，2011），计算研究区冰川面积未来的可能变化。其公式为

$$PAC = \frac{\sum_{i=1}^{n} \Delta S_i}{S_0} \tag{6-8}$$

$$\Delta S_i = \frac{PAC_i}{T_1 - T_0} \cdot \Delta t_1 + \frac{PAC_i}{T_1 - T_0} \cdot \Delta t_2 \cdot \frac{TR_2}{TR_1} \tag{6-9}$$

式中，$PAC$ 为流域冰川面积变化率（%）；$PAC_i$ 为监测的 $i$ 类规模冰川的面积变化率；$\Delta S_i$ 为 $i$ 类冰川规模面积变化（$km^2$）；$S_0$ 为初始状态下流域冰川总面积（$km^2$）；$T_0$ 为监测冰川的起始时间（1964 年）；$T_1$ 为截止时间（2008 年，2009 年）；$\Delta t_1$ 为 1981 年至台兰站有观测气象记录年份末的时间间隔（a）；$\Delta t_2$ 为预估气象数据开始年份到 21 世纪中期和末期年份的时间间隔（a）；$TR_1$ 为观测气温的升温速率（rate of temperature，单位：℃/10a）；$TR_2$ 为 RegCM3 预估气温的升温速率（℃/10a）。

由于本研究仅考虑 A1B 温室气体中等排放气候情景，没有如其他模式中采用的另外两种温室气体排放情景——B1（低排放）和 A2（高排放）。为降低流域冰川未来变化的不确定性，研究根据不同升温速率计算台兰河流域冰川变化。结果表明，在 1981～2000 年台兰站气温升高速率为 0.35℃/10a 的背景下，即按亏损速度不加快，21 世纪中期和末期，该区域冰川面积将分别减少 15.1% 和 21.8%，这是最保守估计。但如前所述，至 21 世纪中期和末期，研究区年平均气温显著升高，速率达 0.55～0.62℃/10a，即亏损速度提高了近 1 倍，按此计算得到冰川退缩比例将分别达 20.9% 和 31.6%，这是 RegCM3 气候模式预估气温驱动下的估计。但根据曹敏等（2011）对托木尔峰青冰滩 72 号冰川和

许君利等（2011）对科其卡尔冰川表面运动速度的研究，发现这两条冰川表面最大运动速度分别达到了 70 m/a 和 117.9 m/a，表明这一地区的冰川具有海洋型冰川的某些特征，冰川消融和运动补给强烈，对气候变化十分敏感。根据上述冰川退缩趋势分析，我们给出了研究区冰川以超出预期速度消融，退缩最大的一种情景，即到 21 世纪中期冰川面积将比基准期减少 25%，21 世纪末期减少 40%。

### 6.3.4　流域未来径流预估

#### 1. 乌鲁木齐河源区 21 世纪中期径流预估

根据乌河源区 RegCM3 模式 A1B 气候预估数据，结合上述 3 种冰川退缩情景，计算出总控水文断面基准期（2000～2008 年）流量，以及 21 世纪中期（2041～2060 年）流量的变化。由表 6.15 和图 6.18 可知，到 21 世纪中期，在 100%、50% 和 0% 三种冰川情景下，年平均径流相对于基准期（2000～2008 年）呈先增加后减少趋势。具体表现为：如果冰川面积不变，保持为基准期面积（100% 冰川情景），流量将增加 33%；如果冰川

**表 6.15　总控水文断面基准期流量与不同冰川退缩比例下的 21 世纪中期流量变化**

| 水文断面 | 月份 | 基准期（2000～2008 年）/mm | 2050s 流量变化/% | | |
| --- | --- | --- | --- | --- | --- |
| | | | 100% 冰川 | 50% 冰川 | 0% 冰川 |
| 总控 | 5 | 28 | 183.2 | 140.2 | 135.6 |
| | 6 | 162 | 28.3 | −14.0 | −41.6 |
| | 7 | 230 | 17.0 | −22.2 | −53.6 |
| | 8 | 205 | 26.4 | −19.1 | −56.1 |
| | 9 | 65 | 64.3 | 1.5 | −41.5 |
| 年平均 | | 719 | 33.3 | −9.4 | −40.4 |

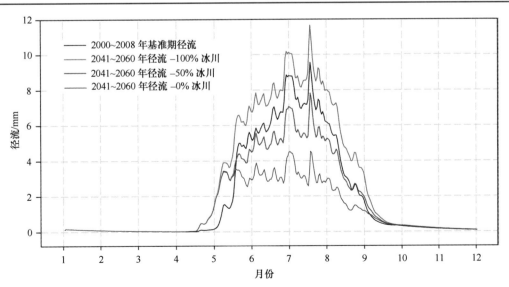

图 6.18　不同冰川覆盖情景下 2041～2060 年乌河源区（总控断面）径流预估

面积减少到基准期面积的一半（50%冰川情景），流量略有减少（9.4%）；如果冰川面积全部消失（0%冰川情景），流量将减少40.4%。需要指出的是，0%冰川情景下预估的流量减少数值反映了乌河源区流量组分里冰川径流所占的比例。

随着乌河源区气温的持续升高，乌河源区流量在3种冰川比例情景下，都表现出冰川消融期延长，其中5月冰雪消融产流提前，9月退水推后，两者合计时间增长15~20d左右（图6.18）。此外，21世纪中期径流年内分布表现出，在100%和50%冰川情景下，消融期各个月的流量与基准期有相似分布特征，而在0%冰川情景下，流量年内分布发生了显著变化，7~8月流量峰值锐减，基本与5~6月流量持平。总体而言，21世纪中期乌河源区春季的流量将明显增加，而夏季几个月的流量随着冰川的退缩而减少，径流峰值逐步提前，且峰值降低。

### 2. 台兰河流域21世纪中期和末期径流预估

根据研究区RegCM3模式A1B气候结合上述3种冰川退缩情景，表6.16和图6.19给出了台兰河流域台兰水文站基准期（1981~2000年）的流量，以及21世纪中期（2041~2060年）和末期（2081~2100年）流量的变化。

至21世纪中期和末期，无论在哪种冰川退缩情景下，台兰河流域流量相对于基准期都有不同程度的增加。2050年冰川退缩比例为15%、20%和25%时，流量相对于基准期的变化将分别为45.9%、28.9%和17.3%。到2090年，冰川退缩比例为20%、30%和40%时，流量变化率分别为66.0%、41.5%和18.6%。可见，随着研究区冰川退缩幅度增加，年平均流量相比基准期流量增大的幅度在减少。在研究区冰川退缩保守估计情景下，流域在21世纪中期和末期流量将比基准期流量高出45%以上；在最大退缩情景下，模拟流量也要高出基准期18%左右。介于两种情景之间，即在RegCM3气候预估背景下，

表6.16　台兰水文站基准期流量与不同冰川退缩比例下的21世纪中期和末期流量变化

| 月份 | 基准期 / (m³/s) | 2050s 流量变化/% | | | 2090s 流量变化/% | | |
|---|---|---|---|---|---|---|---|
| | | 减少15% | 减少20% | 减少25% | 减少20% | 减少30% | 减少40% |
| 1 | 4.9 | −22.9 | −22.9 | −22.9 | −22.5 | −22.5 | −22.5 |
| 2 | 4.5 | −16.3 | −16.3 | −16.3 | −15.6 | −15.6 | −15.6 |
| 3 | 4.3 | −12.1 | −12.1 | −12.1 | −9.4 | −9.4 | −9.4 |
| 4 | 7.9 | −49.9 | −49.9 | −49.9 | −25.1 | −26.3 | −26.5 |
| 5 | 21.1 | 92.8 | 68.1 | 57.9 | 118.3 | 89.2 | 66.5 |
| 6 | 45.2 | 27.2 | 8.6 | −2.7 | 83.7 | 52.5 | 23.5 |
| 7 | 81.3 | 44.1 | 26.4 | 12.9 | 44.8 | 21.3 | −1.3 |
| 8 | 75.4 | 46.6 | 30.7 | 18.5 | 77.5 | 50.3 | 24.0 |
| 9 | 32.5 | 115.5 | 87.7 | 68.6 | 124.6 | 90.0 | 56.8 |
| 10 | 11.9 | 44.0 | 27.7 | 17.4 | 46.9 | 27.2 | 9.4 |
| 11 | 7.1 | −19 | −20.2 | −20.9 | −15.9 | −17.6 | −18.9 |
| 12 | 5.3 | 2.8 | 2.3 | 2.0 | 5.7 | 5.2 | 4.6 |
| 平均 | 25.1 | 45.9 | 28.9 | 17.3 | 66.0 | 41.5 | 18.6 |

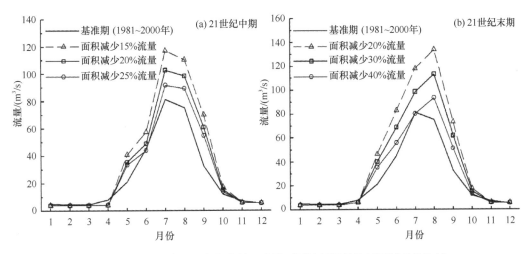

图 6.19　21 世纪中期和末期台兰河流域不同冰川退缩比例下流量的比较

21 世纪中期和末期流量增幅在 28%~42%，这与施雅风（2001）对塔里木内流区预测结果 25%~50%的结论是一致的，表明研究区未来百年时间尺度内流量有增大趋势，未来的水资源比较乐观。

从各月模拟结果来看，在 3 种冰川退缩比例情景下，到 21 世纪中期和末期台兰河流域流量的年内分布大体相同，都表现出模拟流量除 1~4 月、11 月均有减少外，其余月份大都有不同程度的增加，且 5~10 月流量随流域冰川退缩比例减小，相比基准期增幅越来越大，尤以汛期 7~8 月最明显（图 6.19）。此外，从流量过程线分布看，21 世纪中期年内最大流量仍出现在 7 月，其次是 8 月，但 5 月的流量增加很快。21 世纪末期，流量峰值由当前的 7 月转移到 8 月。分析这两个月份气温和降水发现，预估 21 世纪中期（2041~2060 年）5 月气温较高，与基准期相比增幅较大，而末期 8 月气温是一年中最高气温，这两个月份降水在三个时段中为最小。在这样的气候背景下，有利于冰川大量消融，冰川融水径流相应增加。该区冰川未来的消融变化不仅关系到塔河流域，甚至南疆未来水资源的配置和水利工程设计，而且对整个南疆社会经济的可持续发展具有深远影响，为此今后应加强对这一地区冰川变化和冰雪洪水灾害的监测。

由于研究区台兰水文站气象观测资料时间序列较短（只有 3 年）。尽管流量时间序列较长，但结合这 3 年气象资料对模型建模率定时，观测资料的系统性显得不足，没能充分反映出流量的丰、平、枯现象，这导致在一定程度上对未来流量变化的预估存在着不确定性。此外，在预测未来径流变化时，模型使用的参数是基于 2003~2005 年流量数据确定的，未考虑未来 50 年及 100 年时间尺度上参数可能发生的变化，如模型中的 *tt*（区分雨、雪阈值温度）、*tti*（雨夹雪的气温步长）、*dttm*（与 *tt* 加和作为雪融化的临界温度）、*gmelt*（冰度日因子）和 *cfmax*（雪度日因子）等敏感参数都是在当前气候条件下确定的，随着气候变暖，这些参数值势必会发生变化。在考虑冰川面积变化时，假定冰川退缩是从冰川末端向上退缩的。但实际上这一地区冰川的消融退缩模式与我们的假定可能有一定出入，李忠勤等（2010）研究指出，托木尔峰地区冰川末端有大量表碛覆盖，一定程度上延缓了冰川的后退，主要以减薄的形式迅速消融，这也是未来径流预估不确定性的一个主要来源。本研究对气候变化预测虽然只应用了 SRES-A1B 中等排放方案下情景，但是我们给出了流域冰川退缩最快和最慢两种方案，这种多方案的集成分析为降低流域未来流量预估不确定性可提供些许有益的借鉴。

# 参 考 文 献

曹敏, 李忠勤, 李慧林. 2011. 天山托木尔峰地区青冰滩 72 号冰川表面运动速度特征研究. 冰川冻土, 33(1): 21～29

曹真堂. 1988. 贡嘎山贡巴冰川的水文特征. 冰川冻土, 10(1): 57～65

陈建明, 刘潮海, 金明燮. 1996. 重复航空摄影测量方法在乌鲁木齐河流域冰川变化监测的作用. 冰川冻土, 18(4): 331～336

丁良福, 俞昕治. 1991. 叶尔羌河流域冰川水资源及冰川物质平衡. 见: 张祥松, 周聿超. 喀喇昆仑山叶尔羌河冰川与环境. 北京: 科学出版社

杜文涛, 秦翔, 刘宇硕, 等. 2008. 1958～2005 年祁连山老虎沟12 号冰川变化特征研究. 冰川冻土, 30(3): 373～379

高洪凯, 何晓波, 叶柏生, 等. 2011. 1955～2008 年冬克玛底河流域冰川径流模拟研究. 冰川冻土, 33(1): 171～181

焦克勤, Shuji I, 姚檀栋, 等. 2005. 3.2 ka BP 以来念青唐古拉山东部则普冰川波动与环境变化. 冰川冻土, 27(1): 74～79

井哲帆, 叶柏生, 焦克勤, 等. 2002. 天山奎屯河哈希勒根 51 号冰川表面运动特征分析, 冰川冻土, 24(5): 563～566

康尔泗, 杨针娘, 赖祖铭, 等. 2000. 冰雪融水径流和山区河流. 见: 施雅风主编. 中国冰川与环境——现在、过去和未来. 北京: 科学出版社

康尔泗, 朱守森, 黄明敏. 1985. 托木尔峰地区的冰川水文特征. 见: 中国科学院登山科学考察队主编. 天山托木尔峰地区的冰川与气象. 乌鲁木齐: 新疆人民出版社

李向应, 丁永建, 刘时银. 2007. 中国境内冰川成冰作用的研究进展. 地球科学进展, 22(4): 386～395

李忠勤, 李开明, 王林. 2010. 新疆冰川近期变化及其对水资源的影响研究. 第四纪研究, 30(1): 96～106

刘潮海, 丁良福. 1988. 中国天山冰川区气温和降水的初步估算. 冰川冻土, 10(2): 151～160

刘力, 井哲帆, 杜建括. 2012. 玉龙雪山白水 1 号冰川运动速度测量与研究. 地球科学进展, 27(9): 987～992

刘时银, 丁永建, 叶佰生, 等. 1996. 度日因子用于乌鲁木齐河源 1 号冰川物质平衡计算的研究. 见: 第五届全国冰川冻土学大会文集(上册). 兰州: 甘肃文化出版社

刘时银, 姚晓军, 郭万钦, 等. 2015. 基于中国第二次冰川编目的中国冰川现状. 地理学报, 70(1): 3～16

刘伟刚, 任贾文, 刘景时, 等. 2012. 喜马拉雅山珠峰绒布冰川流域径流模拟. 冰川冻土, 34(6): 1449～1459

路传林. 1983. 冰川消融及其径流与气温的关系——以乌鲁木齐河源 1 号冰川为例. 冰川冻土, 5(1): 78～83

蒲健辰, 姚檀栋, 田立德. 2006. 念青唐古拉山羊八井附近古仁河口冰川的变化. 冰川冻土, 28(6): 861～864

沈永平, 刘时银, 丁永建, 等. 2003. 天山南坡台兰河流域冰川物质平衡变化及其对径流的影响. 冰川冻土, 25(2): 124～129

施雅风, 黄茂桓, 任炳辉. 1988. 中国冰川概论. 北京: 科学出版社

施雅风, 刘时银, 叶柏生, 等. 2008. 简明中国冰川目录. 上海: 上海科学普及出版社

施雅风. 2001. 2050 年前气候变暖冰川萎缩对水资源影响情景预估. 冰川冻土, 23(4): 333~341

孙美平, 李忠勤, 姚晓军, 等. 2012a. 1959~2008 年乌鲁木齐河源 1 号冰川融水径流变化及其原因. 自然资源学报, 27(4): 650~660

孙美平, 姚晓军, 李忠勤, 等. 2012b. 21 世纪天山南坡台兰河流域径流变化情景预估. 气候变化研究进展, 8(5): 342~349

王宁练, 贺建桥, 蒲建辰, 等. 2010. 近 50 年来祁连山七一冰川平衡线高度变化研究. 科学通报, 55(32): 307~315

王圣杰, 张明军, 李忠勤, 等. 2011. 近 50 年来中国天山冰川面积变化对气候的响应. 地理学报, 66(1): 38~46

王帅帅, 周石硚, 郑伟. 2011. 喜马拉雅山中东段蒙达扛日冰川水文与物质平衡观测研究. 冰川冻土, 33(5): 1146~1152

王文悌, 刘宗香. 1984. 天山乌鲁木齐河源 1 号冰川频率响应特性的计算与分析. 冰川冻土, 6(4): 13~24

谢自楚, 刘潮海. 2010. 冰川学导论. 上海: 上海科学普及出版社

谢自楚, 王欣, 康尔泗, 等. 2006. 中国冰川径流的评估及其未来 50a 变化趋势预测. 冰川冻土, 28(4): 457~466

许君利, 张世强, 韩海东, 等. 2011. 天山托木尔峰科其喀尔巴西冰川表面运动速度特征分析. 冰川冻土, 33(2): 268~275

杨针娘, 刘新仁, 曾群柱, 等. 2000. 中国寒区水文. 北京: 科学出版社

杨针娘. 1988. 中国冰川融水径流及其对河流的补给作用. 见: 施雅风. 中国冰川概论. 北京: 科学出版社

杨针娘. 1991. 中国冰川水资源. 兰州: 甘肃科学技术出版社

姚檀栋, 刘时银, 蒲健辰, 等. 2004. 高亚洲冰川的近期退缩及其对西北水资源的影响. 中国科学(D 辑), 34(6): 535~543

张健, 何晓波, 叶柏生, 等. 2013. 近期小冬克玛底冰川物质平衡变化及其影响因素分析. 冰川冻土, 35(2): 263~271

张勇, 刘时银, 丁永建, 等. 2006. 天山南坡科契卡尔巴西冰川物质平衡初步研究. 冰川冻土, 28(4): 477~484

赵芳芳, 徐宗学. 2007. 统计降尺度方法和 Delta 方法建立黄河源区气候情景的比较分析. 气象学报, 65(4): 653~662

周广鹏, 姚檀栋, 康世昌, 等. 2007. 青藏高原中部扎当冰川物质平衡研究. 冰川冻土, 29(3): 360~365

Akhtar M, Ahmad N, Booij M J. 2008. The impact of climate change on the water resources of Hindukush–Karakorum–Himalaya region under different glacier coverage scenarios. Journal of Hydrology, 355: 148~163

Gao X J, Shi Y, Zhang D F, et al. 2012. A high resolution climate change simulation of the 21st century over China by RegCM3. Chinese Science Bulletin, 57(1): 374~381

Grinsted A. 2013. An estimate of global glacier volume. The Cryosphere, 7: 141~151

Hagg W, Braun L N, Kuhn M, et al. 2007. Modeling of hydrological response to climate change in glacierized Central Asian catchments. Journal of Hydrology, 332: 40~53

Hagg W, Braun L N, Weber M, et al. 2006. Runoff modeling in glacierized Central Asian catchments for present~day and future climate. Hydrological Research, 1: 1~13

Kang E, Liu C H, Xie Z C, et al. 2009. Assessment of glacier water resources based on the Glacier Inventory of China. Annals of Glaciology, 50(53): 104～110

Krenke A N. 1982. Investigation of the hydrological condition of alpine regions by glaciological methods. IAHS, 138: 31～42

Li H, Xu C, Stein B. 2015. How much can we gain with increasing model complexity with the same model concepts. Journal of Hydrology, 527: 858～871

Liu S Y, Sun W X, Shen Y P. 2003. Glacier changes since the little ice age maximum in the western Qilian Shan, northwest China, and consequences of glacier runoff for water supply. Journal of Glaciology, 49(164): 117～124

Liu S Y, Zhang Y, Zhang Y S, et al. 2009. Estimation of glacier runoff and future trends in the Yangtze River source region. China Journal of Glaciology, 55(190): 353～362

Luo Y, Arnold J, Liu S Y, et al. 2013. Inclusion of glacier processes for distributed hydrological modeling at basin scale with application to a watershed in Tianshan Mountains. Northwest China Journal of Hydrology, 477: 72～85

Mayr E, Hagg W, Mayer C, et al. 2012. Calibrating a spatially distributed conceptual hydrological model using runoff, annual mass balance and winter mass balance, Journal of Hydrology

Radić V, Hock R. 2010. Regional and global volumes of glaciers derived from statistical upscaling of glacier inventory data. Journal of Geophysical Research, 115: F01010

Stahl K, Moore R D, Shea J M, et al. 2008. Coupled modelling of glacier and streamflow response to future climate scenarios. Water Resources Research, 44: W02422

Su F G, Zhang L L, Ou T, et al. 2015. Hydrological response to future climate changes for the major upstream river basins in the Tibetan Plateau. Global and Planetary Change, 136: 82～95

Sun M P, Li Z Q, Yao X J, et al. 2012. Rapid shrinkage and hydrological response of typical continental glacier in the arid region of northwest China——Taking Urumqi Glacier No.1 as an example. Ecohydrology

Sun M P, Li Z Q, Yao X J, et al. 2015. Modeling the hydrological response to climate change in a glacierized high mountain region, northwest China. Journal of Glaciology

Wang X L, Luo Y, Sun L, et al. 2015. Assessing the effects of precipitation and temperature changes on hydrological processes in a glacier-dominated catchment. Hydrological Processes, 29(23): 4830～4845

Xu B R, Lu Z X, Liu S Y, et al. 2015. Glacier changes and their impacts on the discharge in the past half-century in Tekes watershed, Central Asia. Physics and Chemistry of the Earth

Ye B S, Chen K G. 1997. A model simulation the processes in responses of glacier and runoff to climatic change. Chinese Geographical Science, 7(3): 243～250

Ye B S, Ding Y J, Liu F J, et al. 2013. Response of various-sized alpine glaciers and runoff to climate change. Journal of Glaciology, 49(164): 213～218

Zhang L L, Su F G, Yang D Q, et al. 2013. Discharge regime and simulation for the upstream of major rivers over Tibetan Plateau. Journal of Geophysical Research: Atmospheres, 118(15): 8500～8518

Zhang S Q, Gao X, Zhang X W. 2015. Glacial runoff has likely reached peak in the mountainous areas of the Shiyang River Basin, China. J. Mt. Sci., 12(2): 382～395

Zhang S Q, Gao X, Zhang X W, et al. 2012. Projection of glacier runoff in Yarkant River basin and Beida River basin, Western China. Hydrological Processes, 26: 2773～2781

Zhang Y, Hirabayashi Y, Liu Q, et al. 2015. Glacier runoff and its impact in a highly glacierized catchment in the southeastern Tibetan Plateau: past and future trends. Journal of Glaciology, 61(228): 713～729

Zhang Y, Hirabayashi Y, Liu S Y. 2012. Catchment～scale reconstruction of glacier mass balance using observations and global climate data: case study of the Hailuogou catchment, south～eastern Tibetan Plateau. Journal of Hydrology

Zhang Y, Liu S Y, Ding Y J. 2007. Glacier meltwater and runoff modelling, keqicar Baqi Glacier, southwestern Tien Shan, China. Journal of Glaciology, 53(180): 91~98

Zhang Y, Liu S Y, Xu J L, et al. 2007. Glacier change and glacier runoff variation in the Tuotuo River basin, the source region of Yangtze River in western China. Environmental Geology, 56(1): 59~68

Zhao Q D, Ye B S, Ding Y J, et al. 2012. Coupling a glacier melt model to the Variable Infiltration Capacity(VIC)model for hydrological modeling in north-western China. Environ Earth Sci., 68: 87~101

Zhao Q D, Zhang S Q, Ding Y J, et al. 2015. Modeling hydrologic response to climate change and shrinking glaciers in the highly glacierized Kunma Like River catchment, central Tianshan. Journal of hydrometeorology

# 第 7 章  中国西部积雪水资源

中国积雪资源丰富，稳定积雪面积占陆地国土面积的 35%，其中，八成以上分布在中国西部；西北地区年均融雪径流是河川径流的重要组成部分，对缓解春旱、土壤保墒有重要作用，但过量积雪往往带来雪灾或春汛灾害。积雪因其高反射率特性，对区域气候有重要影响。因此，研究积雪的气候、水资源和灾害效应有重要的理论和现实意义。本章介绍了中国积雪资源分布与变化研究的近期成果，指出 20 世纪 60 年代后期以来中国西部积雪资源成持续减少趋势，尤以 1 月和 3 月减少明显，青藏高原大部分地区积雪日数减少，但喀喇昆仑山—昆仑山高海拔地区积雪日数以增加为主；自 20 世纪 70 年代后期以来，融雪径流总体呈增加趋势，西南天山、帕米尔高原东部和喀喇昆仑山、塔城和阿尔泰等地区融雪径流增加明显，部分河流融雪期提前、季节分配有所改变，区域尺度系统评估仍有待加强。

## 7.1  积雪分布与变化

### 7.1.1  概况

在我国，积雪是非常宝贵的淡水资源。春季融雪形成的春汛，满足了西部地区春季用水的迫切需要，为农业发展提供了得天独厚的水资源条件。黄河流域冬小麦越冬，内蒙古、新疆、青海、西藏广大牧区冬季牲畜的饮用水和放牧都与积雪密切相关。"瑞雪兆丰年"体现的正是积雪的重要正面作用。相反，积雪异常聚集和消融引起的冬季雪灾和干旱，则给地方农牧业以及寒区生产生活带来了巨大损失。

我国积雪分布的范围广阔，有积雪出现的国土面积超过 $900 \times 10^4 km^2$，连续积雪面积（大于 60 天）大约 $340 \times 10^4 km^2$，最大雪水当量可达到 $95.9 \times 10^9 m^3/a$（Li and Williams，2008）。我国积雪空间分布极不平衡，高度集中在西部和北部的山区。台站观测和被动微波遥感反演的雪深数据表明（图 7.1），我国积雪主要分布在东北的大小兴安岭以北、长白山地区；新疆的天山和阿勒泰地区，青藏高原的藏东南及其边缘地区。中国西部的稳定积雪面积约为 $280 \times 10^4 km^2$（李培基，1988；车涛，2005；王澄海等，2009；车涛和戴礼云，2011）。总体而言，我国积雪的空间分布格局为：丰枯雪区强烈对比与镶嵌分布，丰雪区范围有限，且南北、东西分散分布。从年际变化上看，近 50 年来中国积雪日数和最大积雪深度在冬季呈现增加趋势，春秋季表现为减少的趋势（王春学，2012）。

### 7.1.2  积雪变化

西部地区是我国积雪资源最丰富的地区。根据 1979～2014 年微波雪水当量反演产

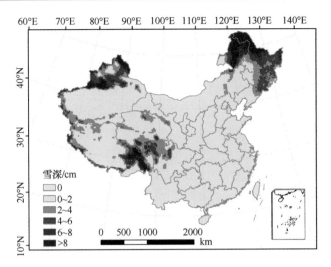

图 7.1　基于被动微波遥感数据获取的 2004～2014 年度平均雪深空间分布

品计算，西部地区年均雪水当量约为 148.3×10$^8$m$^3$。根据李培基的估算（李培基，1999），西北地区冬季积雪鼎盛时期平均雪水当量为 361.0×10$^8$m$^3$，占该区地表年径流量的 38.2%。积雪最丰富的山区是阿尔泰山，冬季积雪鼎盛时期平均雪深达 50～60 cm；其次为天山、帕米尔和喀喇昆仑山，雪深为 40～50 cm；再次为昆仑山，为 20～30 cm；最后是祁连山，仅 10～20 cm。此外，额尔齐斯河流域，伊犁河流域和天山北麓山前平原乌苏—木垒一带积雪也相当丰富，雪深达 20～50 cm（Qin et al.，2006；李培基，1999）。

　　从我国雪深的空间分布格局来看（图 7.1），西部地区积雪分布最丰富的地方在新疆地区，以及西藏、青海和四川接壤的青藏高原东部地区。新疆积雪分布受三山夹两盆地的地貌格局影响，呈自西向东、由北向南减少的特点，其中，北疆地区是我国积雪资源最为丰富的地区。该区稳定积雪期都在 5 个月左右，积雪厚度为 20～50cm，山区稳定积雪期每年可长达 7 个月，积雪最大厚度可达到 80cm 以上，高山区稳定积雪则更为丰富。冬春季积雪主要分布在天山以北，平均厚度一般在 16cm 以上，厚度最大的是在阿勒泰、塔城和博格达峰地区，可达到 30cm 以上（卢新玉，2011）；其次，是天山山区北麓伊犁河流域，积雪深度也达到了 20cm；天山以南积雪深度比较浅薄，大部分都在 10cm 以下（胡列群等，2013），但在南疆西部的托什干河流域一带地区，积雪深度达到了 20cm 以上。

　　青藏高原积雪稳定区面积占高原总面积的 71.4%，常年积雪分布面积约占整个青藏高原的 13.3%。尽管海拔高，但青藏高原冬季降水量值小，降雪量和积雪量也较少。青藏高原积雪表现为周围山地，尤其是东西侧多雪与广大腹地少雪的空间分布特征。高原东部是高原积雪年际变化最显著的地区，它主导了整个高原积雪的年际变化（柯长青和李培基，1998）。积雪集中分布在兴都库什山、帕米尔高原、喜马拉雅山的西部、念青唐古拉山、唐古拉山的东部、他念他翁山以及横断山西部等地区。帕米尔高原—天山一线海拔较高处，稳定积雪区约占到该地区总面积的 58.4%。以这些山地为中心的四周，以及沙鲁里山、大雪山、阿尼玛卿山、祁连山、昆仑山、喜马拉雅山的南部也有比较丰富的积雪。但是广袤的藏北高原、藏南各地和柴达木盆地积雪很少。这种分布是受高原的气候背景决定的。青藏高原东西两侧都处于高原边缘的多雨区，西侧的帕米尔高原是西风带的上升运动区，降水较多，进而形成多雪区；东侧受西南暖湿气流的影响，暖湿气流于东侧横断山脉北上，造成东侧多雪的环流背景。藏北高原与柴达木盆地深居高原内陆腹地，远离水汽来源的地方，降水很少，积雪较为贫乏。藏南谷地海拔相对低，冬季受雅鲁藏布江热低压控制，降水很少，也是高原积雪较少的地区。

IPCC 报告（2014）指出，1967～2012 年北半球春季积雪范围减少明显。与之相似，中国西部地区年均雪水当量也呈明显的下降趋势。1979～2014 年的月均雪水当量皆有不同程度的下降（图 7.2），下降速率为 0.017～0.051mm/a，平均下降速率为 0.29 mm/a。

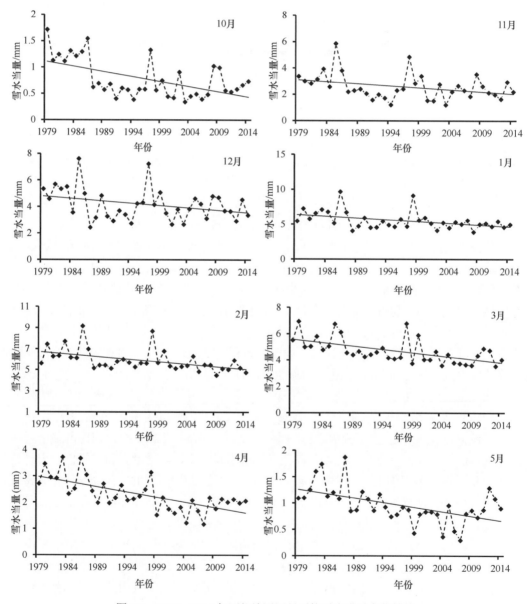

图 7.2 1979～2014 年西部地区逐月平均雪水当量变化趋势

下降量最明显的在 1 月和 3 月，达到 0.05 mm/a 以上。雪季初始和结束的 10 月和 5 月，下降趋势较缓慢，分别为 0.019 mm/a 与 0.017 mm/a。这种多年持续的雪水当量下降趋势，显示出气候变化情势下固态积雪资源的稳定减少，应当引起足够的注意。

从积雪变化的空间分布上来看，青藏高原腹地下降趋势最为显著，面积也较大；而昆仑山山脉一线以及祁连山地区平均雪深增加趋势显著，面积相对较小（图 7.3）。综合 NOAA 积雪面积、SMMR 积雪深度以及地面台站积雪深度观测的结果表明（柯长青和李培基，1998），从 20 世纪 60 年代到 80 年代青藏高原积雪年际波动幅度有明显增加趋势。年平均积雪深度在 1990s 中期前呈上升趋势，其速率达 0.06 mm/a，约占年平均积雪厚度的 1.8%，1997 年后积雪深度持续减少。高原东部冬季积雪表现出“少—多—少”的年代际变化特征，分别在 1988 年和 2000 年发生由少到多和由多到少的两次突变，尤其是 20 世纪末的突变更为显著（胡豪然和梁玲，2013；伯玥等，2014；田柳茜等，2014）。青藏高原地面气象台站的观测结果也支持这一现象（马丽娟和秦大河，2012）。田柳茜等（2014）认为，这与 20 世纪 80 年代中后期青藏高原由暖干时期进入暖湿时期有关。

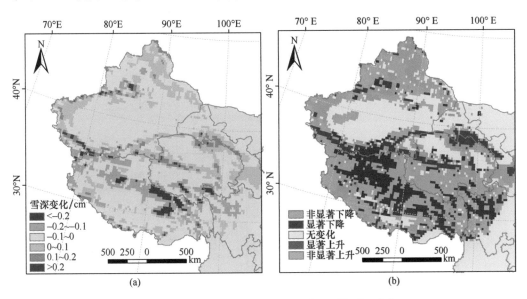

图 7.3　1994～2014 年来中国西部地区平均雪深变化
（a）平均雪深 20 年来的变化增量；（b）雪深变化的显著性分析

西部地区最大雪深的分布格局和变化趋势与平均雪深的格局较为相似（图 7.4）。年均积雪日数在西部大部分地区都呈现下降趋势，特别是青藏高原内陆的广大地区（图 7.5）。积雪日数有着明显增加的地区主要分布在青藏高原南麓沿喜马拉雅山脉一带，以及昆仑山脉、阿尔金山脉和祁连山脉。积雪日数变化的空间格局与平均雪深变化的空间格局是相似的。根据 MODIS 积雪覆盖面积数据的研究表明（孙燕华等，2014），青藏高原地区 2003～2010 年平均积雪日数呈显著减少趋势，稳定积雪区面积在逐渐扩大，常年积雪区面积在不断缩小。与积雪日数时空变化相比，雪水当量增加的区域与积雪日数增加的区域基本一致。青藏高原地区总的积雪面积年际变化呈波动下降的趋势，但趋势不显著，且减少的比例很少。最大积雪面积呈现波动上升后下降的趋势，平均累积积雪总量呈明显的波动下降趋势。根据更长时间序列的微波遥感数据来看，虽然青藏高原大部分地区积雪日数呈现下降趋势，但只有 5.8% 的下降呈显著下降，这些地区集中在青藏高原的中部和南部（Wang et al., 2015）。

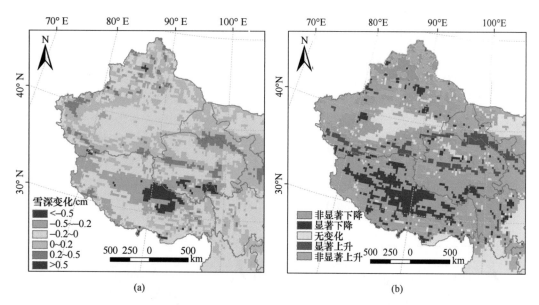

图 7.4　1994～2014 年来中国西部地区最大雪深变化
（a）20 年来逐年最大雪深的变化增量；（b）显著性分析

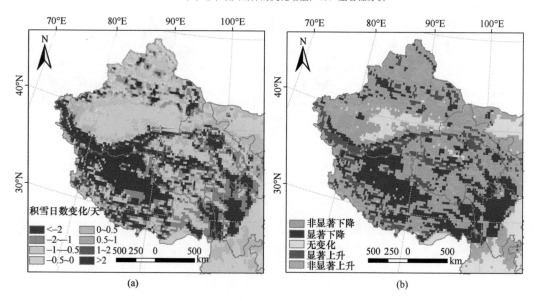

图 7.5　1994～2014 年来中国西部地区积雪日数变化
（a）积雪日数的变化增量；（b）变化显著性分析

与青藏高原地区相比，新疆地区积雪并没有出现明显下降，部分地区还有明显的增加。积雪显著增加的地区主要分布在天山山脉一带，阿尔泰山脉年均雪深也有大面积的增加，但幅度不大（图 7.3）。同时观测到了新疆部分地区积雪日数呈现显著下降的趋势

（图 7.5），但这些地区的年际雪水当量并没有明显下降。通过对新疆气象台站的数据分析表明（胡列群等，2013），1960～2011 年 50 余年来，南北疆及天山山区的积雪深度均呈小幅增长，在天山山区增幅最大，积雪日数呈略微降低趋势，积雪初始、终止日期无明显变化。这个结果与微波雪深观测到的新疆地区积雪变化趋势是一致的。李培基（2001）的研究也发现，虽然近 50 年来新疆冬季变暖十分显著，尤其 20 世纪 90 年代为最温暖的时期，但是积雪并未出现持续减少的现象；积雪长期变化表现为显著的年际波动过程叠加在长期缓慢的增加趋势之上，该区的积雪稳定状况并未受到破坏，1987 年以来北半球大陆积雪持续显著减少的现象在这里并不存在。距 2001 年过去 12 年后，新的微波遥感雪深数据观测结果仍然支持这一论点，新疆地区的积雪没有出现大幅减少，在部分地区甚至出现显著增长。

### 7.1.3　融雪径流变化与影响

#### 1. 概况

西部地区流域主要包括西北诸河区、西南诸河区以及长江黄河源区。

在西北诸河区，除额尔齐斯河属于北冰洋水系外，其他均属内陆河流，河流大多短小。区域内水资源具有总体水量不足、空间分布不均的特征。本区平均年降水量为230mm，但全区多年平均蒸发量很大，一般为 1500～3000mm，蒸发能力为降水量的 8～10 倍。西北诸河区周边及中部耸立着许多高大的山系，如阿尔泰山、天山、昆仑山、祁连山等。该区内陆河流域高山与盆地相间分布的地形，使发源于高山地区的河流都向盆地汇集，组成向心式水系（杨针娘等，2000）。主要的河流有塔里木河、伊犁河和额尔齐斯河、黑河、疏勒河以及青海湖水系等，而一些水量不大的河流在出山后不久就消失在沙漠中，本区河流的特点是流量小，多为季节性河流，河流的补给主要以冰川、积雪融水和降雨为主，河流径流受气温影响较大，年内四季降水分配不均匀。昆仑山北坡的河流由于处于我国最干燥的地区，这里 2500 m 以下的山地基本上不产生径流，河流以高山冰雪融水补给为主（熊怡等，1982）。

西南诸河区主要包括雅鲁藏布江、羌塘高原内陆河、澜沧江、怒江和红河等流域。该地区多高山高原，坡陡流急、河网密度大、气候湿润、雨量充沛（林三益等，1999）。雅鲁藏布江及其支流，冰雪融水补给比重可占到径流比重的 27%（Immerzeel et al.，2010）。在长江河源区，河流特征主要为以降水为主的混合补给型。该区流域海拔高，冰川及冻土发育，积雪多以斑状积雪分布，冰雪融水占到径流比重的 8%（Immerzeel et al.，2010），而高山冰雪融化的补给对洪峰流量的影响不大（吴凯等，1983）。

总的来看，积雪消融对西部地区河流的贡献有着举足轻重的作用。气候变化对西部地区积雪水文过程的影响也是显著的。近年来，针对西部地区积雪水文的研究发现了一致的融雪径流增加和融雪峰值前移的现象（Liu et al.，2011；Wang et al.，2010；Wang and Li，2006；Immerzeel et al.，2010）。

为更全面地阐述整个西部地区积雪水文多年来的变化趋势，采用长时间序列的中国区域气象数据和成熟的陆面过程模型对西部地区积雪过程进行模拟，并分析其多年变化趋势。中国区域地面气象要素数据集是中国科学院青藏高原研究所开发的一套近地面气象与环境要素再分析数据集（何杰和阳坤，2011）。该数据集是以国际上现有的 Princeton 再分析资料、GLDAS 资料、GEWEX-SRB 辐射资料，以及 TRMM 降水资料为背景场，融合了中国气象局常规气象观测数据制作而成。其时间分辨率为 3h，水平空间分辨率为 0.1°。模型算子采用 CoLM 模型（Dai et al.，2003）和 GBHM 模型（Yang et al.，2015a）的耦合模型。CoLM 模型是经过多项研究验证的陆面过程模型，对积雪热传导和消融过程有较好的物理过程描述；GBHM 模型是针对山区开发的分布式水文模型，对山坡水文过程有很好的物理描述。

　　采用 Mann-Kendall 检验方法对模拟的西部地区积雪消融量趋势分析结果表明（图 7.6），1979～2010 年，西部地区年均融雪量有大范围的增加，减少的区域主要位于 30°N 以南的少部分地区，年均融雪量的变化率维持在±5 mm/a 之间。融雪增加最多、趋势最显著的区域位于喜马拉雅山脉、喀喇昆仑山脉、天山山脉以及青藏高原东部部分地区，而青藏高原内陆、祁连山脉以及河西地区均有小幅显著增长。

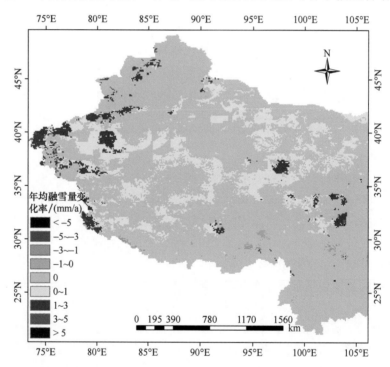

图 7.6　基于 Mann-Kendall 检验方法的中国西部地区年均融雪量显著性变化分析（1979～2010 年）

　　从西部地区二级流域[①]的融雪量多年变化趋势来看（图 7.7），融雪量有显著增长的流域主要包括塔里木河流域以及中亚、西亚内陆河流域。研究表明（沈永平等，2013），随着新疆气候向暖湿转变，包括塔里木河流域在内的以积雪为主补给的河流，水文过程对气候变暖的响应表现为最大径流前移，夏季径流减少。在塔里木河流域，相关研究指

--------

① 二级流域划分数据来自寒区旱区科学数据中心。

出了该区存在积雪面积增加（Xu et al.，2010），融雪速率增长和融雪径流峰值前移的现象（Liu et al.，2011）。阿尔泰山南麓的部分流域虽然融雪总量没有显著增加，但气候变化对该区的积雪提前融化产生了明显的影响，如乌伦古河（努尔兰·哈再孜等，2014）。位于青藏高原的羌塘高原内陆河、藏西诸河，以及河西走廊内陆河、柴达木盆地、青海湖水系和黄河源区等地也有明显的年均融雪量增长。在位于河西走廊内陆河的黑河流域（Wang et al.，2010）和石羊河流域（Wang et al.，2012）也观测到了显著的融雪径流增加，这与图 7.7 的结果是一致的。

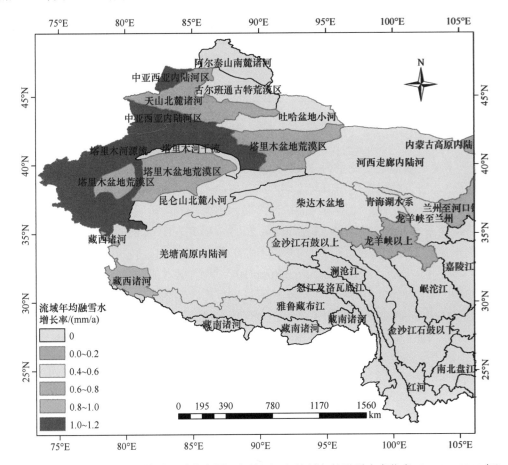

图 7.7　基于 Mann-Kendall 检验方法的中国西部地区二级流域年均融雪水变化率（1979～2010 年）

　　为更进一步说明不同区域融雪径流对总体径流的贡献和变化趋势，选择西部地区塔里木河（包含叶尔羌河和台兰河）、额尔齐斯河、黑河和黄河源区 4 个典型流域进行分析。总的来看（表 7.1），近几十年来，在不同流域，以融雪为主的春季径流都有显著增长。塔里木河流域主要增长季在 4～5 月；额尔齐斯河流域 3 月径流量较小，融雪径流主要在 4 月产生，该月份在不同年代融雪径流的增长速率都较大且稳定；黑河流域 3～4月融雪径流的增长都较大且速率平稳；黄河源区径流增长主要出现在 3 月，这与其 3 月积雪分布较多有密切关系。各不同流域的融雪开始时间都有显著提前，以额尔齐斯河和黑河最为明显，与 20 世纪 70 年代相比，分别提前了 18 天和 15 天。气候变化情势下，西部地区典型河流的春季径流有稳定的增长，融雪开始时间也有显著的提前。气候变化加剧了本区水资源的不确定性。

表 7.1 西部典型流域融雪径流增长、融雪起始时间以及融雪峰值时间对比

| 流域 | 时期/年 | 春季径流量增长率/% | | | 融雪开始提前天数 |
|---|---|---|---|---|---|
| | | 3 月 | 4 月 | 5 月 | |
| 叶尔羌河 | 2001~2010 | 5.78 | 18.59 | 25.77 | 12 |
| 额尔齐斯河 | 1970~1989 | −15.50 | 13.37 | 1.79 | 18 |
| | 1980~1999 | 89.80 | 15.28 | 9.74 | |
| | 2001~2005 | −1.08 | 17.91 | 6.78 | |
| 黑河 | 1978~1997 | 13.63 | 17.34 | 31.15 | 6 |
| | 1987~2008 | 11.24 | 12.34 | −5.99 | 15 |
| 黄河源区 | 1956~2012 | 15.77 | 8.47 | 8.04 | — |

## 2. 塔里木河

塔里木河流域地表径流量为 $3.92×10^{10}m^3$。河流的补给以高山冰雪融水为主，上游区域的阿克苏河、叶尔羌河和田河流域的年冰雪融水比超过 60%（成正才，1995），塔里木河流域综合径流补给比例为：高山冰雪融水占 47.9%，雨雪混合占 27.9%，地下水占 24.2%，地下水补给通常平稳（崔彩霞等，2005）。研究表明（Chen et al.，2006），1955~2000 年塔里木河流域气温上升了近 1℃，降水在 1986 年后出现转折，20 世纪 80 年代和 90 年代降水明显增加，增加速率为 6~8mm/10a。就塔里木河的各主要源流来说，若将 1987~2000 年与 1956~1986 年平均年径流量进行比较，阿克苏河增加了 19.7%，开都河增加了 15.9%，叶尔羌河增加了 2.9%，而和田河却减少了 6.4%。塔里木河流域的许多研究表明，融雪径流对该区的补给正在加大（Yang et al.，2015b；Lyu et al.，2015）。春季雪融水产生的径流量在叶尔羌河流域以 2001 年为基础、2005 年和 2010 年相比径流量增加。由于气候变化下融雪径流的增加已经引起了流域基流的变化（Fan et al.，2013）。在融雪开始时间上，塔里木河上游融雪时间不断提前，叶尔羌河上游 2010 年融雪径流时间比 2001 年提前了 12 天。综合分析来看，由于降水量和气温的升高，塔里木河上游春季融雪径流量呈增加趋势，但增加多少与塔里木河流域各河流所在的地形和地貌有关。

## 3. 额尔齐斯河

额尔齐斯河发源于阿尔泰山南麓的富蕴县境内，是我国唯一的自东向西流入北冰洋的跨界河流。额尔齐斯河河流补给形式的分配情况大致为：冰川融雪补给占 30%，季节性融雪和降雨占 25%。从比例分配上不难看出，在额尔齐斯河流域河流的补给来源中，融雪所产生的径流补给占有重要的位置（王勇，1999）。以春末夏初的季节积雪融水成为河川径流的主要补给来源计算，额尔齐斯河布尔津站的融水补给量占年径流量的 63%，所占比重较大。

以额尔齐斯河支流克兰河为例，克兰河主要由融雪径流补给，积雪融水可达年径流量的 45%。年最大月径流一般出现在 6 月，融雪季节的 4～6 月径流量占年径流的 65%。流域从 20 世纪 60 年代开始升温明显，河流水文过程发生了很大的变化。在 20 世纪 70 年代、80 年代、90 年代和 2001～2005 年 4 个不同时代，春季融雪径流分析表明：3 月径流呈减少—增加—减少的周期性趋势，但变化幅度不大；4 月径流呈增加的趋势；5 月径流变化明显，呈上升趋势。最大月径流由 6 月提前到 5 月，最大月径流量也增加约 15%，4～6 月的融雪季节径流量也由占年流量的 60% 增加到近 70%（沈永平等，2013）。在春季融雪开始时间上，库依尔特河富蕴站 1981 年融雪开始时间为 4 月 19 日，到 2008 年时间提前了 15 天，克兰河阿勒泰水文站融雪时间为 2005 年，和 19 世纪 70 年代相比，提前了 18 天。

## 4. 黑河

黑河流域为河西走廊内陆河的主要流域，总面积为 10009 km$^2$，出山口莺落峡水文站多年平均年总径流量为 15.97×10$^8$ m$^3$。一般而言，黑河流域上游每年的 3～5 月径流主要由融雪产生。对流域出口处的莺落峡水文站和流域内的祁连水文站进行 3～5 月的径流统计，发现整个黑河流域上游的春季径流有三个比较明显的上升时期，分别为 1950～1970 年、1974～1989 年和 2000 年以来的近 10 年时间。在气温较高的 2000 年后的近 10 年，3～4 月出现了相对明显的径流加大、融雪峰值提前现象，而该年代的夏季径流值相对较低，同时秋冬季径流有增大后移的现象。而位于流域上游的祁连水文站的统计资料也反映出相似的趋势，从 20 世纪 70 年代一直到 2010 年，祁连站春季径流有相对明显的增大，同时秋冬季的径流量有前移减小的趋势。融雪径流的峰值也有所提前，这与有资料记载的观测结果是吻合的（王建，2001）。对比 1960～1986 年、1987～1996 年和 1997～2008 年春季融雪径流变化，发现 1987～1997 年和 1998～2008 年春季径流较 1978～1986 年都有所增加，其中，3 月平均径流速率分别增加了 1.94m$^3$/s 和 4.01m$^3$/s，4 月平均径流分别增加了 3.24m$^3$/s 和 7.12m$^3$/s，5 月平均径流分别增加了 10.65m$^3$/s 和 7.95m$^3$/s。在融雪开始时间上，1998～2008 年较 1978～1986 年提前了 15 天，比 1987～1997 年提前了 6 天左右。

## 5. 黄河源区

唐乃亥水文站以上整个流域为黄河河源区，源区流域面积约为 12.2×10$^4$km$^2$，占黄河流域面积（不含闭流区）的 16.2%。源区支流众多，是黄河主要产流区之一。唐乃亥水文站控制的黄河上游地区冬春季降水多以降雪形式出现，融雪径流是春季河流的主要补给来源之一。

1957～2000 年，黄河源地区主要水文站的融雪径流时间都有提前的趋势，融雪时间的提前伴随着该区年径流量减少。以 1956～1987 年和 2008～2012 年春季逐日径流的变化情况来看，在不同的年代，春季平均径流呈增加的趋势，但 2008～2012 年和 1956～

1987 年相比，5 月平均径流下降。虽然径流在春季整体上呈增加趋势，但随时间变化的波动加大，初始融雪时间也有所提前。

# 7.2 融雪过程模拟方法及气候变化情景模拟

## 7.2.1 融雪过程模拟方法

积雪及其消融过程模拟主要采用能量平衡和度日因子两种方法进行描述（李弘毅和王建，2013）。积雪质量变化包含了积雪层上下边界的质量补充（降雪、升华、蒸发、凝结、融水出流），雪层内部冰、液、气三相的持续转换和融雪水出流等几个部分；积雪能量过程则包含了雪层上下界面能量过程（太阳短波辐射、长波辐射、感热潜热、降水能量、地热），雪层内部能量交换（辐射穿透、感热、潜热和融雪水能量交换）。

### 1. 质能平衡法

将积雪划分为假设的若干均匀雪层，则可采用一组细致的质能平衡公式来进行描述：

$$\frac{\mathrm{d}W}{\mathrm{d}t} = U_P - U_E - U_M \tag{7-1}$$

式中，$W$ 为雪水当量；$U_P$ 代表降雪；$U_E$ 为升华和蒸发；$U_M$ 为融雪。融雪、升华和蒸发都可以通过能量平衡的方式初步求得。对于雪层内部任一均匀的雪层，其水热交换过程可用如下偏微分方程表示：

$$\underbrace{\frac{\partial\left[C_s(T_s - T_f)\right]}{\partial t} - L_{il}\frac{\partial\rho_i\theta_i}{\partial t} + L_{lv}\frac{\partial\rho_v\theta_v}{\partial t}}_{\text{雪层热焓时间变化}} = \underbrace{\frac{\partial}{\partial z}\left(K_s\frac{\partial T_s}{\partial z}\right)}_{\text{传导热}} - \underbrace{\frac{\partial}{\partial z}\left(h_v D_e\frac{\partial\rho_v}{\partial z}\right)}_{\text{蒸汽扩散潜热}} + \underbrace{\frac{\partial I_R}{\partial z}}_{\text{太阳辐射}} + \underbrace{E_b}_{\text{雪面或下垫面热交换}}$$

$$\tag{7-2}$$

式中，$C_s = c_i\rho_i\theta_i + c_l\rho_l\theta_l + c_v\rho_v\theta_v$，表示单位质量积雪的比热，其与雪层内各组分比例有关；$\rho$ 为各组分密度；$\theta$ 为各组分体积比；$c$ 为各组分比热；下标 i,l,v 分别代表冰、液和水汽三种不同的状态；$T_s$ 为雪层温度；$T_f$ 为冰的融化温度（0℃）；$K_s$ 为积雪热传导系数，这里近似为密度的函数；$D_e$ 为水汽扩散系数；$I_R$ 为太阳辐射；$L_{il}$ 与 $L_{lv}$ 分别表示融化潜热和蒸发潜热常数；$h_v$ 为水汽比热焓；$z$ 为雪层垂直方向的距离度量。当雪层不处于上下界面时，$E_b = 0$。对于积雪表面：

$$E_b = E_{sur} = (1-\alpha)RS_d + \varepsilon RL_d - \sigma\varepsilon_s(T_s^n)^4 + E_h + E_e - C_p U_p(T_p - T_f) \tag{7-3}$$

式中，$RS_d$ 为短波向下辐射；$\alpha$ 为雪面反照率；$\varepsilon$ 为空间比辐射率；$RL_d$ 为长波向下辐射；$\sigma$ 为 Stefan-Boltzmann 常数；$\varepsilon_s$ 为积雪比辐射率，$T_s^n$ 为表层积雪温度；$E_h$ 为感热

通量；$E_e$ 为潜热通量；$C_p$ 为降雨比热；$U_p$ 为降雨质量；$T_p$ 为降雨温度。

## 2. 度日因子法

度日因子法可看作能量平衡方法的一种经验型特例，一般采用类似式（7-4）的形式：

$$M = C_d(T_a - T_b) \tag{7-4}$$

式中，$M$ 代表融雪量；$C_d$ 为度日因子；$T_a$ 为气温；$T_b$ 为融化临界雪层温度。度日因子法采用简单的以空气温度为自变量的函数来简化融雪能量过程，其主要目的在于计算融雪量而不去详细描述所有的物理过程和影响融雪的多个参数，其优点是需要的参数较少，但是不足之处在于其区域不确定性。能量平衡方法则兼顾了更多的能量项，并包括一些细致的雪层内部能量变化过程。能量平衡方法优点在于无较强的区域性特征，但需要大量的气象和雪盖数据积累以便标定和验证。

总的来看，在各种积雪相关模型中，不同模型的着眼点不同，在具体方案上有相应的差异。随着人们对积雪研究的重视以及观测技术的发展，积雪研究的关注范围已经从单点扩展到空间。积雪水文研究近年来发展趋势可以概括为：以能量过程模拟为核心，以空间分布为发展方向，更全面地考虑地形及周边环境在积雪演化中的作用。在当前的积雪模拟研究中，特别是在类似于青藏高原的西部地区积雪研究中，需要更多地考虑复杂环境与积雪模型的相互作用。风吹雪作为高海拔山区的典型现象，其对积雪水热过程的影响研究在我国的开展还非常缺乏。虽然国际上相关工作开展较多，但类似研究对复杂地形条件下风场模拟精度以及下垫面的数据空间分辨率等要求很高。如何建立一种操作性强且精度达到要求的风吹雪空间参数化方案，需要深入探讨；冻土与积雪两者的交互作用已有许多研究工作开展，但就季节性冻土山区而言，融雪水在流动过程中与冻土如何相互作用、冻土冻融对产汇流过程的影响等根本问题，尚须开展大量的研究。

### 1）遥感数据在积雪模型中的应用

与积雪模拟和模型标定相关的积雪遥感数据主要包括：积雪面积比例产品、雪水当量产品、遥感辐射产品、遥感降水产品、反照率反演产品和地表温度反演产品。其中，积雪面积和覆盖比例产品由于其较高的精度和时空分辨率（Hall et al.，2010），应用最为广泛。SRM 模型早在 20 世纪就使用了积雪面积作为模型的主要输入，时至今日这种方法仍然在发挥极其重要的作用（冯学智等，2000；Martinec et al.，2005）。另外，较为常见的方法是使用积雪面积比例数据和简化的物理过程模型或度日因子模型来推算雪水当量分布（Guan et al.，2013；Raleigh and Lundquist，2012）。一些物理过程模型，也将积雪面积作为最重要的验证或同化数据来源（Lannoy et al.，2012）。使用积雪面积对物理模型进行统计意义上的参数优化（Franz and Karsten，2013），是近年来较为热门的研究方向之一。微波遥感反演雪水当量取得了较大的进展（施建成等，2012），尤其是在地势平坦的地区，反演精度较高。在较大尺度上实际使用的往往是被动微波遥感数据

（Gu et al.，2011），由于其空间分辨率很低，以及针对浅雪和融雪的反演精度不够，较少应用到中小尺度的积雪模拟中。也有部分研究尝试将其作为大尺度积雪同化的数据来源。在大尺度上同化被动微波数据到陆面过程模型中，可提高积雪积累期的模拟精度，但在消融期却有较大的误差（Che et al.，2014）。微波雪水当量数据也常和光学反演的积雪面积数据综合起来提高雪盖面积制图精度（Liang et al.，2008）。卫星遥感反演降水是估算无资料地区降水量的有力补充，以 TRMM 卫星为代表（Kummerow et al.，1998），近十多年来已有大量的降水遥感观测，其中以多传感器联合反演算法优点最为明显（刘元波等，2011）。然而，遥感降水产品一般尺度都较大，具有较大不确定性，多用于大尺度的研究（Immerzeel et al.，2010）。地表温度产品中包含雪面温度的部分精度并不理想，原因在于复杂的积雪内部特征和辐射传输过程（Wan and Dozier，1996），故使用较少。MODIS 陆面温度在夜间更为稳定（Wang et al.，2008）。遥感反演的雪面温度数据，也在一些研究中用于验证模型模拟结果。

最新发展的一些与积雪过程有关的遥感产品或新的卫星传感器，已经显示出较高的实用性，但尚未在积雪模拟中得到广泛的应用。如遥感反演的短波下行辐射以及积雪反照率等。针对这些驱动要素或变量，遥感反演精度近年来都有较大的提高。将这些数据应用到积雪模型中，将极大地增强积雪模型的模拟能力。利用遥感数据监测区域乃至全球的地表短波下行辐射是卫星数据最早也是最重要的应用之一。辐射反演算法近年来取得了显著进展。基于静止气象卫星的地表短波下行辐射定量遥感反演是近几年的研究热点（Deneke et al.，2008，2008；Mueller et al.，2009；Greuell et al.，2013；Posselt et al.，2014）。在中国区域，更多的学者开始通过融合多源遥感数据来定量估算短波下行辐射（Huang et al.，2011；Liang et al.，2013）。以 MODIS 反照率产品为代表的核驱动模型用来反演积雪反照率并不理想。一些专门针对积雪的辐射传输模型，如 Wiscombe-Warren 模型，它们都是基于球形假设，这与实际雪颗粒的不规则性不符，并且反演过程较复杂。针对积雪的弱吸收特性以及积雪不规则形状因子发展的渐进辐射传输模型（Asymptotic Radiative Theory，ART），近年来在反演积雪反照率方面有着很好的表现，计算较为简便（Negi et al.，2013；Negi and Kokhanovsky，2011）。一些新的针对寒区观测的遥感卫星计划已经实施。如 NASA-JAXA 的全球降水观测计划合作项目（Global Precipitation Measurement，GPM），它是 TRMM 观测任务的补充和加强，其传感器已于 2014 年 2 月底成功发射，目前在轨测试，即将提供全球 3h 时间分辨率的卫星降水产品。GPM 增加了对中高纬度寒区降水，特别是降雪的监测能力。由于其算法的大幅改进和监测能力的提高，有望把目前 TRMM 反演产品的误差从 40%降低到 20%（Francisco et al.，2012）。新的卫星计划将极大地促进积雪模拟的能力，积雪模型需要针对这些最新的观测来优化自身结构及参数标定方法。

总的来看，遥感数据所能观测到的积雪变量较为丰富，甚至超过了部分地面观测台站常规测量的要素。一些气象数据再分析资料，也将遥感产品融合到其中，如中国区域高时空分辨率地面气象要素驱动数据集（Chen et al.，2011）。将多种遥感数据同化到积雪模型中，是降低积雪模拟不确定性的有益尝试，如陆表数据同化系统（Global Land Data

Assimilation System，GLDAS）将遥感观测的地表温度和雪盖面积产品同化到陆面过程模型中（Rodell et al.，2004）。

**2）SRM 模型简述**

SRM 模型是将遥感数据与积雪水文过程模拟结合的典型模型，其原理是通过计算逐日的融雪以及降水形成的水量，然后与计算得到的退水流量相加，从而得到逐日径流量。它的核心公式如下（Martinec et al.，2005）：

$$Q_{n+1} = \left[ c_{Sn} \cdot a_n (T_n + \Delta T_n) S_n + c_{Rn} P_n \right] \frac{A \cdot 10000}{86400} (1 - k_{n+1}) + Q_n k_{n+1} \quad (7\text{-}5)$$

式中，$Q$ 代表日均流量（m³/s）；$c$ 代表径流系数；$c_S$ 和 $c_R$ 分别为融雪和降雨的径流系数；$a$ 是度日因子［cm/（℃·d）］，表示每天温度上升 1℃ 所产生的融雪深度；$T$ 是度日因子数（℃·d）；$\Delta T$ 是根据温度直减率在不同高程进行温度插值后度日数的调整值（℃·d）；$S$ 是积雪覆盖面积和流域面积的比值，流域积雪覆盖率；$P$ 是由降水形成的径流深（cm）；气温阈值 Tcrit 用来区分降水的具体形式是降雨还是降雪；$A$ 指流域或者是流域分带的面积（km²）；$k$ 指退水系数，表示在没有融雪或降雨的时间段里的径流下降值；$n$ 是径流计算时间段的日数序列；10000/86400 是径流深到径流量的换算系数。SRM 模型是融雪径流模拟中应用较为广泛的模型，也常用来进行气候变化情景预估。

## 7.2.2　积雪水文模拟及预估

### 1. 融雪过程模拟

黑河流域与台兰河流域是西部地区受融雪径流显著影响的两个典型流域。黑河流域主要受季节性积雪影响，降雪量相对低，但春季径流主要来自于融雪；而台兰河流域积雪更为丰沛，高海拔处冰川发育，融雪是河流补给的主要来源。在这两个具有不同特征的流域进行融雪径流模拟和气候变化分析，来了解气候变化情景下西部地区典型融雪河流的水文情势变化。

在数据与方法的获取上，主要根据 2.1 节所述方法进行。其中的关键数据包括降水与气温的空间插值结果，以及从长时间序列遥感积雪面积数据中得到的积雪面积衰减曲线。气温直减率、度日因子与退水系数根据不同流域特征进行参数率定。模拟结果表明（图 7.8），在这两个区域都能较好地模拟融雪径流过程。黑河流域的模拟结果 NASH 系数精度达到 0.76，而台兰河流域融雪时段的模拟精度评价结果 NASH 值为 0.62，达到了比较好的模拟精度。

### 2. 融雪径流预估

为分析气候变化模式下融雪径流的响应，采用 SRM 模型作为模拟工具，分别分析不同气候变化情势下黑河流域与台兰河流域的春季融雪径流响应。情景假设为气温上升、降水改变，以及气温和降水同步改变。

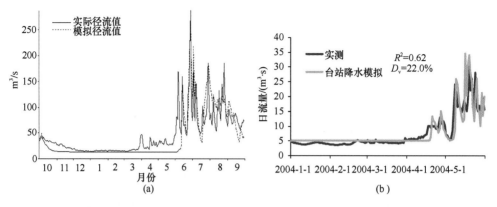

图 7.8　黑河流域上游 2000 年（a）台兰河流域 2004 年（b）融雪径流模拟结果

在黑河流域，首先假设气温增加了 2℃、4℃、6℃。从结果可以看出（图 7.9），随着改变温度的增加，融雪径流的峰值在时间点上逐渐前移，同时峰值加大。当气温未发生变化时，融雪径流的第一次峰值出现在 4 月 30 日左右；当气温增加 2℃时，峰值迁移的现象并不明显，峰值从 102.8m³/s 增加到 197.5m³/s；当气温增加 4℃时，径流峰值增加到 167.1m³/s，同时峰值出现时间前移到 4 月 24 日；当气温增加 6℃时，径流峰值增加到 240.0m³/s，同时峰值出现时间前移到 4 月 21 日。从一系列的气温变化产生的径流情势来看，随着气温上升，融雪时间提前，且流量增大。另外，雪盖提前融化产生的后果则是融雪后期的融雪量相对较少，从而产生融雪后期径流偏低的情况。温度上升愈甚，则融雪后期径流减少的情况就愈加严重；同时雨季提前，原本在融雪后期以降雪形式出现的降水在模拟中以降雨的形式出现，从而一定程度上改变了融雪水的汇流过程。从图 7.9 中可以看出，在 7 月雨季，气温变化对径流过程影响较小。当气温上升 2℃、4℃、6℃时，平均径流量从 47.8 m³/s 降低到 39.4 m³/s、35.0 m³/s、36.1 m³/s。

假设降水增加 1.5 倍和 2 倍两种气候变化情势（图 7.9）。可以看出，随着降水量的加大，流量过程线也呈现出明显的加大趋势。这种趋势体现在每一次流量峰值的提高上，其对径流峰值出现的时间并没有太大的影响，降水增加后的流量过程线的起伏趋势和之

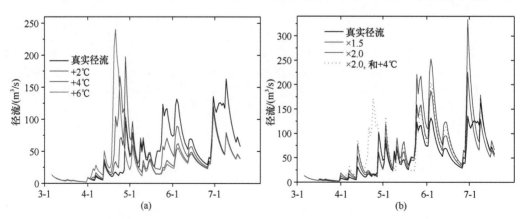

图 7.9　黑河流域气温增加 2℃、4℃、6℃（a）以及降水增加 1.5 倍、2 倍以及降水增加 2 倍和气温增加 4℃三种情势下（b）的径流响应

前相比基本是一致的。在冬季融雪未发生之前，由于气温并无相对升高，故并无产流发生，所以径流量基本未出现变化；而当融雪季来临时，流量得到了放大，在雨雪季和雨季，这种放大效应最为明显。降水量的增加对径流的主要影响体现在径流量的扩大上，降水增加 1.5 倍和 2 倍时，平均径流量由 47.8 $\mathrm{m^3/s}$ 增加到 52.6 $\mathrm{m^3/s}$ 和 67.9 $\mathrm{m^3/s}$，分别扩大了 10% 和 42%。假设气温和降水都出现了升高，即气温上升 4 ℃，同时降水扩大 2 倍。这种情势下，相对于简单的气温上升和降水增加而言，这种情况下的径流变化可以看做是两者的综合，其融雪径流有大幅度的提前，同时径流峰值也大大增加，而后期的径流量相对于单一的降水扩大 2 倍的情势要减少一些。该情势下的平均径流量为 67.0 $\mathrm{m^3/s}$，相对于单一的降水增加的情势变化并不大。可以进一步得出径流总量增加主要是受降水影响，而受气温影响并不大的结论。

在台兰河流域，径流量对气温和降水的变化响应结果表明，降水和气温同时增加的影响要比降水和气温单因素增加的影响更为明显。这从气温和降水同时上升导致的径流的增加大于气温和降水单独上升导致的径流增加之和可以看出，降水增加 20%，气温升高 2℃ 背景下流域 1～5 月的径流增加 49%，而单独的降水增加 20% 和气温升高 2℃ 时增加的径流比例之和为 46%。这在消融开始的 3 月表现更为明显。原因是气温升高条件下液态降水的比例升高，液态降水快速产流导致径流增加。而且，当前气候变化背景下，受流域海拔较高、气温较低的影响，在消融初期的 3、4 月，流域的降水与径流并不是正比例的关系。降水增加 10%，3、4 月径流分别增加 0.5% 和 9%，而降水增加 20% 时，3、4 月径流只增加了 0.4% 和 8%，相对而言，降水的增加却使得 3、4 月的径流减少。这也再次说明了气温的重要性。从径流变化的过程看（图 7.10），气温升高导致径流峰值出现的时间明显提前，而且径流的峰值明显升高。降水的增加没有对径流峰值出现时间造成明显影响，而且导致的径流增加在 3、4 月并不明显，但在气温较高、消融比较强烈的 5 月则非常明显。

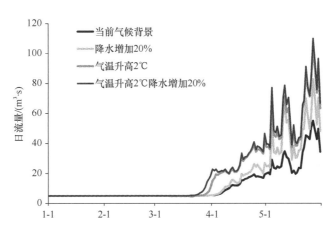

图 7.10　气温上升和降水增加背景下的台兰河流域融雪径流过程

# 7.3　积雪水资源未来变化

全球变暖将在总体上引起地球表面蒸发量和蒸腾量增加，因而将引起降水量增加。现今气候模型模拟计算的结果表明，当地球表面的气温平均升高 1.5～4.5℃时，全球平均降水量将增加 3%～15%，但在时间和空间的分布上是极不均匀的，当一些地区的降水量增加时，另一些地区的降水量可能减少（康尔泗等，1999）。过去几十年，全球气候变化对积雪产生了重要影响。从全球和半球尺度看，气温升高导致了积雪范围和积雪水当量的减少，但在区域尺度上，积雪变化在时间和空间上差异明显。一个典型的差异是中低山的积雪减少而高山区积雪增加。针对我国西部地区的未来情景变化模拟表明，在不同的气候变化情景下，积雪及其消融都将受到较大影响。以下针对青藏高原、新疆、长江黄河源和河西内陆河 4 个西部典型积雪区进行阐述。

在青藏高原地区，多项研究工作表明，若全球变暖持续，青藏高原地区积雪将持续减少。在区域气候模式预估的 SRES A1B 情景下（Gao et al.，2012），青藏高原积雪日数在 2021～2099 年的减少趋势为 11 d/10a，积雪深度的减少趋势为 1.5 mm/10a，积雪开始日期的推迟趋势为 6 d/10a，积雪结束日期的提前趋势为 7 d/10a。Ji 等（2012）将区域气候模式与全球模式 BCC_CSM1.1 耦合，分析了 2006～2099 年中国积雪的可能变化。研究结果表明，2006～2099 年中国和青藏高原的积雪日数和积雪水当量表现为减少趋势，其中，青藏高原表现更加显著。在 RCP4.5 情景下，到 21 世纪中期（2040～2059年），积雪日数最大减少区域在高原东部，为 10～20 天，其他区域相对较小。基于 14个 CMIP3 模式的模拟结果表明（马丽娟等，2011），在高的温室气体排放情景（SRES A2）下，2002～2060 年青藏高原地区积雪将出现大幅减少。在积雪丰富的喜马拉雅山地区，若气温升高 2℃，积雪主导流域的径流将减少 18%（Singh and Bengtsson，2005），但积雪控制流域和冰川控制流域的径流变化趋势相反。气候模式的研究进一步表明（Rees and Collins，2006），在喜马拉雅山区，受空气湿度的影响，径流对气候变化的响应存在区域差异，东部流域降雪的增加将减缓径流的增加速率，同时推迟径流峰值的出现时间。一些学者（Lutz et al.，2014；张人禾等，2015）利用一个高分辨率冰冻圈-水文模型，集成 4 个 CMIP5 气候模式，在 RCP4.5 的情境下预估的高原未来气候变化，结果表明相对于 1998～2007 年，到 21 世纪中期青藏高原流域径流呈增加的趋势。考虑不同气候模式预估结果下径流变化的平均情况，处于青藏高原的印度河、恒河、雅鲁藏布江、萨尔温江和湄公河上游流域的年径流量到 2041～2050 年分别增加 6.8%、6.7%、5.0%、9.1%和 11.0%。

针对新疆地区的气候变化模拟表明（王澄海等，2010），新疆北部地区未来积雪深度并不会保持一致以来的微弱增长趋势，而将呈现逐步减小趋势。在未来 3 种气候情况下（A2，A1B，B1），2011～2050 年新疆地区天山北部积雪总体呈减少趋势，只有天山附近的积雪深度有所增加，阿尔泰山南麓减少幅度最大。沈永平等（2013）认为，气候持续变暖将造成新疆地区融雪径流峰值的持续迁移。有研究表明（Xu et al.，2010），新疆塔里木河流域，未来伴随着气温升高将会引起上游山区融雪径流的增加，但由于气温升高对蒸散发的促进，同样会造成平原地区径流的减少。

在长江黄河源区的研究表明（沈永平等，2002），随着未来气温升高，冰雪消融将进一步加强，径流量增加，春季径流量的比例增大，年水文过程发生季节移动。未来该区域主要为冬季降水增大，而夏季降水减少，并且春季融雪径流的增加明显，但由于地面蒸发加剧以及冻土退化，总的径流量将呈减少趋势。这种趋势将进一步使长江源区的草地生态和湿地生态环境恶化。使用区域气候模式 RegCM3 进行 2071～2100 年 IPCC A2 排放情景下模拟试验表明（曹丽娟等，2013），黄河流域未来气候变化的主要特征是整个流域的增暖，冬季气温升高，引起流域源区高山积雪和冰川融化，使得未来黄河流域冬季径流深有大幅度的增加。有研究表明（陆桂华等，2014），在中国长江上游区域，与 1970～1999 年相比，2011～2040 年的平均积雪深度将减少 37.8%，融雪开始的时间也将延后。冬季（1 月）长江上游区域大部分地区的积雪深度都将呈现减小趋势，部分地区积雪深减小将超过 50%。利用一个融雪径流模型和 5 个 CMIP3 气候模式在 SRES A1B 情景下的气候预估结果，Immerzeel 等（2010）和张人禾等（2015）的研究结果表明，相对于 2000～2007 年，到 2046～2065 年时长江流域上游径流将减少，减少幅度为 5.2%；黄河上游径流增加，增加幅度为 9.5%。

以河西走廊内陆河黑河山区流域为例的未来情景模拟表明（康尔泗等，1999），如到 2030 年气温升高 0.5℃，降水保持不变，5 月和 10 月的径流量将增加，这表明积雪融水对河流的补给将增加，但 7 月和 8 月由于蒸发量的增加和该流域冰川融水补给比重较小将使径流量有所减少，致使年径流量将减少 4%，如降水保持不变，气温升高 1℃时，除 5、6 月径流量有所增加外，7、8 月的径流量将减少较多，而年径流量将减少 7.11%。若气温保持不变，降水量增加 10%，径流量将增加 5.27%；降水量增加 20%，径流量将增加 12.35%。而当气温升高 0.5℃，降水增加 10%时，径流量仅增加 1.62%。在河西走廊黑河山区流域，如在全球变暖的趋势下在未来数十年气温升高 1℃，引起的年径流量减少约相当于降水量的 13%。

我国西北干旱区远离海洋，多数地区降水水汽难以到达，降水稀少，在"一带一路"建设的大背景下，水资源问题对生态安全和未来经济社会可持续发展的重要作用日益凸显。冰雪融水补给是该地区河流的重要特征之一，其分配及管理模式将影响到流域内的工农业生产及生态环境建设。全球气候变暖对积雪消融过程产生了巨大影响，1972～2000 年全球积雪消融提前了两周（Dye，2002），我国西部地区积雪也有类似的变化趋势。多个气候变化情景预估都表明了未来西部地区积雪水资源所面临的严峻问题。总的来看，西部地区水资源管理需要积极应对气候变化下积雪水文过程的改变，以减缓气候变化对水资源安全的影响。

# 参 考 文 献

伯玥, 李小兰, 王澄海. 2014. 青藏高原地区积雪年际变化异常中心的季节变化特征.冰川冻土, 36: 1353

曹丽娟, 董文杰, 张勇, 等. 2013. 未来气候变化对黄河流域水文过程的影响. 气候与环境研究, 18: 746

车涛, 戴礼云. 2011. 中国雪深长时间序列数据集 (1978—2012). 寒区旱区科学数据中心

车涛. 2005. 1993～2002 年中国积雪水资源时空分布与变化特征. 冰川冻土, 27

成正才. 1995. 塔里木河 1994 年大洪水及其相关问题分析. 干旱区地理, 18: 8

崔彩霞, 魏荣庆, 李杨. 2005. 塔里木河上游地区积雪长期变化趋势及其对径流量的影响. 干旱区地理, 28: 569

冯学智, 李文君, 史正涛, 等. 2000. 卫星雪盖监测与玛纳斯河融雪径流模拟. 遥感技术与应用, 15: 18

何杰, 阳坤. 2011. 中国区域高时空分辨率地面气象要素驱动数据集. 寒区旱区科学数据中心

胡豪然, 梁玲. 2013. 近 50 年青藏高原东部冬季积雪的时空变化特征. 地理学报, 68: 1493

胡列群, 李帅, 梁凤超. 2013. 新疆区域近 50a 积雪变化特征分析. 冰川冻土, 35: 7933

康尔泗, 程国栋, 蓝永超, 等. 1999. 西北干旱区内陆河流域出山径流变化趋势对气候变化响应模型. 中国科学 D 辑: 地球科学, 29: 47

柯长青, 李培基. 1998. 青藏高原积雪分布与变化特征. 地理学报, 5: 209

李弘毅, 王建. 2013. 积雪水文模拟中的关键问题及其研究进展. 冰川冻土, 35: 430

李培基. 1988. 中国季节积雪资源的初步评价. 地理学报, 43: 108

李培基. 1999. 1951～1997 年中国西北地区积雪水资源的变化. 中国科学 D 辑: 地球科学, 29: 63

李培基. 2001. 新疆积雪对气候变暖的响应. 气象学报, 59: 491

林三益, 缪韧, 易立群. 1999. 中国西南地区河流水文特性. 山地学报, 17: 240

刘元波, 傅巧妮, 宋平, 等. 2011. 卫星遥感反演降水研究综述. 地球科学进展, 26: 1162

卢新玉. 2011. 基于被动微波遥感的北疆地区积雪深度反演. 乌鲁木齐: 新疆师范大学

陆桂华, 杨烨, 吴志勇, 等. 2014. 未来气候情景下长江上游区域积雪时空变化分析——基于 CMIP5 多模式集合数据. 水科学进展, 4

马丽娟, 罗勇, 秦大河. 2011. CMIP3 模式对未来 50 a 欧亚大陆雪水当量的预估. 冰川冻土, 33: 707

马丽娟, 秦大河. 2012. 1957～2009 年中国台站观测的关键积雪参数时空变化特征. 冰川冻土, 34

努尔兰·哈再孜, 沈永平, 马哈提·穆拉提别克. 2014. 气候变化对阿尔泰山乌伦古河流域径流过程的影响. 冰川冻土, 36: 699

沈永平, 苏宏超, 王国亚, 等. 2013. 新疆冰川、积雪对气候变化的响应(I): 水文效应. 冰川冻土, 35: 513

沈永平, 王根绪, 吴青柏, 等. 2002. 长江黄河源区未来气候情景下的生态环境变化. 冰川冻土, 24: 308

施建成, 杜阳, 杜今阳, 等. 2012. 微波遥感地表参数反演进展. 中国科学: 地球科学, 814

孙燕华, 黄晓东, 王玮, 等. 2014. 2003～2010 年青藏高原积雪及雪水当量的时空变化. 冰川冻土, 6: 1337

田柳茜, 李卫忠, 张尧, 等. 2014. 青藏高原 1979～2007 年间的积雪变化. 冰川冻土, 34: 5974

王澄海, 王芝兰, 崔洋. 2009. 40 余年来中国地区季节性积雪的空间分布及年际变化特征. 冰川冻土, 31: 301

王澄海, 王芝兰, 沈永平. 2010. 新疆北部地区积雪深度变化特征及未来 50a 的预估. 冰川冻土, 32: 1059

王春学, 李. 2012. 中国近 50a 积雪日数与最大积雪深度的时空变化规律. 冰川冻土, 247

王建. 2001. 气候变化对中国西北地区山区融雪径流的影响. 冰川冻土, 23

王勇. 1999. 额尔齐斯河流域积雪与径流的关系. 新疆气象, 15

吴凯, 刘彩棠, 王广德. 1983. 长江河源地区河流水文特性分析. 地理研究, 2: 72

熊怡, 李秀云, 张家桢. 1982. 青藏高原的水文特性. 水文, 3: 48

杨针娘, 刘新仁, 曾群柱, 等. 2000. 中国寒区水文. 北京: 科学出版社

张人禾, 苏凤阁, 江志红, 等. 2015. 青藏高原 21 世纪气候和环境变化预估研究进展. 科学通报, 60: 3036

Chen Y, Takeuchi K, Xu C, et al. 2006. Regional climate change and its effects on river runoff in the Tarim Basin, China. Hydrological Processes, 20: 2207～2216

Chen Y, Yang K, He J, et al. 2011. Improving land surface temperature modeling for dry land of China. Journal of Geophysical Research: Atmospheres, 116

Dai Y, Zeng X, Dickinson et al. 2003. The Common Land Model Bulletin of the American. Meteorological Society, 84: 1013～1023

Deneke H M, Feijt A J, Roebeling R A. 2008. Estimating surface solar irradiance from 5METEOSAT6

SEVIRI-derived cloud properties. Remote Sensing of Environment, 112

Dye D G. 2002. Variability and trends in the annual snow-cover cycle in Northern Hemisphere land areas, 1972—2000. Hydrological Processes, 16: 3065～3077

Fan Y, Chen Y, Liu Y, et al. 2013. Variation of baseflows in the headstreams of the Tarim River Basin during 1960—2007. Journal of Hydrology, 487: 98～108

Francisco J T, Turk F J, Walt Petersen, et al. 2012. Global precipitation measurement: Methods, datasets and applications. Atmospheric Research, 104～105

Franz K J, Karsten L R. 2013. Calibration of a distributed snow model using MODIS snow covered area data. Journal of Hydrology, 494: 160～175

Gao X, Shi Y, Zhang D, et al. 2012. Climate change in China in the 21st century as simulated by a high resolution regional climate model. Chinese Science Bulletin, 57

Greuell W, Meirink J F, Wang P. 2013. Retrieval and validation of global, direct, and diffuse irradiance derived from SEVIRI satellite observations. Journal of Geophysical Research: Atmospheres, 118

Gu L, Zhao K, Zhang S, et al. 2011. An AMSR-E data unmixing method for monitoring flood and waterlogging disaster. Chinese Geographical Science, 21

Guan B, Molotch N P, Waliser et al. 2013. Snow water equivalent in the Sierra Nevada: Blending snow sensor observations with snowmelt model simulations. Water Resources Research, 49

Hall D K, Riggs G A, Foster J L, et al. 2010. Development and evaluation of a cloud-gap-filled MODIS daily snow-cover product. Remote Sensing of Environment, 114

Huang G, Ma M, Liang S, et al. 2011. A LUT-based approach to estimate surface solar irradiance by combining MODIS and MTSAT data. Journal of Geophysical Research, 116

Immerzeel W W, van Beek L P H, Bierkens M F P. 2010. Climate Change Will Affect the Asian Water Towers. Science, 328: 1382～1385

IPCC. 2014. Climate Change 2014: Synthesis Report IPCC, Geneva, Switzerland

Ji Z, Kang S. 2012. Projection of snow cover changes over China under RCP scenarios. Climate Dynamics, 41

Kummerow C, Barnes W, Kozu T, et al. 1998. The Tropical Rainfall Measuring Mission. TRMM. Sensor Package. J Atmos Oceanic Technol, 15

Lannoy G J M, deReichle R H, et al. 2012. Multiscale assimilation of Advanced Microwave Scanning Radiometer–EOS snow water equivalent and Moderate Resolution Imaging Spectroradiometer snow cover fraction observations in northern. Colorado Water Resources Research, 48

Li X, Williams M W. 2008. Snowmelt runoff modelling in an arid mountain watershed, Tarim Basin, China. Hydrological Processes, 22

Liang S, Zhao X, Liu S, et al. 2013. A long-term Global LAnd Surface Satellite. GLASS. data-set for environmental studies International. Journal of Digital Earth, 6

Liang T, Zhang X, Xie H, et al. 2008. Toward improved daily snow cover mapping with advanced combination of MODIS and AMSR-E measurements. Remote Sensing of Environment, 112

Liu T, Willems P, Pan X L, et al. 2011. Climate change impact on water resource extremes in a headwater region of the Tarim basin in China Hydrology and Earth System Sciences, 15: 3511～3527

Lutz A F, Immerzeel W W, Shrestha, et al. 2014. Consistent increase in High Asia's runoff due to increasing glacier melt and precipitation. Nature Clim Change, 4: 587～592

Lyu J, Shen B, Li H. 2015. Dynamics of major hydro-climatic variables in the headwater catchment of the Tarim River Basin, Xinjiang, China Quaternary International, 380～381, 143～148

Martinec J, Rango A, Roberts R. 2005. SRM. Snowmelt Runoff Model)Userinec, J

Mueller R W, Matsoukas C, Gratzki A, et al. 2009. The CM-SAF operational scheme for the satellite based retrieval of solar surface irradiance - A 5LUT6 based eigenvector hybrid approach. Remote Sensing of Environment, 113: 1012～1024

Negi H S, Jassar H S, Saravana G, et al. 2013. Snow-cover characteristics using Hyperion data for the

Himalayan region International. Journal of Remote Sensing, 34(6): 2140~2161

Negi H S, Kokhanovsky A. 2011. Retrieval of snow albedo and grain size using reflectance measurements in Himalayan basin. The Cryosphere, 5: 203~217

Posselt R, Mueller R, Trentmann J, et al. 2014. A surface radiation climatology across two Meteosat satellite generations. Remote Sensing of Environment, 142: 103~110

Pratap Singh, Lars Bengtsson. 2005. Impact of warmer climate on melt and evaporation for the rainfed, snowfed and glacierfed basins in the Himalayan region. Journal of Hydrology, 300(1-4): 140~154

Qin D, Liu S, Li P. 2006. Snow Cover Distribution, Variability, and Response to Climate Change in Western China J Climate, 19: 1820~1833

Raleigh M S, Lundquist J D. 2012. Comparing and combining SWE estimates from the SNOW-17 model using PRISM and SWE reconstruction. Water Resources Research, 48: wo1506

Rees H G, Collins D N. 2006. Regional differences in response of flow in glacier-fed Himalayan Rivers to climatic warming. Hydrological Processes, 20: 2157~2169

Rodell M, Houser P R, Jambor, et al. 2004. The global land data assimilation system. Bulletin of the American Meteorological Society, 85: 381~394

Tao, Xin, Rui, et al. 2014. Assimilating passive microwave remote sensing data into a land surface model to improve the estimation of snow depth. Remote Sensing of Environment, 143: 54~63

Wan Z W, Dozier J. 1996. A generalized split-window algorithm for retrieving land-surface temperature from space. IEEI Transations on Geoscience and Remote Sensing. 34: 892~905

Wang H, Zhang M, Zhu H, et al. 2012. Hydro-climatic trends in the last 50years in the lower reach of the Shiyang River Basin. NW China CATENA, 95: 33~41

Wang J, Li H, Hao X. 2010. Responses of snowmelt runoff to climatic change in an inland river basin, Northwestern China, over the past 50 years. Hydrol Earth Syst Sci., 14: 1979~1987

Wang J, Li S. 2006. Effect of climatic change on snowmelt runoffs in mountainous regions of inland rivers in Northwestern China. Science in China Series D: Earth Sciences, 49: 881~888

Wang W, Liang S, Meyers T. 2008. Validating MODIS land surface temperature products using long-term nighttime ground measurements. Remote Sensing of Environment, 112: 623~635

Xu Z, Liu Z, Fu G, et al. 2010. Trends of major hydroclimatic variables in the Tarim River basin during the past 50 years. Journal of Arid Environments, 74: 256~267

Yang D, Gao B, Jiao Y, et al. 2015a. A distributed scheme developed for eco-hydrological modeling in the upper Heihe River. Sci. China Earth Sci., 58: 36~45

Yang T, Wang C, Chen Y, et al. 2015b. Climate change and water storage variability over an arid endorheic region. Journal of Hydrology, 529: 330~339

# 第8章 冰川灾害

因冰川动态变化诱发冰川区及其下游的各类自然灾害可统称为冰川灾害，如冰湖溃决洪水、冰川泥石流、灾害性的冰雪崩和冰川跃动等。在气候变暖背景下，冰川灾害事件发生频繁，严重威胁山区人们的生命财产安全和基础设施建设，日益受到学术界和地方政府的重视。本章主要介绍了我国西部几种常见的冰川灾害类型，根据对过去有记录的灾害事件梳理，分析了各种冰川灾害的成因、类型、空间分布特征及与气候变化间的关系。由于冰湖溃决洪水灾害是我国西部山区最为典型的一类冰川灾害，本书第9章将从冰湖变化监测、溃决风险分析及灾害模拟等方面进行详细阐述。

## 8.1 冰川灾害类型

### 8.1.1 雪崩

雪崩是积雪在陡峭山体发生的一种瞬间崩落现象，具有突然性、运动速度快、破坏力大等特点（沈永平等，2009）。雪崩是地表冰雪的自然迁移过程，常发生在积雪堆积过厚且超过山坡面的摩擦阻力时。雪崩多伴随冰崩、岩崩事件发生，影响距离远，对山区居民生命和财产安全、基础设施和冰雪旅游业的发展构成潜在威胁，被视为积雪山区的一种严重自然灾害，因雪崩遇难的人数约占全部高山遇难的 1/3～1/2。如在 1991 年 1 月 3 日梅里雪山雪崩事件中，17 名中日登山队员全部遇难；2012 年 6 月 5 日，祁连山肃北蒙古族自治县黑刺沟发生雪崩灾害，10 人罹难（王世金和任贾文，2012）。2015 年 4 月 18 日，珠穆朗玛峰南侧发生雪崩，造成 15 人遇难。

雪崩灾害作为冰冻圈环境变化的产物，其研究得到了社会各界的广泛关注，现已成为冰冻圈变化研究中的一个重要领域（Salzmann et al.，2004）。我国是雪崩灾害多发地区，对雪崩研究较早。1967 年，我国科研机构在天山西段伊犁河谷上游巩乃斯河畔建立了"天山积雪雪崩研究站"。20 世纪 70～80 年代，我国多家单位先后对喀喇昆仑山、横断山、天山公路和川藏公路沿线雪崩进行了考察，并建立了半定位观测研究站。

从空间位置来看，雪崩的形成和发展可分为三个区段，即形成区（启动带）、通过区（运动带）和堆积区（堆积带）（图 8.1）。雪崩的形成区大多位于高山上部积雪多而厚的部位；雪崩通过区位于形成区下部，形态上通常为 U 形沟槽；堆积区为山脚处因坡度突然变缓而使雪崩体停止运动的地方（沈永平等，2009）。山地形态类型和积雪厚度对雪崩类型、规模以及活动频率等影响显著，关于雪崩类型，目前学术界有以下 7 种划分方式：①按雪崩发生时期，可分为季节性雪崩和常年雪崩，两者之间的界线与雪线基本一致。雪线以上是常年雪崩发生区，以下为季节性雪崩发育区。②根据雪崩始发区雪层特征，雪崩一般分为松雪雪崩和雪板雪崩两类（王彦龙，1992）。松雪雪崩暴发于一个相对有黏性的干湿雪层，启动方式由一点开始；雪板雪崩是较厚和较硬板块雪层下相对稀松的松雪层在陡坡上的断裂和崩塌，其启动方式由一条线开始。其中，雪板崩占雪崩灾难的90%左右，危害性更大。③按雪层含水量，雪崩又被分为干雪雪崩和湿雪雪崩两类，干雪崩常发生于山顶，而湿雪崩则常发生于中低山（Troshkina et al.，2001）。④按雪崩运动特点，雪崩可分为腾空雪崩、地面雪崩和混合雪崩（王彦龙，1992）。⑤按雪崩运动路径地貌形态特征，可将雪崩分为沟槽雪崩、坡面雪崩、坡面—沟槽雪崩（刘明哲等，1999）。⑥按照雪崩驱动因子，分为天然雪崩和人为雪崩。前者主要威胁居民和基础设施，后者主要威胁高山冰雪旅游者（Jamieson et al.，1996）。⑦按照雪崩滑动面位置，可将其分为层内雪崩和全层雪崩（王彦龙，1992）。

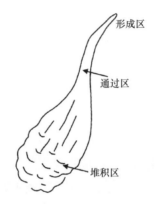

图 8.1　雪崩形成和发展的三个区段（据王彦龙，1992）

　　观测资料和模拟结果表明，雪崩的形成主要与地形条件、气候条件、积雪特性和外部因素有关。地形条件是雪崩形成唯一不变的本质性衡量因子，包括下垫面坡度、粗糙度、地形切割深度等。Schweizer 和 Jamieson（2001）认为，绝大部分雪崩发生在坡度30°～50°范围之内。据天山观测资料，下垫面坡度为 25°～35°，随着坡度的增大，雪崩危险随之增大；当坡度大于 45°时，雪崩发生概率急剧减少。在藏东南地区，多数雪崩发生在 30°～45°的山坡上。Maggioni 和 Gruber（2003）的研究表明，较高的凹形横坡曲率结合较高的平均坡度（>36°）将导致较高的雪崩频率。雪崩分布还与地形切割程度有明显关系，一般分布于地形切割系数大于 150 的地区。另外，雪崩始发区山坡植被密度大小也是影响积雪稳定性的重要因素，草地有利于雪崩形成，森林植被则抑制雪崩形成（Schneebeli and Bebi，2004；Viglietti et al.，2010）。

　　雪崩与气候条件关系密切，其中降雪，特别是连续降雪被视作灾难性新雪雪崩最佳的预测参数，并与其危险性紧密相连。因此，分析整个积雪期的降雪特征，对提示区域雪崩发生频率、规模和基本特征具有重要价值。例如，1996 年 12 月 21 日天山西部巩乃斯河谷上游发生大雪崩，其直接原因是 12 月 16 日、20 日和 21 日的强降雪（日降雪量在 25 mm 以上）。据 Föhn 等（2002）的研究，一次暴风雪后新雪积累深度在 1 m 时被认为是极端雪崩发生的临界点，30～50 cm 是一般天然雪崩释放的临界点。Vincent 等

（2007）对法国阿尔卑斯山 Valloire 雪崩事件与气象参数关系进行了调查与分析，结果显示雪崩活动概率依赖于连续数日（≥3 天）的冬季强降雪事件。气温与雪崩间的关系较为复杂。在合适的温度条件下（雪温> –5℃），若温度梯度超过临界值（–0.2 K/cm），雪晶体生长迅速并很快形成深霜层，积雪下部深霜层的出现则标志着大规模深霜全层雪崩即将发生。在持续时间较长的晴天中，当温度高于 0℃时积雪表面融化，融水通过松散雪层迅速下渗，而使整个雪层温度上升趋于 0℃导致积雪强度突然降低，如细雪在–16℃时内聚力为 3.7 kPa，0℃时骤减为 19.6～88.3 Pa。在积雪内聚力减少的情况下，特别是积雪底部深霜层被融水侵蚀为粒雪或滑动面上有融水时，最容易发生全层湿雪雪崩。因此，我国危害性较大的湿雪全层雪崩主要发生在春季气温回升和融雪时期。

除上述地形条件和气候条件外，雪崩还与积雪特征有关。Jamieson 等（2007）认为积雪层结构变化是干雪板雪崩形成的主要驱动因子。假如在老雪或新雪以下不存在松雪层，那么由新雪或风吹雪或任何温度升高造成的载荷对其积雪层稳定性均无任何影响，因此，松雪层的存在是雪崩形成的一个先决条件，但非充分条件。Föhn 等（1987）的研究亦发现，60%的雪崩发生在松雪层界面，40%发生在松雪层以下 60 mm 处。此外，火山喷发、地震、旅游活动、滚石等外部条件往往也可以打破积雪场松雪层张力和引力平衡，继而激发雪崩事件发生。如 2015 年 4 月 25 日尼泊尔 8.1 级强震引发珠峰南坡大面积雪崩，造成尼泊尔境内的登山大本营被毁，至少 19 人遇难；在欧洲和北美地区大部分雪崩事件中，约 85%的致命性雪崩事件均由人类触发（Schweizer and Lütschg，2001）。

### 8.1.2 冰崩

冰崩是指冰川突然崩解的现象，通常出现在冰川末端（冰舌）或冰川地形坡度骤变处上部，是陡峭山坡上冰川正常的消融过程。1994 年，我国科学家在南极中山站使用数字触发地震仪开展冰崩监测，并对中山站地区冰崩规律及其与自然环境的关系进行研究（杨友华和王文东，1996）。我国境内冰崩发生事件虽不时见诸于报端，但目前尚缺系统性监测和研究。与雪崩不同，冰崩尽管多发生在冬季，但也可以出现在年内任一时期（Margreth and Funk，1999）。按照冰崩发生部位，冰崩可分为悬崖冰崩和斜坡冰崩两种类型（图 8.2），后者可根据冰温再分为冷性冰崩和温性冰崩（Salzmann et al.，2004）。

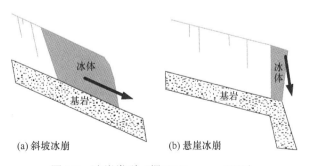

图 8.2 冰崩类型（据 Whiteman，2011）

悬崖冰崩出现在地形坡度骤变处或峭壁处,即冰川楔形滑坍或冰舌垮塌(Richardson and Reynolds,2000)。在悬崖上冰川通常沿垂直方向发育并形成悬冰川,在扩张流作用下,伴随冰川内部拉应力和剪切力的增加,冰裂隙出现,使冰体处于不稳定状态。当剪切应力超出阈值时,冰体将呈楔形垮塌。悬崖冰崩作为悬冰川的消融方式之一,在自然条件下发生频率极高。然而,悬崖冰崩规模通常较小,基于经验的最大初始值为 $4 \times 10^5$ $m^3$,且很少造成极大的破坏(Alean,1985;Huggel et al.,2004)。

斜坡冰崩是指冰川末端冰体的突然崩解,这种类型冰崩通常发生距离较长,且规模巨大,基于经验的最大初始值为 $5 \times 10^6$ $m^3$(Alean,1985;Huggel et al.,2004)。瑞士阿尔卑斯山的 Allalin 冰川和 Altels 冰川发生的冰崩属于典型的斜坡冰崩,并造成严重的灾害(Whiteman,2011)。对于位于倾斜基岩上的冰川而言,当冰川内部黏附力减少或部分冰体沿冰床底部或沿冰川内部剪切面滑动时,斜坡冰崩随之发生。Alean(1985)指出,在高海拔地区斜坡冰崩发端于越来越陡峭的斜坡。Salzmann 等(2004)将坡度差异与冰温结合起来,并指出与基岩冻结在一起的冷性冰较温性冰更难以移动,因此,在发生冰崩之前通常在更为陡峭的斜坡上发育。在温度较高的低海拔地区,冰川融水的出现可增加孔隙水压,继而使冰内强度和有效应力降低,导致冰崩发生概率增加。Perla(1980)提出了冰下基岩垮塌导致的冰崩类型,这种类型冰崩很大程度上依赖于岩石结构和强度(图8.3)。与前两种冰崩类型相比,对由基岩垮塌形成的冰崩进行监测、分析和预测难度更大。

图 8.3 基岩垮塌形成的冰崩(据 Whiteman,2011)

大多数冰崩现象发生在规模较小且坡度较陡的冰川上,冰川厚度小于 30~60 m。对于悬崖冰崩而言,冰温和地形坡度组合可用来解释冰崩现象,其中,冰温被视作冰体变形与断裂的指示因子,地形坡度为 45°(冷性冰川)或 25°(温性冰川)。冰温可由年平均气温来估算,小冰川表面坡度是其底部基岩坡度的近似,可借助数字高程模型数据来估算。由于冰内状况难以监测,因此,冰崩物质体积目前仍难以计算。Huggel 等(2004)提出了计算冰崩最大初始体积的计算方法,其假设条件是悬冰川的厚度介于 50~60 m 之间,且每次冰崩体厚度不超过 10~20 m。相比较而言,斜坡冰崩最大初始体积评估难度更大,原因是无法预测冰川末端上游断裂线出现的位置,只能通过历史观测资料来估算,目前仅在欧洲阿尔卑斯山地区有此类观测数据。

当获取了冰崩最大初始体积后,下一步是计算出冰崩最大传输距离和路径。在瑞士阿尔卑斯山地区的研究表明,冰崩最大传输距离与地形坡度密切相关,冰崩传输路径很大程度上则受限于冰崩发生处以下地表下垫面的地形。当下垫面地形粗糙度较大时,摩擦力的增加将缩减冰崩传输距离。当降雪较充沛时,冰崩时携带物质的增加和摩擦力的减小则会增大传输距离。受可用资料限制，预测冰崩发生概率难度极大。Huggel 等（2004）给出了评估冰崩概率的四个指标：冰崩重复发生次数（对于斜坡冰崩类型）、地形陡峭区预兆性的小规模冰崩事件、大量降水和冰川融水对冰床底部的补给、冰裂隙空间分布及演变。目前，借助遥感手段仍很难识别冰崩，这主要与积雪覆盖、阴影、地形和冰川规模较小有关。

需要指出的是，冰崩不仅自身可以造成灾害，而且冰崩还是雪崩、岩崩、冰湖溃决洪水、冰川泥石流等其他冰川灾害类型的诱因。2014 年 4 月 8 日，巴基斯坦北部喀喇昆仑山的锡亚琴（Siachen）冰川地区驻扎着巴北方陆军兵营，由于兵营对面山谷冰川的冰崩引发冰—岩—雪崩，把兵营全部掩埋在 20 m 以下，造成 139 人遇难（沈永平等，2013）。在冰崩或雪崩发生后，或者因崩塌的固态水在运动过程中由于摩擦受热而迅速转化为液态水冲蚀沟床和岸坡；或者因其直接落入冰湖导致湖水溢坝或冰湖溃决，外溢水流或溃决水流强烈冲蚀沟床和岸坡，导致泥石流暴发，由于水源不足，泥石流在运动途中或出山口后发生堆积，继而形成灾害链。

## 8.1.3　冰川跃动

冰川周期性地突然快速运动现象称为冰川跃动，具有这种特征的冰川称为跃动冰川（谢自楚和刘潮海，2010）。在《冰川学词典》中，冰川跃动被定义为：由于冰川中动力系统的不稳定性而产生周期性急剧加速移动，使冰体重新分布而其总质量不变的现象（Kotlyakov and Smolyarova，1990）。在《冰冻圈科学辞典》中，冰川跃动是指冰川末端在保持了较长时间相对稳定后，在短时间内突然出现的异常快速前进现象（秦大河等，2014）。

冰川跃动时对下游的森林、村庄和道路等危害极大，所以又称跃动冰川为灾难性冰川、前进或威胁性冰川（沈永平等，2013）。南迦巴瓦峰西坡的则隆弄冰川于 1950 年 8 月 15 日傍晚发生跃动，快速移动的冰体将直白曲沟口的直白村夷为平地，并在雅鲁藏布江大峡弯入口处形成高数十米的冰坝，一度迫使江水断流。1968 年藏历 7 月（另一说法是 1969 年 9 月 2 日）下午则隆弄冰川再次发生冰川跃动，冰体冲埋了则隆弄沟口的一座木桥，回水淹没了路口曲高出江面 50 m 处的一座水磨房（张文敬，1985）。据科学网报道，2015 年 4 月 17 日前几日，公格尔九别峰东侧的克拉牙依拉克冰川西支突然发生跃动，冰川快速前进 12 km，移动冰体体积约 $5×10^8$ m³，造成阿克陶县 61 户牧民房屋受损，上百头牲畜失踪，部分草场被掩埋。

跃动冰川的最大特征是运动速度的变化，不同阶段的运动速度幅度可差 1~2 个量级或更多，在不同断面、不同时间的速度波动也很大。对美国阿拉斯加地区 Variegated 冰川在运动阶时的表面运动速度观测表明，1983 年 6 月中旬冰川跃动时冰流速可高达 50 m/s（Kamb et al.，1985）。2009 年 7~8 月，喀喇昆仑山叶尔羌河上游支流克勒青河谷的克亚吉尔冰川在 15 天内突然前进 25 km，平均速度为 1.67 km/d（刘景时和王迪，2009）。根据冰川跃动发生的周期，可分为跃动阶和恢复阶，前者持续时间较短，一般为数月至数年，而恢复阶时间可长达数十年。在跃动阶，冰川发生运动松弛性动力卸荷，冰流速急剧增大，往往是常态运动冰川的 1~2 个量级，使大量冰体从上游向下游搬运，冰川上部表面急剧下降，冰川中下部急剧升高，冰舌末端则向前迅速推进。如克拉牙依拉克冰川在 2015 年 4 月 22 日至 5 月 15 日之间，西侧支冰川向下移动 109 m，是常年平均速度的 3～4 倍，在与主冰川交汇的地区冰面快速抬升，最大隆起高度为 97.8 m，隆起冰川的体积约为 $2.35×10^8 \, m^3$。在恢复阶则发生相反的过程，即冰川上游冰量重新增多，运动速度恢复常态，下游被壅高的冰体在增强的消融作用下不断减薄，冰舌末端逐渐退缩，这个过程一直持续到下一次跃动。

关于冰川跃动机制至今还没有较系统的解释，目前普遍认为冰川动力不稳定性是冰川跃动的基本原因。在冰川跃动部分的上游，积累的冰量超过消耗的水量，在下游则是收入的冰量少于支出的冰量。这个差别逐渐扩大，直到应力松弛性卸荷，表现为冰川的整体性受到破坏及冰川流速的急剧增加，断裂面增大。Robin 和 Weertman（1973）认为应力不稳定、温度不稳定和水膜不稳定共同促使冰川跃动，但主要是应力不稳定性。Clarke 等（1977）认为应力不稳定性表现为冰川的一部分由伸张流转变为压缩流。Meier 和 Post（1969）则认为在跃动冰及停滞冰界线的底部，当剪切应力达到某临界值时，便开始发生跃动，冰川快速向下游运动。此外，冰川中的融水也被视作是冰川跃动的主要原因，如 2002 年 9 月 20 日高加索地区 Kolka 冰川发生跃动的罪魁祸首被认为是冰床和冰内的过分充水，在此次冰川跃动事件中，造成新建的村镇被毁灭，死亡 130 人，冰川以下 12 km 河谷两岸 100 m 高的道路、通信设备和草地被扫光，成为俄罗斯的国家灾难（Rototaeva et al.，2005）。

较准确区分跃动冰川与常态运动冰川不仅是一个科学问题，而且有很重要的应用价值。一般来说，跃动冰川的标志可从航空照片上判别，一些大冰川也可从卫星影像上识别，但最好还是靠地面实际观测。表 8.1 给出了冰川在跃动阶的标志。Budd（1975）根据冰川中的流线运动速度和坡度提出了一个简单的模型，用于区分跃动冰川与快速冰川之间的界线。在图 8.4 中，虚线表示常态运动冰川中流线处的厚度 $h$（m），为中流线上

**表 8.1　跃动阶的标志**

| 标志 | 表现形式 |
| --- | --- |
| 冰面高度及厚度的变化 | 积蓄区冰面高程下降，冰川厚度减少数十米到 100～150 m；接收区冰面上升，冰川厚度增加 30～50 m，有时可达 150～300 m |
| 冰川表面构造的变化 | 积蓄区受伸张力作用形成横裂隙，往往呈弧状并与冰川主流向垂直相交；在接收区受压缩力作用部分原先的裂隙合拢在一起，裂隙呈放射状分布 |
| 冰舌末端状况 | 当冰舌前进到宽阔的谷地或者山前平原时呈宽阔的叶状，冰舌末端依然陡峭，一般高数十米；在山谷常堵塞河谷形成堰塞湖 |
| 冰川水系变化 | 冰面水道和冰面湖完全消失，水流进入冰川裂隙中，转变为冰内和冰下水网 |

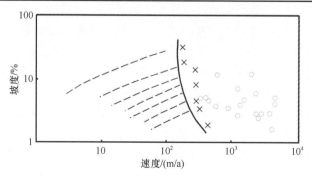

图 8.4　Budd 模型（Budd，1975）

平均流速 $\mu$ 和坡度 $\alpha$ 的乘积；○符号表示快速冰川 $h$ 值的位置；×符号表示跃动冰川；实线为 $h\mu\alpha$ 的等值线，可以确定常态运动冰川与跃动冰川之间的界线。

## 8.1.4　冰湖溃决洪水

冰湖溃决洪水是指在冰川作用区，由于冰湖突然溃决而引发的洪水（Richardson and Reynolds，2000）。冰湖溃决洪水是高山冰川作用区常见的自然灾害之一，而且往往引发山区泥石流。1981 年 7 月 11 日夜，聂拉木县章藏布沟源头的次仁玛错溃决，洪水不仅冲毁了我国聂拉木县樟木口岸的中尼友谊桥及两岸建筑物，而且使尼泊尔境内的孙科西水电站部分设施受损，并造成 200 人死亡（杨宗辉，1983）。1982 年 8 月 27 日定结县给曲流域的印达普错溃决，洪水演变为泥石流，造成 8 个村庄和大片农田被淹，冲走了近 1600 头牲口（汪悦和王钢城，2008）。随着山区资源开发利用，公路、水电站的建设和旅游事业的发展，世界许多国家对冰湖溃决洪水日益重视。

广义的冰湖溃决包括冰川阻塞湖（简称冰坝湖）、冰碛阻塞湖（简称冰碛湖）、冰蚀凹地湖、冰面湖、冰下湖等冰川湖突发性洪水，一般能造成重大灾害的是冰碛湖溃决洪水和冰坝湖溃决洪水，其中，又以冰碛湖溃决洪水最为频发（施雅风，2000；秦大河等，2014）。与冰川、积雪消融洪水不同，冰湖溃决洪水具有以下特征：①洪峰高，洪量小，尤其是发生在秋、冬季的冰湖溃决洪水远远超过当时河流流量，对下游威胁很大；②洪水历时短，过程线呈单峰尖瘦型；③洪水发生时间具有不确定性，一年四季都有可能出现，但 1～4 月发生较少，在喜马拉雅山中段、念青唐古拉山东段和天山西部冰湖溃决洪水 80% 发生在 7～9 月，尤其是冰碛湖溃决往往与盛夏高温冰川强烈消融期相伴；④冰坝湖溃决洪水发生频率高，如库玛拉克河每年发生这种洪水的可能性在 90% 以上，基本上每年发生一次，甚至可在一年内连续发生两次；⑤冰湖溃决洪水量与前期降水及冰川消融量无直接关系，仅与冰湖库容量和溃决规模有关。

冰湖溃决洪水的成因机制比较复杂，而且不同类型的冰湖溃决洪水机理各不相同，以下重点阐述冰碛湖溃决洪水和冰坝湖溃决洪水机制。我国喜马拉雅山、念青唐古拉山的冰碛湖大多数形成于小冰期各冰川退缩阶段，较早阶段的冰碛湖大多数已溃决或已淤积填平而消失或趋于稳定，其中，具有潜在溃决危险的冰碛湖则是最近 100 年来小冰期最后一次冰川退缩阶段的产物。冰碛湖溃决机制主要有：①漫顶溢流溃坝洪水［图 8.5（a）］。当冰川强烈消融或雪崩、冰崩导致入湖水量增加，湖面超出冰碛坝高度时，湖水漫顶溢流下切坝体，当侵蚀超过一定阈值时导致冰碛湖突然溃决形成洪水。②管涌溃坝洪水［图 8.5（b）］。当气温上升到一定程度时，终碛湖坝体内死冰消融，水流沿该部位逐渐淘蚀坝体形成管涌并扩大，最终溃坝形成洪水。③瞬间溃坝洪水［图 8.5（c）］。由于地震等因素导致冰碛坝垮塌形成，此时湖水位不一定漫顶。需要指出的是，对喜马拉雅山地区历史上冰碛湖溃决机制分析表明，由于冰川末端不稳定、冰体崩解坠入湖中产生浪涌，进而导致冰碛坝溃决是这一地区最主要的冰碛湖溃决机制（徐道明和冯清华，1989）。

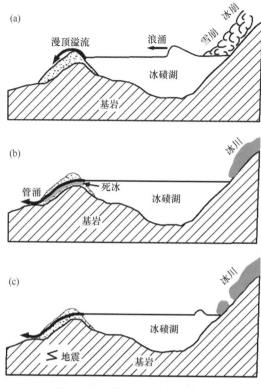

图 8.5　冰碛湖溃决机制示意图

　　无论是冰川前进堵塞主河谷蓄水成湖（如叶尔羌河上游克亚吉尔冰川阻塞克勒青河谷形成的堰塞湖），还是由于支冰川快速退缩与主冰川分离，在支冰川末端空出的冰蚀谷地中由主冰川阻塞而形成的冰川阻塞湖（如库玛拉克河上游吉尔吉斯斯坦境内的麦茨巴赫湖），都是以冰川冰体作为坝体的，因此，可称此类冰川湖为冰坝湖。冰坝湖排水机理及溃决过程有以下几种（Ólafur et al., 2016）：①当湖水水深达到冰坝高度的 9/10 时，在湖水巨大的静压力作用下冰坝浮起，造成冰坝断裂，冰湖排水形成洪水（图 8.6）。②冰川在运动和消融过程中，在冰面、冰内及冰下形成纵横交错的排水通道。当湖水水位升高时，这三层排水通道建立水力联系，并且这些水道在水流热力融蚀作用下，其断面面积不断扩大，加速了排水过程。由于冰川冰的塑形变形作用，当冰川排水通道的收缩率大于湖水对冰川排水通道的热力融蚀扩张率时，冰川排水通道断面不断收缩以致完全闭合，排水量也逐渐减少直至断流，冰川阻塞湖排水过程暂告结束。③冰坝在静水压力和冰川流动产生的剪切应力作用下，湖水沿冰裂隙或冰层断裂处向外排泄。④由于地震、火山或地热作用导致冰坝崩塌、融化造成冰湖溃决。

　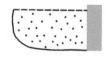　

(a) 湖泊水位上升　　(b) 湖泊水位上升至冰坝9/10处　　(c) 冰下通道打开，湖水排出

图 8.6　冰坝湖溃决机制示意图

### 8.1.5 冰川泥石流

冰川泥石流是发育在高山冰川或积雪的边缘地带，以冰碛物、冰崩雪崩堆积物为主要固体物质补给来源，在冰雪融水、冰崩雪崩融水、冰碛湖溃决激发下形成的泥石流（杜榕桓和章书成，1981）。苏联学者费莱施曼（1985）认为，冰川泥石流的形成是一个复合型过程，其固体物质的启动既有依靠外力（静压力或动压力）作用而使固体物质启动的特点，也有依靠土体内应力作用而使土体平衡遭受破坏的特点。意大利学者 Marta（2007）通过对阿尔卑斯山区冰川泥石流研究，认为冰川泥石流的形成过程可分为两类，一类是短时强降水过程（主要是入渗过程）使得覆盖在冰川表层的冰碛物含水量达到饱和后失稳，形成冰川泥石流；另一类是冰碛湖突然溃决或冰川内部积蓄水体突然释放，通过对老冰碛物强烈冲刷而引发的泥石流。瑞士学者 Zimmermann 和 Haeberli（1992）认为，冰川残体的存在对冰川泥石流的发生起着重要作用，且多数冰川泥石流发生后均能在冰碛物与冰川残体接触面看到明显的分界痕迹，这主要是因为覆盖在冰川残体上的冰碛物在前期水体（冰湖溃决、暴雨、冰雪融水等）的冲刷作用下，其稳定性会极大降低，冰碛物就会沿冰川残体表面产生运动，进而形成泥石流。从活动特点和破坏强度来看，冰川泥石流往往在强烈增温与降雨齐来的夏秋季节最为活跃。由于冰川泥石流的颗粒组成复杂而粗大，流体除夹杂大漂砾外，还有枯木倒树、冰块等，因此，其破坏力远大于非冰川区的其他类型泥石流。

高山冰川区因供水方式不同，泥石流的形成机理、过程和规模均有所差异，分述如下：①冰川融水型泥石流［图 8.7（a）］。此类泥石流以冰川融水为主，积雪融水和液态降水为次。促使冰川急剧消融并能激发泥石流的关键因素是日平均气温，海洋型冰川区常在副热带高压控制下发生泥石流。②冰湖溃决型泥石流［图 8.7（b）］。当入湖水量超过冰湖自身库容，或冰崩雪崩体落入湖中，或地震等使冰湖溃决的洪水，均可引发冰湖溃决泥石流。在极大陆型冰川区，冰川热融作用弱，冰面和冰下水系均不发育，同时运动速度小，一般无冰面湖和冰川阻塞湖，泥石流多由冰碛湖溃决形成。在水热条件较好的地区，如喀喇昆仑山北坡的叶尔羌河流域常发生冰川堵塞河谷，酿成冰川阻塞湖溃决洪水和泥石流。③冰崩雪崩型泥石流［图 8.7（c）］。在海洋型冰川区和亚大陆型冰川区，大型冰崩雪崩繁多，可为泥石流提供足够的水体和泥沙。据卡瓦列夫（1981）研究，当气温高达 15℃时，可融化 $5×10^3$ m³ 的粒雪和粉冰，若土砂含水量达 13%，在雪崩堆上便可形成泥石流。规模大的冰崩雪崩常由地震引起，如 1950 年 8 月 15 日西藏察隅发生 8.5 级强震，使雅鲁藏布江拐弯处 13 条沟发生冰崩泥石流。

## 8.2 冰川灾害分布

由冰崩和冰川跃动造成的灾害在我国西部山地分布零星且影响范围较小，本节主要阐述雪崩、冰湖溃决洪水和冰川泥石流三种冰川灾害类型的空间分布和特征。

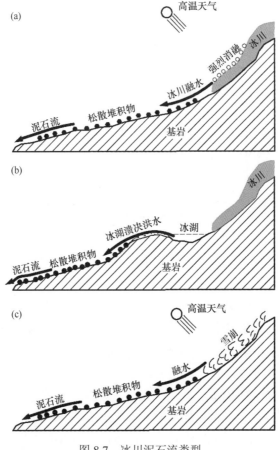

图 8.7　冰川泥石流类型

## 8.2.1　雪崩灾害分布

在我国西部地区，雪崩主要分布在山地及高原边缘地区（图 8.8）。喜马拉雅山南坡、念青唐古拉山东段，以及横断山的东部和南部的高山和极高山地区是我国最大的常年雪崩发育中心，季节性雪崩主要分布于青藏高原边缘及其邻近地区（王彦龙，1992）。在发生雪崩的山地，雪崩对人类的生产活动及自然界的影响是很广泛的。山区的公路、铁路及通信设施、输电线路往往要通过许多雪崩危险地带，它们受到的雪崩危害最大、最多。雪崩发生时，位于雪崩通过区和堆积区的桥梁、路基、车辆、高压线和通信线路常被冲毁，堆积在交通线路上的雪崩雪埋没道路、道班房和基础设施，造成车阻。人畜通行的道路、垭口，在冬季也往往因雪崩而封闭。冬春季在雪崩危险区科考、滑雪和旅游时，更易受到雪崩的危害，如 2006 年 4 月 2 日，6 名户外爱好者徒步穿越青海省门源回族自治县二塘沟，在从山上滑雪下滑时引发雪崩，致使 1 人遇难，2 人失踪。

## 1. 青藏高原东南部

雪崩是川西、滇北、藏东南高山地区，尤其是气候潮湿多雪山区的一种分布普遍的

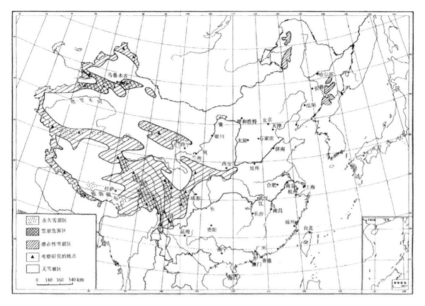

图 8.8　中国雪崩分布（据王彦龙，1992）

自然现象。川西雪崩灾害多发生于常年积雪带和海拔 4000～5000 m 的高山区；而在滇北、川南和藏东南山区，雪崩不仅分布于常年积雪和冰川地带，还深入到海拔3500～4900 m 的季节性积雪区。川藏公路作为藏东南地区的主要交通线路，每年都会受到雪崩影响。位于帕隆藏布流域的安久拉山至古乡段是川藏公路受雪崩灾害影响最为严重的路段，雪崩影响道路通行并频发毁车伤人事故，如 1979 年 80 道班附近发生雪崩，埋没公路长达 1 km，雪崩雪厚 1～5 m，附近解放军和道班工人采用推土机耗时半个月挖出一条单行道，阻车时间长达 20 余天。据资料统计（赵鑫等，2015），安久拉山至古乡段有 100 处雪崩点（图 8.9），其中，上游高山峡谷地段是雪崩灾害集中分布区，其次

图 8.9　川藏公路安久拉山至古乡段雪崩分布（据赵鑫等，2015）

是海拔较高的安久拉山垭口高山地段，中游宽谷窄谷相间地段和下游谷地则很少发育雪崩。除川藏线外，西藏东南部的县级公路也常受到雪崩威胁，如2011年3月受持续雨雪和之后的大幅升温影响，波密县境内公路17K至18K路段发生雪崩，造成100多名在现场施工的民工和群众被困，十余人失踪；在此期间墨脱公路亦发生雪崩，造成交通中断，至少10人被埋。

## 2. 中尼公路

中尼公路是中国和尼泊尔两国交往的重要通道，在两国人民政治、经济和文化生活中具有特殊的地位和作用。中尼公路亚汝雄拉至友谊桥路段盘旋于地势陡峭的波曲峡谷中，地形整体上由北向南倾斜，两岸支谷和冲沟坡度一般在20°～40°，这里的地形地势均给雪崩形成提供了有利条件。据王彦龙（1992）调查，中尼公路雪崩主要发生于聂拉木至樟木70道班附近（图8.10），约20 km余，其中较大的雪崩有33处。道路横跨雪崩槽时，桥梁、路基、车辆和通信线路被冲毁，堆积在公路上的雪崩雪阻碍交通、埋没道班房和其他设施。例如，1989年曲乡宾馆附近发生雪崩，冲垮8间弹药库房，将弹药全部冲入河中。又如康山桥雪崩，发生于1988年12月25日，雪崩埋没公路500 m，路面雪崩雪厚达22 m。

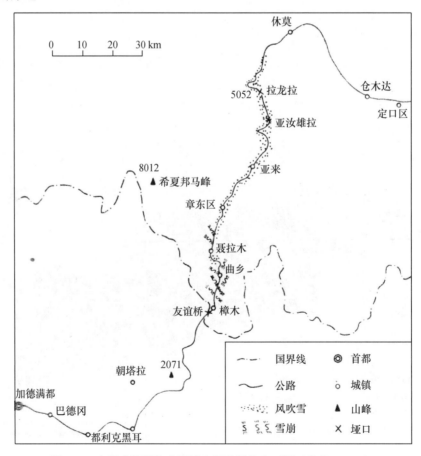

图8.10　中尼公路聂拉木至樟木段雪崩分布（据王彦龙，1992）

## 3. 独库公路

独库公路又名天山公路，北起独山子，南至库车，全长 563 km，是连接新疆南北的重要通道。独库公路雪崩灾害主要发育在哈希勒根达坂以北和玉希莫勒盖达坂至拉尔墩达坂之间（图 8.11）。哈希勒根达坂以北属高山雪崩带的过渡带，雪檐崩塌是该地区发生雪崩的主要原因。自 1976 年以来，哈希勒根达坂附近每年均有雪崩发生，其中，1979年冬至 1980 年春发生的雪崩曾切断 20 根（30 cm×20 cm）防护工程钢筋混凝土立柱，造成较大的工程经济损失。在道路施工过程中，曾连续发生多次人为的雪崩事故，并造成了人员伤亡。玉希莫勒盖达坂至拉尔墩达坂之间雪崩繁多，集中在 30 km（K169—K229）长的范围内，且以季节性雪崩为主，多发生于冬春季节。洪加里克沟是该区雪崩集中地段，雪崩类型齐全，有沟槽雪崩、坡面雪崩和跳跃式雪崩，以沟槽雪崩为主。据王彦龙（1992）研究，独库公路灾害性雪崩具有 10 年周期性规律，一般公路堆雪高度在 7 m 左右，机械清雪十分困难，极易导致道路中断。

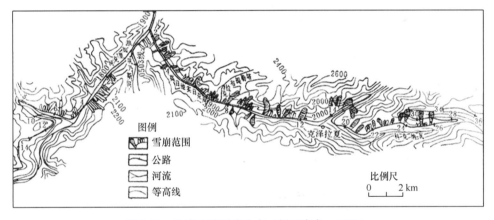

图 8.11　独库公路雪崩分布（据王彦龙，1992）

## 4. 伊焉公路

伊焉公路横跨天山中部，西起伊宁市，东至焉耆县城，全长 582.3 km。伊焉公路受雪崩灾害影响的路段主要在伊犁河上游支流巩乃斯河河谷，西起巩乃斯沟口，东至艾肯山隘口，全长 60 km。巩乃斯河谷由于是朝西开口的喇叭口地形，冬、春季接受大量西风气流带来的降雪，从而使中山带以上成为雪崩多发区。例如，1966 年 12 月 21 日，一次强大的降雪过程引起的新雪雪崩，使该河谷沿线 27 km 的路段，被雪崩埋没的路段就长达 10.47 km，计有大小雪崩堆 278 处，雪崩总体积达到 $4.4×10^5$ m³，埋没道班房 1 座、汽车 2 辆，造成公路交通中断达 4 个月之久。据不完全统计，由于这次大雪崩造成的国民经济损失在伊犁地区达近亿元（王彦龙，1992）。

## 5. 中巴公路

中巴喀喇昆仑公路（简称中巴公路）沿兴都库什山脉以东，喜马拉雅山和喀喇昆仑山以西、帕米尔高原南缘向巴基斯坦南部平原过渡之间狭窄的河流谷地布线，北高南低。中巴公路洪扎到红其拉甫口岸为高山峡谷地段，海拔介于 2200～4750 m，公路两侧谷峰被冰雪覆盖，谷岭高差多在 1000 m 以上，每年秋末冬初和春末夏初极易发生积雪型和融雪型雪崩。据朱颖彦等（2014）调查，洪扎以北中巴公路全线共有 21 处中、大型雪崩。2015 年 4 月 4 日，中巴公路红其拉甫段 K793 处发生雪崩，积雪下泄淹没公路长 180 m，积雪最厚处约 5 m，堆积量约 $1 \times 10^4$ m$^3$，导致公路中断 4 天。

### 8.2.2　冰湖溃决洪水灾害分布

我国境内发生溃决的冰湖主要是冰川阻塞湖和冰碛阻塞湖两大类（施雅风，2000），与暴雨或融雪洪水不同，冰湖溃决洪水具有突发性强、洪峰高、破坏力强、灾害波及范围广等特点（张祥松等，1989；刘晶晶等，2008），往往对下游地区人们生命财产和基础设施带来极大破坏。

#### 1. 冰川阻塞湖溃决洪水

在我国，冰川阻塞湖溃决洪水灾害主要分布于新疆叶尔羌河上游的克勒青河谷和阿克苏河上游的库玛拉克河谷（张祥松等，1989；刘时银等，1998），溃决冰湖分别为克亚吉尔特索湖（图 8.12）和麦茨巴赫湖（图 8.13）。1985～1987 年，由原中国科学院兰州冰川冻土研究所与新疆维吾尔自治区水利厅联合对新疆叶尔羌河流域的冰川洪水进行了野外考察，调查发现克勒青河谷上游的克亚吉尔冰川和特拉木坎力冰川是洪水的主要策源地，其中，克亚吉尔冰川阻塞主谷所形成的冰坝湖——克亚吉尔特索湖是"罪魁祸首"（张祥松和周聿超，1990）。克亚吉尔特索湖的突然排水是 1984 年 8 月、1986 年

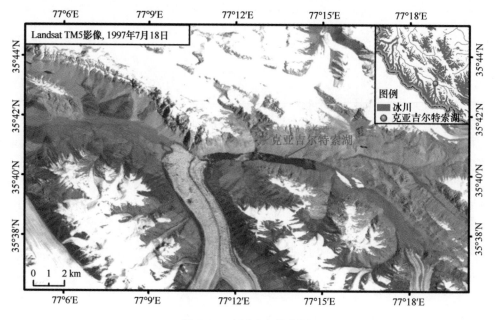

图 8.12　克亚吉尔特索湖

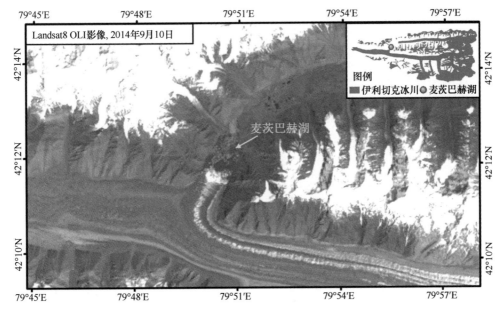

图 8.13　麦茨巴赫湖

8 月 14 日和 1987 年 8 月 5 日叶尔羌河突发洪水的根本原因，该湖主要排水方式为冰下泄水道的迅速扩大。2009 年 7 月克亚吉尔冰川发生跃动，阻塞河谷后形成长度约 44 km 的湖泊，至当年 8 月 3 日湖水大部分排泄流出（刘景时和王迪，2009）。据卡群水文站资料，1953～2000 年期间叶尔羌河流域已观测到 25 次突发性洪水，造成下游喀什地区重大经济损失。

与叶尔羌河流域较高频次冰湖溃决洪水灾害类似的另一河流是库玛拉克河，该河流是阿克苏河的最大支流，也是塔里木河主要的补给水源，源区及主要径流形成区位于吉尔吉斯斯坦境内。麦茨巴赫湖位于库玛拉克河河源区的伊利切克冰川（复式山谷冰川，面积为 821.6 km²）北支冰川末端，为南伊利切克冰川阻挡北伊利切克冰川，并汇集两支冰川融水而形成（图 8.13）。据协和拉水文站观测，自 1956 年建站以来至 2005 年共观测到突发性洪水事件 45 次，其频率高达 90% 以上，在 20 世纪 80 年代以来的高温期表现出一年两次溃决的势头，而且洪峰流量与总洪水量均呈增加趋势。

## 2. 冰碛阻塞湖溃决洪水

与冰川阻塞湖溃决洪水主要发生在喀喇昆仑山和天山西段少数流域不同的是，我国冰碛阻塞湖溃决洪水分布于喜马拉雅山中段和念青唐古拉山东段多个流域，并呈现破坏力强、灾害波及范围广的特点（吕儒仁和李德基，1986；Liu and Sharmal，1988；徐道明和冯清华，1989）。据统计，近 50 年来喜马拉雅山地区至少已有 20 余次较大的冰碛湖溃决灾害事件发生，其中 3/4 发生在我国西藏境内。通过对已溃决冰湖灾害事件文献和资料整理，结合地形图、遥感影像、中国冰川编目数据、Google Earth、冰湖溃决遗迹记录和野外考察，自 20 世纪 30 年代以来已知西藏地区有 25 个冰湖发生溃决并造成灾害（姚晓军等，2014；孙美平等，2014）。

已有研究表明，在气候由湿冷年代转向湿热或干热年代的过渡年份或气候突变年份的夏秋季节极易发生冰碛湖溃决事件（吕儒仁，1999）。从空间上来看（图8.14），已溃决冰碛湖主要分布于喜马拉雅山中段和念青唐古拉山东段，在喜马拉雅山中段形成吉隆—聂拉木、定结、洛扎—错那3个冰湖溃决多发区，与之相对应分别发育有自北向南切穿喜马拉雅山的吉隆藏布—波曲、朋曲、洛扎曲—娘江曲；在念青唐古拉山东段形成波密—嘉黎冰湖溃决多发区，与之相对应的河流是易贡藏布和帕隆藏布，也是念青唐古拉山东段冰川分布最为集中的地区。这些河谷是夏季南亚季风进入青藏高原的水汽通道之一，在地势抬升作用下形成降水，这既为冰川提供了较稳定的物质来源，同时也使冰湖水量能维持在稳定或增加的状态下，一旦出现气温急剧上升，在冰川融水增加，甚至在冰崩和冰滑坡作用下冰湖则极易发生溃决。

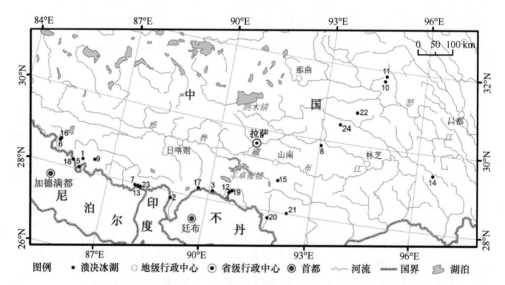

图8.14 西藏自治区溃决冰碛湖分布（据姚晓军等，2014）

1. 塔阿错 2. 穷比吓玛错 3. 桑旺错 4. 鲁惹错 5. 次仁玛错 6. 降达错 7. 吉莱错 8. 达门拉咳错 9. 阿亚错 10. 坡戈错 11. 波戈冰川湖 12. 扎日错 13. 印达普错 14. 光谢错 15. 夏嘎湖 16. 扎那错 17. 龙纠错 18. 嘉龙错 19. 得嘎错 20. 浪措 21. 折麦错 22. 错嘎 23. 给曲冰湖 24. 然则日阿错

## 8.2.3 冰川泥石流灾害分布

冰川泥石流空间分布密度受冰川区的水热条件、冰川的物理性质和类型制约，根据冰川类型和泥石流发育程度，可将中国冰川泥石流划分为海洋型冰川泥石流和大陆型冰川泥石流两大区域（图8.15）。

### 1. 海洋型冰川泥石流

本区冰川泥石流集中分布在西藏东南部山区，以及西藏与四川、云南交界的横断山脉。雅鲁藏布江下游的几条大支流——易贡藏布、帕隆藏布、东久河、尼洋曲、金珠曲

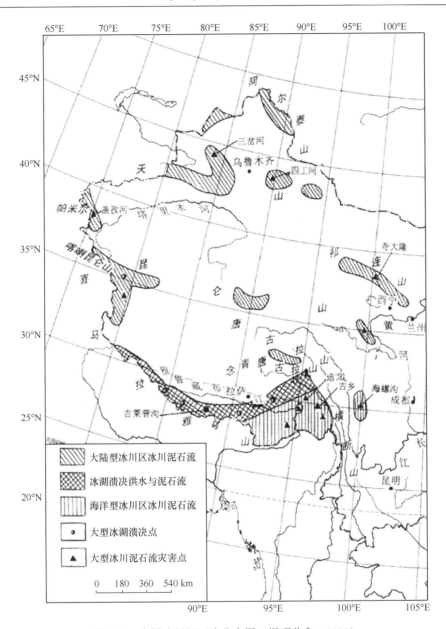

图 8.15 中国冰川泥石流分布图（据邓养鑫，1988）

和直接流出国境的丹巴曲、察隅河等河谷中的冰川泥石流分布最稠密，估计达数百条之多。其中，又以著名的古乡沟、培龙沟、冬茹弄巴等近 40 条沟谷的冰川泥石流暴发为甚，具有规模大、频率高、危害重特点。如 1953 年古乡特大冰川泥石流曾将 $0.1 \times 10^8$ m³ 的泥沙搬至山外，瞬间形成一处面积达 3 km² 的巨型冰川泥石流堆积扇，并堵断帕隆藏布，使上游壅水，形成 4.3 km² 的古乡湖，毁灭农田、村舍和寺庙，造成巨大灾害（施雅风，2000）。又如，培龙沟曾在 1983 年、1984 年和 1985 年发生冰川泥石流灾害，分别导致川藏公路中断 28 天、67 天、270 天；1985 年 6 月发生的冰川泥石流一度阻塞帕隆藏布河道，使水位迅速抬高 20 m 以上，堵坝溃决时，冲走 80 辆汽车，冲毁培龙以下

40 km 内的 5 座吊桥和索桥、培龙村 8 hm² 土地、公路道班房及村民住房 22 间，造成巨大经济损失（吕儒仁，1999）。

### 2. 大陆型冰川泥石流

该区的冰川泥石流分布零散，而且数量比海洋型冰川区的冰川泥石流要少，暴发周期也较长。它们主要分布在喜马拉雅山中（西）段北坡、唐古拉山东段、喀喇昆仑山、昆仑山、天山、阿尔泰山和祁连山。喜马拉雅山北坡地区由于冰川快速退缩，冰川末端形成的冰碛湖扩张迅速，该区以冰湖溃决型泥石流为主。如 1964 年 8 月 25 日吉隆县隆达错因冰川涌入湖中而导致溃决，形成一次特大泥石流，堵塞吉隆河，不久堵口溃决，再次形成一次大的泥石流，现尚可见隆达堵口以下 6 km 河床上巨石垒垒、急流险滩的情景（吕儒仁，1999）。在由西风环流供给充沛降水的喀喇昆仑山，冰川快速前进堵塞成的湖泊溃决时有发生，如中巴公路艾尔库然沟冰川泥石流发生频率较高，平均每年暴发 1～3 次。中国西天山巩乃斯河流域及独库公路沿线，雪崩融水型泥石流也十分常见。天山博格达峰北坡的四工河流域曾发生冰川泥石流，泥石流冲入原始森林，摧毁成片树木。祁连山东段属季风的强弩之末，冰川作用弱，泥石流分布零星，北坡山麓地带曾出现较大的灾害性泥石流，但出现频率较低。

## 8.3　冰川灾害与气候变化

冰川灾害的形成和变化趋势除与冰川自身规模和局地地形地貌条件相关外，气温和降水的变化也是其主控因素。具体而言，降水决定冰川积累，气温决定冰川消融，因而降水的多寡及其年内分配和年际变化影响冰川的补给和活动性，而气温的高低影响成冰作用和冰川融水，与降水共同决定冰川的性质、发育和演化。器测资料表明，1951～2009年中国平均气温上升了 1.38℃，变暖速率达到 0.23℃/10a，且变暖速度呈加剧趋势（秦大河，2013）。与气温呈上升趋势不同的是，无论近百年还是近 50 年降水，并没有明显或减少的趋势，而是以 20～30 年的年际变化为主。受气候变暖影响，自 20 世纪 60、70年代以来，中国境内 80%以上的冰川处于退缩状态，冰川厚度减薄速率多数介于 0.2～0.7m/a，整体上呈现青藏高原中部和北部的冰川相对比较稳定，高原周边地区冰川退缩量较大的空间分布规律（秦大河，2013）。我国西部地区积雪虽略微增加，但受极端天气事件频繁影响，其脆弱性大大增加。

表 8.2 给出了不同冰川灾害类型对气候变化的响应。受资料限制，目前国内外对冰川灾害与气候变化的关系研究多集中于冰湖溃决洪水和冰川泥石流。尽管雪崩、冰崩和冰川跃动对人们的日常生活影响不大，但越来越多的此类事件正在警示着我们全球气候正在发生变化，不得不引起人们的关注和思考。当前，由于气候变化引起的冰川退缩，使得许多小的山谷冰川和冰斗冰川变成悬冰川，增加了坡面冰体的断裂和滑动，极易发生冰崩现象，从而触发雪崩和泥石流灾害的出现。所以，应加强对小冰川的监测，编制冰川变化下的冰川灾害潜在威胁分布图，及时为政府提供冰川灾害评估报告。

表 8.2 冰川灾害对气候变化的响应

| 灾害类型 | 对气候变化的响应 |
| --- | --- |
| 雪崩 | 急剧升温，或是积雪降温，引发深霜，可促使雪崩频发 |
| 冰崩 | 气候变暖使冰体更易断裂，尤其是冰川退缩到高山斜坡更易发生冰崩 |
| 冰川跃动 | 气温上升增加了冰川融水，降雪增加为冰川跃动提供了物质来源，冰川底部融水增加降低冰川与基岩摩擦力，增强了冰川跃动概率 |
| 冰湖溃决洪水 | 气温上升，冰川退缩加剧了冰湖的发育，冰川融水补给使冰湖库容增加；冰温上升，冰强度减弱，冰坝易于变形；这些将加剧冰湖溃决洪水强度和发生频率 |
| 冰川泥石流 | 气候变暖使冰川雪线上升，冰面污化面发育，反照率降低，冰面消融增加，融水增加，当发生强降水或极端高温事件时，冰川融水叠加强降水使得冰川泥石流的强度和破坏力剧增 |

无论从年际还是从年内来看，由湿冷气候转为湿热或干热（暖）气候，都特别有利于冰湖溃决洪水和冰川泥石流的暴发（吕儒仁，1999）。同时，气候变暖会导致冰川发生 3 个明显的变化，并与冰湖溃决洪水和冰川泥石流的形成密切相关：①气候变暖使得冰川消融，一方面冰川融水的汇入使得冰湖库容快速增加，另一方面大量冰碛的产生为冰川泥石流的发生提供了先决条件；②气候变暖使得冰川体活动层的厚度增加，为大规模冰体的崩塌和冰湖溃决提供了重要条件；③气候变暖引起冰坝湖坝体强度减弱、冰碛湖坝体内的死冰消融、冰川侧面岩石的压力环境发生变化，容易发生坝体垮塌和冰崩引发冰湖溃决，进而诱发冰川泥石流。已有资料显示，冰湖溃决洪水和冰川泥石流的洪峰流量与洪水总量越来越大，冰川湖规模相应扩大，溃决危险程度增加（王欣，2011；沈永平，2013）。

## 1. 冰湖溃决灾害增多

由于气候变暖趋势加剧，冰湖面积增大，冰湖溃决事件发生频次增加，严重影响着承灾区人民的生命财产安全。根据陈晓清等（2007）对冰湖溃决危险性的评估，波曲流域 49 个冰湖中就有 9 个处于高度危险状态。王欣认为我国喜马拉雅山地区共有 143 个具有潜在危险性的冰碛湖，其中，溃决概率等级为"高"及其以上的冰碛湖就有 91 个[①]。1930 年至今，西藏地区已知 23 个冰碛湖发生了 27 次溃决，其中，30 年代发生了 2 次，40 年代至 90 年代分别发生了 1 次、2 次、6 次、3 次、4 次和 2 次，2000 年以来则发生了 8 次（姚晓军，2014），表明该地区冰湖溃决事件发生的频次较以往有大幅增加趋势。如程尊兰等（2008）指出，藏东南的冰湖溃决洪水（泥石流）到 2050 年将处于活跃期，其形成和暴发将更加频发，总体发展趋势呈倒"U"形。同时，冰湖溃决灾害发生区域有扩大趋势，20 世纪 80 年代在岗日嘎布东段北坡也出现了冰湖溃决泥石流，突破了之前的此类灾害仅出现在丁青—嘉黎—措美一线以西的论断。

冰湖面积的增大必然导致冰湖库容的增加，冰湖的库容不仅决定了溃决洪水的总量，而且还决定溃决洪水的峰值流量。从发生在西藏地区的 27 次冰湖溃决事件来看，大部分冰湖都属于瞬时部分（或全部）溃决，峰值流量大部分超过 1000 m³/s，其中，次

---

① 王欣. 2008. 我国喜马拉雅山冰碛湖溃决灾害评价方法与应用研究. 中国科学院研究生院.

仁玛错冰湖的溃决流量更是达到了 15926 m³/s。巨大的流量为沟床内松散物质的启动提供了强大的水动力条件，在松散物质丰富的沟谷，冰湖溃决洪水将直接演化为泥石流。因此，只要存在有利的沟谷坡度和丰富的松散物质，溃决洪水即可演化为泥石流；而冰湖库容越大，泥石流持续时间越长，泥石流总量越大。泥石流或溃决洪水冲刷沟谷坡脚则会诱发一系列滑坡崩塌，进一步加大灾害规模和破坏能力。

## 2. 冰川泥石流趋于活跃

伴随着气温升高，冰雪融水的供给量也会增加，冰川区泥石流形成的水源条件就朝着利于激发泥石流的方向变化，在地形条件和松散固体物质供给条件类似的情况下，冰川泥石流趋于活跃。

古乡沟是一条典型的冰川泥石流沟，泥石流形成受降雨和冰雪融水控制，自 1953 年 9 月 23 日特大泥石流以来，共暴发泥石流约 1000 次。据杜榕恒和章书成（1981）的研究结果，当日降水量<5.0 mm 时，泥石流主要由温度导致的冰雪融水激发，占泥石流暴发总次数的 90.8%；当日降水量为 5.1～10.0 mm 时，冰雪融水和降雨均可激发泥石流，其中，温度激发占 67.6%，降雨激发占 32.4%；当日降水量>10.0 mm 时，泥石流主要由降雨激发（占 81.6%）。分析古乡沟已知的大规模泥石流（峰值流量>200 m³/s）与波密站 1970～2010 年雨季日平均气温和总降水量之间的对应关系，发现泥石流的发生与高温和多雨具有较好的关系，在统计的 9 次大规模泥石流中，有 2 次发生在降雨高值年（1972 年和 1979 年），有 3 次发生在气温高值年（1993 年、2005 年、2008 年），有 4 次发生在降雨高值且气温相对较高的年份（1982 年、1995 年、1998 年、2010 年），且暴发频次稍有增加趋势（崔鹏等，2014）。藏东南气候变暖与降雨增加的气候特征，将会使得泥石流活动趋于强烈。

## 3. 冰川灾害链生特征明显，灾情时空延拓显著

山地灾害是流域内剧烈的能量转化和物质迁移过程，当其规模增大到一定程度以后，就会产生不同灾种之间的激发和转换，形成灾害链，导致灾害在时间和空间上的延拓。在高山区，由于势能巨大，地形复杂，物质运移沿程的能量汇聚和消散过程变化多样，具有形成灾害链良好的能量条件。由于侵蚀作用强烈且类型多样，上游寒区的寒冻侵蚀产物与冰川作用产物，中游的风化产物，不稳定斜坡沟道内分选与未分选的堆积物等，这些不同物理性质和不同赋存条件的土体，为不同灾害的时空演化和性质转化提供了物质基础。

冰川所在的高山区（尤其是青藏高原东南部）通常具有形成较长灾害链的条件。例如，冰雪融水可能导致滑坡或崩塌，崩塌滑坡进入沟道与沟道流水作用可能形成泥石流，泥石流不仅破坏下游村镇、农田和道路，大规模泥石流还会堵塞主河形成堰塞湖，堰塞湖壅水会给江河上游造成淹没灾害，堰塞湖溃决后又会造成巨大的溃决洪水，危害下游更大的范围。灾害链会使冰川灾害的危害范围在空间上大大拓宽，在时间上造成多次延

续灾害，延长了危险和危害时段。灾害在其链生过程中由于物质的不断汇入和能量的接连释放，它的规模不断增大。因此，灾害链具有规模激增效应和时空延拓效应，能够产生较单个灾害更巨大的损失，往往形成特大灾害。在青藏高原升温的背景下，水热同期的条件组合有利于大规模滑坡、泥石流和溃决洪水的形成，并增大其衍生为灾害链造成重大损失的风险。

### 4. 冰川灾害风险增加

随着社会经济的发展，山区人口密度和经济密度持续增加。例如，波密县 1990 年人口密度为 1.496 人/km²，2000 年增加为 1.517 人/km²，至 2010 年第 6 次人口普查时全县总人口增加到 33500 人，人口密度亦上升为 2.021 人/km²。作为承灾体的经济和人口，其体量越大，易损性也越大。受地形条件制约，山区人类密集活动区（人口密度和经济密度大的区域）多位于地势较为平坦、交通相对方便的河谷地区，这里同时也是冰湖溃决洪水和冰川泥石流灾害的影响区，一旦灾害发生，会造成巨大损失。山区人口和经济的高密度区与冰川灾害的危害区在空间上重叠，使得灾害风险和损失也随之增大。此外，鉴于喀喇昆仑山、喜马拉雅山和横断山等地区现有及规划开发的水电容量十分巨大，冰川灾害无疑是悬于这些水电项目之上的"达摩克利斯之剑"。

综上所述，在气温升高背景下，冰川退缩加剧，冰川融水量增大，冰川灾害暴发频次和规模在未来有增加的趋势，可能形成若干新的灾害点，灾害的危害程度也将呈上升趋势（Cui and Yang, 2015）。因此，在西部大开发中，强化基础设施建设的同时，应谨防山地冰川灾害的干扰与破坏。在一些重大工程区和开发区，要特别重视对冰川灾害的研究和监测。同时，相关机构应加强冰川灾害知识普及，提高公众防灾意识和自救能力。

## 参 考 文 献

陈晓清, 崔鹏, 杨忠, 等. 2007. 喜马拉雅山中段波曲流域近期冰湖溃决危险性分析与评估. 冰川冻土, 29(4): 509～516

程尊兰, 朱平一, 党超, 等. 2008. 藏东南冰湖溃决泥石流灾害及其发展趋势. 冰川冻土, 30(6): 954～959

崔鹏, 陈容, 向灵芝, 等. 2014. 气候变暖背景下青藏高原山地灾害及其风险分析. 气候变化研究进展, 10(2): 103～109

邓养鑫. 1988. 冰川泥石流与溃决冰湖洪水. 见: 施雅风. 中国冰川概论. 北京: 科学出版社

杜榕桓, 章书成. 1981. 西藏高原东南部冰川泥石流的特征. 冰川冻土, 3(3): 10～18

费莱施曼. 1985. 泥石流. 北京: 科学出版社

刘晶晶, 程尊兰, 李泳, 等. 2008. 西藏冰湖溃决主要特征. 灾害学, 23(1): 55～60

刘景时, 王迪. 2009. 2009 年夏季喀喇昆仑山叶尔羌河上游发生冰川跃动. 冰川冻土, 31(5): 992

刘明哲, 魏文寿, 张丽旭, 等. 1999. 精河——伊宁铁路沿线雪崩特征初步分析. 干旱区地理, 22(4): 29～34

刘时银, 程国栋, 刘景时. 1998. 天山麦茨巴赫冰川湖突发洪水特征及其与气候关系的研究. 冰川冻土, 20(1): 31～36

吕儒仁. 1999. 西藏泥石流与环境. 成都: 成都科技大学出版社

秦大河, 姚檀栋, 丁永建, 等. 2014. 冰冻圈科学辞典. 北京: 气象出版社

秦大河. 2013. 中国气候与环境演变: 2012. 北京: 气象出版社

沈永平, 苏宏超, 王国亚, 等. 2013. 新疆冰川、积雪对气候变化的响应(II): 灾害效应. 冰川冻土, 35(6): 1355~1370

沈永平, 王国亚, 魏文寿, 等. 2009. 积雪灾害. 北京: 气象出版社

施雅风. 2000. 中国冰川与环境——现在、过去和未来. 北京: 科学出版社

孙美平, 刘时银, 姚晓军, 等. 2014. 2013 年西藏嘉黎县 "7.5" 冰湖溃决洪水成因及潜在危害. 冰川冻土, 36(1): 158~165

汪悦, 王钢城. 2008. 渗透变形导致冰湖溃决机理的初步分析——以印达普错为例. 科技创新导报, 36: 251

王世金, 任贾文. 2012. 国内外雪崩灾害研究综述. 地理科学进展, 31(11): 1529~1536

王欣, 刘时银, 莫宏伟, 等. 2011. 我国喜马拉雅山区冰湖扩张特征及其气候意义. 地理学报, 66(7): 895~904

王彦龙. 1992. 中国雪崩研究. 北京: 海洋出版社

谢自楚, 刘潮海. 2010. 冰川学导论. 上海: 上海科学普及出版社

谢自楚, 谢维尔斯基, 张志忠. 1996. 天山积雪与雪崩. 长沙: 湖南师范大学出版社

徐道明, 冯清华. 1989. 西藏喜马拉雅山区危险冰湖及其溃决特征. 地理学报, 44(3): 343~352

杨友华, 王文东. 1996. 南极中山站地区冰崩概况. 南极研究, 8(4): 72~75

杨宗辉. 1983. 西藏境内泥石流活动近况及整治. 见: 全国泥石流防治经验交流会论文集编审组. 全国泥石流防治经验交流会论文集. 重庆: 科学技术文献出版社重庆分社

姚晓军, 刘时银, 孙美平, 等. 2014. 20 世纪以来西藏冰湖溃决灾害事件梳理. 自然资源学报, 29(8): 1377~1390

张文敬. 1985. 南迦巴瓦峰跃动冰川的某些特征. 山地研究, 3(4): 234~238

张祥松, 李念杰, 由希尧, 等. 1989. 新疆叶尔羌河冰川湖突发洪水研究. 中国科学 B 辑, 11: 1197~1204

张祥松, 周聿超. 1990. 喀喇昆仑山叶尔羌河冰川湖突发洪水研究. 北京: 科学出版社

赵鑫, 程尊兰, 李亚军, 等. 2015. 川藏公路安久拉山至古乡段雪崩分布规律. 山地学报, 33(4): 480~487

朱颖彦, 张志全, SteveZou, 等. 2014. 中巴喀喇昆仑公路冰川灾害. 公路交通科技, 31(11): 51~59

Alean J. 1985. Ice avalanches–some empirical information about their formation and reach. Journal of Glaciology, 31: 324~333

Clarke G K C, Nitsan U, Paterson W S B. 1977. Strain heating and creep instability in glaciers and ice sheets. Reviews of Geophysics and Space Physics, 15: 235~247

Cui P, Yang J. 2015. Mountain hazards in the Tibetan Plateau: research status and prospects. National Science Review, 2: 397~402

Föhn P M B. 1987. The stability index and various triggering mechanisms. In: Salm B, Gubler H. Avalanche Formation, Movement and Effects. Davos: IAHS~AISH Publication

Föhn P, Stoffel M, Bartelt P. 2002. Formation and forecasting of large(catastrophic)new snow avalanches. In: Stevens J R. Snow Avalanche Programs. Victoria: International Snow Science Workshop Canada Inc., BC Ministry of Transportation

Huggel C, Haeberli W, Kääb A, et al. 2004. An assessment procedure for glacial hazards in the Swiss Alps. Canadian Geotechnical Journal, 41: 1068~1083

Jamieson B, Zeidler A, Brown C. 2007. Explanation and limitations of study plot stability indices for forecasting dry snow slab avalanches in surrounding terrain. Cold Regions Science and Technology, 50(1~3): 23~34

Jamieson J B, Geldsetzer T. 1996. Avalanche Accidents in Canada 1984～1996. Revelstoke: Canadian Avalanche Association

Kamb B, Raym C F, Harrison W D, et al. 1985. Glacier surge mechanism: 1982～1983 surge of Variegated Glacier, Alaska. Science, 227: 469～479

Kotlyakov V M, Smolyarova N A. 1990. Elsevier's Dictionary of Glaciology. Amsterdam, Oxford, New York, Tokyo: Elsevier Science

Liu C, Sharmal C K. 1988. Report on First Expedition to Glaciers and Glacier Lakes in the Pumqu(Arun)and Poiqu(Bhote～Sun Kosi)River Basins, Xizang (Tibet), China. Beijing: Science Press

Maggioni M, Gruber U. 2003. The influence of topographic parameters on avalanche release dimension and frequency. Cold Regions Science and Technology, 37(3): 407～419

Margreth S, Funk M. 1999. Hazard mapping for ice and combined snow/ice avalanches–two case studies from the Swiss and Italian Alps. Cold Regions Science and Technology, 30: 159～173

Marta C, Sara L, Giovanni M, et al. 2007. Recent debris flow occurrences associated with glaciers in the Alps. Global and Planetary Change, 56(1-2): 123～136

Meier M F, Post A S. 1969. What are glacier surges? Canadian Journal of Earth Sciences, 6: 807～819

Ólafur I, Ívar Ö B, Anders S, et al. 2016. Glacial geological studies of surge～type glaciers in Iceland — Research status and future challenges. Earth～Science Reviews, 152: 37～69

Perl R I. 1980. T-Avalanche release, motion and impact. Dynamics of snow and Ice Masses, 30(1): 397～462

Richardson S D, Reynolds J M. 2000. An overview of glacial hazards in the Himalayas. Quaternary International, 65/66: 31～47

Robin G de Q, Weertman J. 1973. Cyclic surging of glaciers. Journal of Glaciology, 12: 3～18

Rototaeva O B, Kotlyakov V M, Nosenko G A, et al. 2005. Historical information on surges of pulsing glaciers in the Northern Caucasus and Karmadon catascropke 2002. Data of Glaciological Studies, 98: 136～145

Salzmann N K, Kääb A, Huggel C, et al. 2004. Assessment of the hazard potential of ice avalanches using remote sensing and GIS modeling. Norwegian Journal of Geography, 58(2): 74～84

Schneebeli M, Bebi P. 2004. Snow and avalanche control. In: Evans J, Burley J, Youngquist J. Encyclopedia of Forest Sciences. Oxford: Elsevier

Schweizer J, Jamieson J B. 2001. Snow cover properties for skier triggering of avalanches. Cold Regions Science and Technology, 33(2-3): 207～221

Schweizer J, Lütschg M. 2001. Characteristics of human～triggered avalanches. Cold Regions Science and Technology, 33(2-3): 147～162

Troshkina E, Clazovskaya T, Kondakova N N, et al. 2001. Zoning of snowiness and avalanching in the mountains of western Transcaucasia. Annals of Glaciology, 32(1): 311～313

Viglietti D, Letey S, Motta R, et al. 2010. Snow avalanche release in forest ecosystems: A case study in the Aosta valley region(NW～Italy). Cold Regions Science and Technology, 64(2): 167～173

Vincent J, Cécile D, Delphine G, et al. 2007. Probabilistic analysis of recent snow avalanche activity and weather in the French Alps. Cold Regions Science and Technology, 47(1-2): 180～192

Whiteman C A. 2011. Cold region hazards and risks. Singapore: Ho Printing Singapore Pte Ltd

Zimmermann M, Haeberli W. 1992. Climatic change and debris flow activity in high mountain areas: A case study in the Swiss Alps. Catena Supplement, 22(1): 59～72

# 第9章　冰湖变化与溃决灾害

冰川湖和冰碛湖与冰川相伴而生，随冰川变化而变化。冰湖是冰川地区水循环的重要一环，尽管其参与水循环的程度较弱，与突发型洪水相关的水文过程往往可以带来与一般暴雨洪水相当的灾害，可造成偏远地区居民生活和基础设施毁灭性打击，因而受到学术和生产部门高度重视。本章介绍了首次获得的中国西部最全面的冰湖分布与变化信息，结果表明念青唐古拉山冰湖数量最多，而喜马拉雅山地区冰湖面积最大，1990 年以来，伴随一些山脉冰湖数量增加，中国西部的冰湖总体表现出扩张趋势。利用建立的判别方法，得到中国喜马拉雅山有 142 个冰碛湖、天山有 60 个冰碛湖具有溃决突发洪水风险，易贡藏布和帕龙藏布也是冰湖突发洪水危害的高发区，需要加强持续监测和研究，建立防灾减灾对策。

## 9.1　冰湖分布与变化

### 9.1.1　冰湖遥感调查概述

通常冰湖不易到达，但遥感和摄影测量技术对于监测冰湖面积变化具有得天独厚的优势。基于遥感数据提取冰湖信息，主要包括提取冰湖轮廓、浊度、水深、水位等信息（Song et al.，2014）。尽管全球陆地冰空间监测计划（Global Land Ice Measurements from Space Project，GLIMS）没有对冰湖信息进行监测和记录，但研究者尝试利用 ASTER 数据提取冰湖颜色及其蕴含的信息（Kargel et al.，2005）：①入湖的冰雪融水的浊度；②融水中颗粒物的沉淀时间；③湖水对颗粒物的阻滞时间。2003 年 1 月，载有激光雷达传感器的 ICESat 卫星发射成功，研究者开始利用获得的测高数据监测青藏高原湖泊的水位变化（Zhang et al.，2011；Song et al.，2014a，2014b），这为深入开展冰湖变化监测提供了广阔的前景。但是，由于 ASTER 遥感影像质量等原因，通过解译提取冰湖颜色来反演冰湖信息并没有广泛开展，ICESat 测高数据在中低纬度陆地地区较为稀疏，大范围提取数量多且规模相对较小的冰湖水位信息还很难实现。当前对冰湖信息的自动提取，主要通过发展水体信息自动提取的方法获取冰湖面积参数，并利用多期和多源的遥感影像数据来监测冰湖的面积变化。

冰湖面积的提取与水体信息自动提取的算法既有相似之处，又有其特殊性。首先，冰湖位于冰川作用区，其地物类型和特性与非冰川作用区差别较大，多冰川、积雪和裸岩；其次，冰湖的湖相季节变化明显，一般夏末秋初（8～9 月）湖水位处于相对较高水平，冬末（1～2 月）为低水位期且冰湖处于冻结状态；最后，冰川作用区地形起伏大、地形破碎,遥感影像变形大且多阴影。因此,在提取冰湖边界信息时,研究者多根据冰湖本身及其周围地物特性,改进水体信息自动提取方法,提出适合特定研究区的冰湖轮廓信息提取方法。如 Huggel 等(2002)参照 NDVI 多光谱分类技术,提出归一化水体指数(NDWI)方法:

$$NDWI = \frac{B_{NIR} - B_{Blue}}{B_{NIR} + B_{Blue}} \tag{9-1}$$

$$NDWI = \frac{TM_4 - TM_1}{TM_4 + TM_1} \tag{9-2}$$

式中,$B_{NIR}$ 为近红外波段;$B_{Blue}$ 为蓝光波段;TM4 和 TM1 分别为 Landsat TM 第 1 波段和第 4 波段。一般冰湖表面 NDWI 的绝对值介于 0.60~0.85,但不同传感器的 NDWI 值有明显差异,试验发现 Landsat MSS 影像为 0.45~0.9,ASTER 影像为 0.3~0.7、Landsat ETM+影像为 0.3~0.9(Bolch et al.,2011)。李均力等(2011a)对 NDWI 方法进行了发展,在"全域—局部"分步迭代水体信息提取方法的基础上,通过对水体信息提取指标——水体指数物理特性的分析,实现算法中全域阈值的自动选择与局部阈值的自适应调整,并结合 DEM 生成的山体坡度和阴影信息,减少局部迭代过程中对冰湖信息的误判。试验采用 Landsat 数据对喜马拉雅山地区的冰湖进行信息提取,结果表明该方法能够快速准确地完成大区域范围内的冰湖制图(李均力等,2011b),并能最大限度地消除冰川和山体阴影的影响。针对高寒区冰雪特殊性,Wessel 等(2002)提出利用 ASTER 影像可见光/近红外(VNIR)和 NIR 中 4 个波段的比值来区别水体与非水体($R_1$)以及冰雪与液态水($R_2$):

$$R_1 = \frac{B_{Green}}{B_{NIR}} \tag{9-3}$$

$$R_2 = \frac{B_{NIR}}{B_{MIR}} \tag{9-4}$$

当然,任何一种冰湖自动提取方法,其结果都离不开人工辅助修订。对于当前普遍使用的光学遥感数据而言,除了上述积雪、地形阴影等影响外,云和湖水浊度也是制约基于光学遥感数据提取冰湖信息的重要因素。到目前为止,已经有多种卫星传感器数据被用作冰湖遥感信息提取,根据应用目的可将卫星传感器分为三类:冰湖面积、水位变化和湖水属性(表 9.1)。需要指出的是,许多卫星传感器都可用来获取地表高程数据,如雷达高度计,也已被应用于监测内陆湖泊水位的变化(Kim et al.,2009;Song et al.,2014a)。目前,雷达高度计数据主要来自 Jason-1,ERS-1/2 和 TOPEX 等卫星。

## 9.1.2　中国西部冰湖分布

冰湖在我国西部山区广泛分布,根据最新完成的中国西部冰湖编目数据统计,2013 年中国冰湖数量达到 15297 个,面积为 5782.82 km$^2$。冰湖空间分布如图 9.1 所示。

### 1. 各山系冰湖分布

小冰期形成的冰缘地貌形态、冰川消融区地形特征、冰川末端至小冰期形成的终碛

表 9.1　应用于冰湖研究的卫星和传感器特性（据 Song et al.，2014b）

| 卫星 | 传感器 | 监测时间 | 空间分辨率 | 时间分辨率 |
|---|---|---|---|---|
| | | 监测冰湖面积 | | |
| NOAA/TIROS | AVHRR | 1978 年至今 | 1001m | Daily |
| TERRA | MODIS | 1999 年至今 | 250m/1000m | Daily |
| AQUA | | 2003 年至今 | | |
| | MSS | 1972～1983 | 80m | 16 天 |
| Landsat（1～8） | TM | 1982～1999 | 30m | 16 天 |
| | ETM+ | 1999 年至今 | 15/30/60m | 16 天 |
| | OLI | 2013 年至今 | 15/30/100m | 16 天 |
| CBERS-1/2 | CCD | 1999 年至今 | 19.5m | 16 天 |
| TERRA | ASTER | 1999 年至今 | 15/30/90m | 16 天 |
| SPOT-1～5 | Pan/MS/SWI Multispectral | 1986 年至今 | 5/10/20m | 26 天 |
| IKONOS | Pan/MS Multispectral | 1999 年至今 | 1/4m | 3 天 |
| | | 监测冰湖水位 | | |
| ERS-1/2 | RA | 1991～2003 | 7km | 35 天 |
| ENVISAT | RA-2 | 2002～2008 | 2～10km | 35 天 |
| TOPEX | Poseidon | 1992～2006 | 5km | 10 天 |
| Jason-1 | Poseidon2 | 2001 年至今 | 5km | 10 天 |
| ICESat | GLAS | 2003～2009 | 70m | 8 天 |
| | | 监测冰湖水属性（温度、湖冰等） | | |
| Nimbus-7 | SMMR，SSM/I | 1978 年至今 | 825m | 5～6 天 |
| ERS-1/2 | SAR | 1991～2003 年 | 10m（l）×1m（w） | |
| TERRA/AQUA | MODIS | 1999/2000 年至今 | 250m/1000m | Daily |
| ENVISAT | MERIS | 2002～2012 年 | 300m | 3 天 |

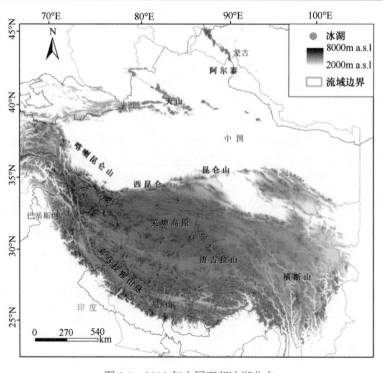

图 9.1　2013 年中国西部冰湖分布

垄间的滞水空间是冰湖形成和发育的主要地形因素。冰湖的高程分布总体上随纬度的降低而升高，喀喇昆仑山一带的冰湖高度明显低于喜马拉雅山，而在喜马拉雅山，北坡的冰湖高度普遍高于南坡，喜马拉雅山中段则主要由于高大山体林立，冰湖平均高度高于东西两侧。中国西部自北向南依次发育有阿尔泰山、天山、喀喇昆仑山、昆仑山、念青唐古拉山、喜马拉雅山和横断山等 14 座山系，由于这些山体的巨大高度，为冰湖的形成提供了广阔的积累空间和水热条件，从而成为中国西部冰湖集中分布区域。统计表明（表 9.2），分布在念青唐古拉山系的冰湖数量最多（3641 个），占冰湖总量的 24.07%；喜马拉雅山山系冰湖数量仅次于念青唐古拉山而位居第二，但其面积（1593.4km²）最多，约占全国冰湖总面积的 27.61%。除上述 2 座山系外，横断山、唐古拉山和冈底斯山冰湖数量均在 1500 个以上，这 5 座山系共分布了冰湖 11353 个，面积为 2962.7km²，分别占我国冰湖相应总量的 75.06% 和 51.34%。喀喇昆仑山冰湖数量虽仅有 231 个，但冰湖总面积高达 807.8km²，冰湖平均规模达 3.5km²，从而成为我国冰湖平均规模最大的山系。世界最高峰——珠穆朗玛峰（8844.43 m）所在的喜马拉雅山虽然非常高峻，但冰湖平均规模较大，为 0.55km²；念青唐古拉山冰湖数量尽管较多（3641 个），但总面积仅有 357 km²，冰川平均面积仅有 0.1km²；相比较而言，阿尔金山仅有冰湖 28 个，平均面积为 0.01 km²，是我国冰湖平均规模最小的山系。冰湖平均规模最小的 3 座山系分别为阿尔金山、祁连山和天山，冰湖平均规模均在 0.05km² 以下。

表 9.2　中国西部 2013 年各山系冰湖数量统计

| 山脉 | 冰湖数量 | 冰湖面积/km² |
| --- | --- | --- |
| 阿尔泰山 | 657 | 41.80 |
| 天山 | 831 | 40.86 |
| 祁连山 | 233 | 12.17 |
| 昆仑山 | 882 | 720.84 |
| 阿尔金山 | 28 | 0.43 |
| 喀喇昆仑山 | 204 | 807.56 |
| 唐古拉山 | 1651 | 113.64 |
| 念青唐古拉山 | 3610 | 363.32 |
| 横断山 | 1653 | 85.86 |
| 冈底斯山 | 1555 | 815.98 |
| 喜马拉雅山 | 3067 | 1602.56 |
| 帕米尔高原 | 174 | 86.06 |
| 羌塘高原 | 752 | 1091.47 |
| 总计 | 15297 | 5782.55 |

## 2. 各水系冰湖分布

按照中国冰川编目的流域划分规范，中国西部山地首先划分为内流区和外流区，次分为 10 个一级流域和 31 个二级流域。根据统计，我国西部内流区和外流区冰湖数量分别为 3936 个和 11178 个，相应面积分别为 3804.91 km²（65.93%）和 1958.10 km²（33.93%）。

在一级流域中冰湖面积最大的是青藏高原内陆流域，占总面积的59%；而冰湖数量最多的是恒河流域，占总量的45%（表9.3）。我国高寒区共有冰湖15126个，我国一级流域中，鄂毕河流域630个，黄河流域89个，长江流域1788个，湄公河流域144个，萨尔温江流域1376个，恒河流域6712个，印度河流域439个，中亚内陆流域371个，东亚内陆流域1441个，青藏高原内陆流域2124个。其中，我国寒区冰湖有近90%分布于长江流域、萨尔温江流域、恒河流域、东亚内陆流域和青藏高原内陆流域，即青藏高原南部、东南部地区。我国寒区冰湖总面积为5770.85km$^2$，其中，青藏地区的冰湖面积达到了3804.91km$^2$，约占我国寒区冰湖总面积的59.13%。

**表 9.3 中国西部 2013 年各水系冰湖数量统计**

| 流域编码 | 流域名称 | 冰湖数量 | 冰湖面积/km² |
|---|---|---|---|
| 5A | 鄂毕河流域 | 630 | 40.90 |
| 5J | 黄河流域 | 90 | 10.88 |
| 5K | 长江流域 | 1838 | 109.01 |
| 5L | 湄公河流域 | 149 | 16.62 |
| 5N | 萨尔温江流域 | 1371 | 74.01 |
| 5O | 恒河流域 | 6815 | 1667.75 |
| 5Q | 印度河流域 | 451 | 57.18 |
| 5X | 中亚内陆流域 | 371 | 15.44 |
| 5Y | 东亚内陆流域 | 1415 | 376.98 |
| 5Z | 青藏高原内陆流域 | 2167 | 3413.77 |
| 合计 | | 15297 | 5782.54 |

在 31 个二级流域中，冰湖集中分布于青藏高原南部的恒河、雅鲁藏布江，中、南部的阿雅格库木库里湖和可可西里湖、色林错、扎日南木错、扎日南木错、班公错、多格错仁湖、依布茶卡湖，东南部的金沙江、雅砻江、岷江、伊洛瓦底江、萨尔温江及东北部的河西内流水系、柴达木内流水系，西北部的塔里木内流水系、准噶尔内流水系、吐鲁番—哈密盆地内流区等。冰湖在空间上的分布具有明显的差异性，在所有流域中，中国境内的恒河—雅鲁藏布江（5O2）冰湖数量最多，面积（1126.01 km$^2$）却位居第二，次于扎日南木错（5Z3），其面积为1221.32 km$^2$；其次是萨尔温江（5N2），其冰湖个数占中国冰湖总量的8.58%，面积却只占1.04%。冰川分布数量最少和冰川规模最小的二级流域是5Y1，仅有 1 个冰湖，面积为0.25 km$^2$。从冰湖平均面积来看，依布茶卡湖流域（5Z6）最大（3.27km$^2$），其次是班公错（5Z4）和扎日南木错（5Z3），分别为2.64 km$^2$和1.87km$^2$；伊洛瓦底江（5N1）冰川平均规模最小，为0.04 km$^2$。

### 9.1.3 中国西部冰湖变化

高寒区冰湖是气候与环境变化的敏感指示器，冰湖面积与水位的变化客观地反映了该地区水资源的时空变化过程。认识高山地区湖泊变化的特征及驱动性因素，有利于正确评估气候变化和人类活动对湖泊变化的影响。青藏高原东南部包括大部分温带季风区的冰川，它的气候变化和差异对冰冻圈和水文过程有重大影响。在高寒区普遍升温的背景下，高亚洲冰川普遍处于物质负平衡状态。与冰川差异性退缩对应，冰湖面积总体呈扩张趋势，但冰湖变化的区域差异显著。现有的研究结果显示，念青唐古拉西部地区冰湖平均扩张速度最快，达 4.67%/a（Wang et al.，2013b），喜马拉雅山中东段冰湖面积平均增速次之（Gardelle et al.，2011；廖淑芬等，2015），为 1%~3%/a，天山地区为 0.8%/a（Wang et al.，2013a），横断山区仅为 0.12%/a，在中亚、冈底斯山北麓等区域部分大型冰川补给湖泊则保持相对稳定（李均力等，2011a，2011b），而在喀喇昆仑和兴都库什山脉冰湖面积甚至以 1.5%~2.5%/a 的速率减少（Gardelle et al.，2011）。冰湖扩张及其区域差异，与气温升高、冰川退缩、降水变化、湖盆形态因素等密切相关（Wang et al.，2013a，2013b；Wang et al.，2014；Zhang et al.，2015）。其中，冰川物质平衡强烈亏损对冰湖变化具有重要影响，主要表现为冰川融水对于近期冰湖面积扩大和水位上升的补给作用（姚檀栋等 2010；朱立平等，2010）。最近研究者基于 1990 年、2000 年和 2010 年的 Landsat TM /ETM+数据建立了第三极（涉及帕米尔高原、喀喇昆仑山、喜马拉雅山和青藏高原）冰湖数据库（Zhang et al.，2015），发现冰川融水是导致该地区大多数冰湖区域扩张的主导因素，冰湖扩张与气候变暖和冰川退缩保持动态平衡。

除面积变化外，冰湖水位变化是冰湖水量平衡另一重要的指示器。近年来，得益于雷达测高数据（如 ICESat，Jason-1，TOPEX，ENVISAT，ERS-1/2 等）在内陆湖泊水位监测的推广应用，冰湖水位变化日益受到研究者的重视。如利用 ICESat 测高数据，发现青藏高原 2003~2009 年湖泊（包括较大冰湖）水位平均以 0.2m/a~0.6 m/a 的速度升高（Zhang et al.，2011，结合 Landsat MSS/TM/ETM 数据获得冰湖面积信息，可进一步计算冰湖水量变化（Song et al.，2013）。尽管研究显示，对于青藏高原较大湖泊而言，降水和蒸发变化而非冰川退缩是造成湖泊水位变化时空差异的主要原因（Song et al.，2014），冰川退缩对湖泊的水量平衡作用不容忽视，而对规模较小的冰湖水量变化影响尤其显著（Zhang et al.，2015；Wang et al.，2014）。在天山，由于冰川融水增加导致的冰湖水储量增率约为 0.016Gt/a（Wang et al.，2013a），而在青藏高原，由于冰川退缩、降水增加等导致湖泊储存水量增率达 8.76Gt/a，引起区域重力场/物质平衡的差异（Zhang et al.，2013），增加潜在危险性冰湖数量和危险程度，甚至影响海平面的变化（Haeberli and Linsbauer，2013）。

## 9.2　冰湖溃决灾害评价

### 9.2.1　潜在危险性冰湖识别

一般而言，冰湖溃决所需条件主要有两个方面：一是外力条件，即是否具有促使冰湖发生溃决的动力条件，如气候的波动、地质构造活动等；二是冰湖本身的边界条件是否有利于发生溃决，如终碛垄的宽度以及终碛垄物质组成的松散程度等。对冰碛湖危险性评价，研究者根据所研究地区已溃决冰碛湖的特点，综合冰碛湖溃决的外部条件和湖本身的条件，提出相应冰碛湖危险性评价指标体系（McKillop and Clague，2007a；吕儒仁等，1999；Wang et al.，2012），并结合指标阈值或描述标准进行危险性判别。这些危险性评价指标，根据利于溃决的指标描述和使用的数据类型，可大致分为定性、半定量和定量三类（王欣和刘时银，2007）。研究者主要针对母冰川、冰湖、冰坝、湖盆的地质、水文气候条件等的物理状态及其变化进行度量，根据评价对象的不同，潜在危险性冰湖评价指标可分为冰碛湖参数、冰碛坝参数、母冰川、冰湖盆参数以及它们之间的相互关系。

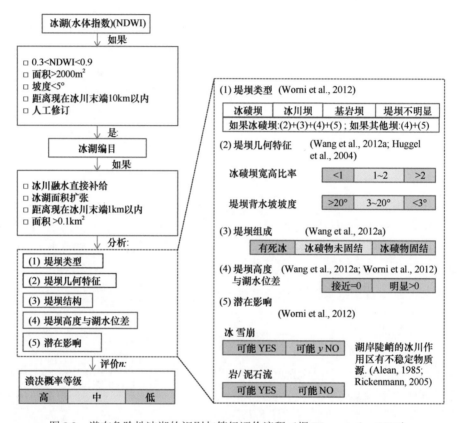

图9.2　潜在危险性冰湖的识别与等级评价流程（据 Wang et al.，2013）

　　上述指标体系在我国天山和喜马拉雅山地区的冰碛湖识别进行成功应用，发现我国喜马拉雅山区（图9.3）和中亚天山（图9.4）共有 142 个和 60 个具有潜在危险性的冰湖（王欣等 2009；Wang et al.，2013）。但是，相对来说通过多指标的简单运算获得冰碛湖危险性评价指标隐含的信息量更大，其指示意义较单一，指标也更强，目前应用较多的主要有可能入湖物质与冰湖水量的比值、冰湖潜能等指标。吕儒仁等（1999）将母冰川危险冰体的体积与湖水体积比值（$R$）的倒数定义为冰湖溃决危险性指数（$I_{di}$），即 $I_{di}=1/R$，$R$ 值越大的冰碛湖其危险程度越低。根据这一方法，计算西藏若干个冰湖的溃决危险性指数变化于 0.054～0.73。同这种思路类似，有学者用入湖物质量与湖水体积的比率（$H$）来判别冰碛湖溃决风险的高低，认为 $H$ 介于 0.1～1 时冰碛湖将完全溃决，$H$ 介于 0.01～0.1 时冰碛湖溃决风险很高（Huggel et al.，2003）。冰湖潜能为冰湖体积、坝高和湖水容重的乘积（Clague and Evans，2000），一般冰湖潜能越大，冰碛湖的危险性程度越大、溃决洪峰的流量越大，破坏性越强。

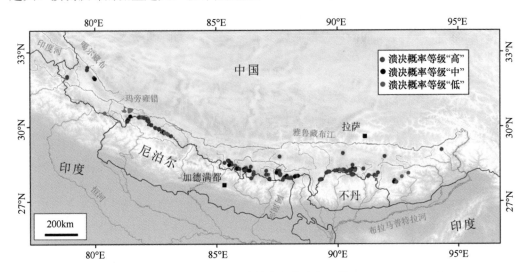

图 9.3　中国喜马拉雅山潜在危险性冰湖的分布（据 Wang et al.，2012）

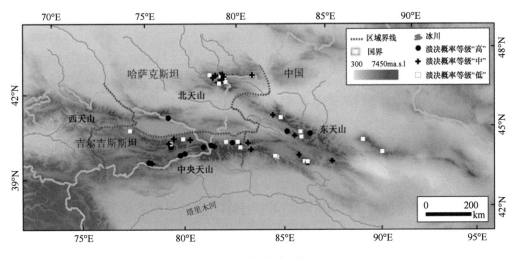

图 9.4　天山潜在危险性冰湖的分布（据 Wang et al .，2013）

　　由于冰碛湖的位置及其环境不同，不同指标对评价冰碛湖危险性的权重不一样。一般来说，客观准确的权重应该包括两部分，一是单个指标在整个指标集中的重要程度，二是评价系统中单个指标自身的重要程度。但是，要准确描述评价指标间重要性的差异，需要深入的过程观测和机制描述，当前的认知水平和条件还很难做到。针对某一特定区域或某一特定评价对象，研究者定权重的方法不一致。权重确定方法最常见的是采用专家经验打分评判法确定，其结果与专家的知识经验密切相关，在一定程度上受主观因素影响较大。最近，应用数理统计方法确定评价指标权重受到研究者的重视。舒有锋等（2010）针对国西藏地区喜马拉雅山北坡冰碛湖的海拔高度、冰湖面积、冰湖与冰舌间距离、终碛堤宽度、背水坡度、终碛堤颗粒平均粒度、水热组合 7 项指标，基于粗糙集的权重确定方法，确定总权重为 1，各指标的权重系由高到低依次为：终碛堤宽度

（0.2090）→水热组合（0.1791）→距冰舌前段距离（0.1393）→冰湖面积（0.1343）→海拔高度（0.1244）→背水坡度（0.1144）→终碛堤颗粒平均粒度（0.0995）；从类型上看，影响危险性冰湖溃决的最重要特征是终碛堤稳定性（碛堤坝宽度、背水坡坡度、终碛堤平均颗粒粒度，比重合计为0.42），次重要为气候变化特征（水热组合，比重为0.18），另三项特征比重（冰湖与冰舌间距离、冰湖面积、海拔高度）接近均等，约为0.13。Bolch等（2011）在对天山地区冰湖危险性评价中指出，不同评价指标的重要性按照线性关系分布，从大到小依次为冰湖面积变化（0.1661）→冰崩风险（0.1510）→岩崩风险（0.1359）→堤坝稳定性（0.1208）→能否形成泥石流（0.1057）→能否形成洪水（0.0906）→母冰川是否与冰湖相连（0.0755）→冰湖规模（0.0604）→母冰川退缩状况（0.0453）→冰川末端坡度（0.0302）→冰川末端运动状态（0.0151）。这个指标权重系数主要基于对特定研究区已溃决冰湖的分析归纳、按照一定数学方法计算出来的，是否具有普适性尚需深入分析。尽管目前学术界尚无统一的危险性冰湖评价指标体系，但上述这些研究成果至少说明不同评价指标在识别危险性冰湖的作用中是不一样的，在进行冰湖危险性评估时，应根据不同区域特点及其已有溃决事件进行具体分析，从而确定不同指标在冰碛湖危险性评价中的权重系数大小。

### 9.2.2 冰湖溃决概率模型

冰碛湖溃决影响因素多，溃决成因复杂，要较为准确地估算冰碛湖溃决概率，所选取的指标应力求全面地反映冰碛湖各关联组分和环节的状态和变化。然而，冰碛湖多位于高寒遥远的山区，受当前认知水平限制，以及地形、政治（边界区域）和安全等因素影响，许多估算参数很难获取或很难准确获取。研究者往往根据评价的层次/深度要求和可获得的数据源情况，选择性构建适合研究对象实际情况的（如区域尺度的冰碛湖评价和典型冰碛湖的溃决风险评价）冰碛湖溃决概率评价体系，基于概率论和数理统计数学方法，提出冰碛湖溃决概率计算模型，当前应用较多的主要有逻辑回归模型、模糊综合评价模型、等级矩阵图解模型和事件数模型等。

### 1. 逻辑回归模型

近年来，定量地估算冰碛湖溃决危险性主要基于对已溃决冰碛湖的分析归纳出来的概率性的经验公式。逻辑回归是线性回归的扩展，主要适用于相互关联的非连续数据/名义数据间的回归分析。McKillop和Clague（2007）发展了冰碛湖溃决的逻辑回归模型，每一个冰湖溃决事件可定义为由一个二值因变量（$Y$），溃决（$Y=1$）或未溃决（$Y=0$），以及$n$个独立自变量$X_1$, $X_2$, $X_3$, $\cdots$, $X_n$组成。根据定义，冰湖溃决概率限定在0~1，且为相互独立事件，即

$$P(Y=0) = P(Y=1) \tag{9-5}$$

对于$P$（$Y=1$），由一系列因变量$X_1$, $X_2$, $X_3$, $\cdots$, $X_n$确定，可表示为

$$P(Y=1) = a + \beta_1 X_1 + \beta_2 X_2 + \cdots + \beta_n X_n \tag{9-6}$$

式中，$\alpha$ 为截距；$\beta$ 为回归系数。式（9-6）的值域可能是正数或负数，并超出概率取值范围，为避免这种情况，对 $Y=1$ 的概率进行比值运算：

$$\text{Odds}(Y=1) = P(Y=1)/[1-P(Y=1)] = \alpha + \beta_1 X_1 + \beta_2 X_2 + \cdots + \beta_n X_n \qquad (9\text{-}7)$$

式（9-7）概率值（Odds（$Y=1$））为 $[0, +\infty]$，若对 Odds（$Y=1$）取自然对数，Logit（$Y$）：

$$\text{Logit}(Y) = \ln\{P(Y=1)/[1-P(Y=1)]\} = \alpha + \beta_1 X_1 + \beta_2 X_2 + \cdots + \beta_n X_n \qquad (9\text{-}8)$$

$h_{bm}$ $[-\infty, 0]$，if $0<\text{Odds}(Y=1)<1$；$t_b$ $[0, +\infty]$，if Odds（$Y=1$）$>1$。通过求 $\rho_0$ 的反函数得到 Odds（$Y=1$），再对 Odds（$Y=1$）进行逆运算，简化整理得逻辑回归方程：

$$P(Y=1) = \{1 + \exp[-(\alpha + \beta_1 X_1 + \beta_2 X_2 + \cdots + \beta_n X_n)]\}^{-1} \qquad (9\text{-}9)$$

应用上述逻辑回归方法，McKillop 和 Clague（2007）以加拿大 British Columbia 及其毗邻地区 20 个已经溃决、166 个未溃决的冰碛湖为样本，从 18 项备选参数筛选出四项参数，最终建立基于遥感数据基础上的冰碛湖溃决风险概率方程：

$$p(\text{outburst}) = \left\{1 + \exp-\left[\begin{array}{l} \alpha + \beta_1(\text{M\_hw}) + \sum \beta_j(\text{Ice\_core}_j) + \\ \beta_2(\text{Lk\_area}) + \sum \beta_k(\text{Geoloy}_k) \end{array}\right]\right\}^{-1} \qquad (9\text{-}10)$$

式（9-10）中，$\alpha$ 是截距；$\beta_1$、$\beta_2$、$\beta_j$、$\beta_k$ 是回归系数；$M\_hw$ 是湖水位距坝顶高度与湖坝高度之比；Ice\_core 为冰碛坝内冰核，Lk\_area 为冰碛湖面积；Geoloy 为冰碛坝主要岩石组成。

## 2. 模糊综合评价模型

模糊综合评价法是一种基于模糊数学的综合灾害评价方法。该综合评价法根据模糊数学的隶属度理论把定性评价转化为定量评价，即用模糊数学对受到多种因素制约的事物或对象做出一个总体的评价。模糊综合评价法的最显著特点是：①相互比较，以最优的评价因素值为基准，其评价值为 1；其余欠优的评价因素依据欠优的程度得到相应的评价值；②可以依据各类评价因素的特征，确定评价值与评价因素值之间的函数关系（即隶属度函数）。其计算过程可分为三步：首先确定被评价对象的因素（指标）集合评价（等级）集；再分别确定各个因素的权重及它们的隶属度向量，获得模糊评判矩阵；最后把模糊评判矩阵与因素的权向量进行模糊运算并进行归一化，得到模糊综合评价结果。

（1）评价指标的选取。评价指标的选取直接决定模糊综合评价模型结果的可靠性，不同的学者依据样本湖的特点、评价的目标、指标属性知识的可获取性等因素选定不同的危险性评价指标。黄静莉等（2005）以西藏洛扎县 14 个冰碛湖为例，选择海拔高度、冰湖面积、距现代冰川冰舌前端距离、终碛堤坝宽度、背水坡度、主沟床纵比降等 8 项作为评价指标，提出冰碛湖溃决危险度划分的模糊综合评判法。Wang 等（2011）选取冰湖面积、母冰川面积、冰湖与母冰川之间的距离、冰湖与母冰川之间的坡度、冰碛垄坡度和母冰川冰舌坡度 6 个判别指标，采用这一方法来计算藏东南伯舒拉岭地区冰碛湖危险性评价各个指标的危险权重值。舒有锋等（2010）针对喜马拉雅山地区典型冰碛湖，选取冰川活动频率和进退、湖盆的面积和深度、冰碛坝稳定性、气候变化及其水热组合特征等方面的指标。这些指标虽然各有侧重，但一般都涵盖母冰川、湖盆、湖坝及其三者之间的相互关系的度量参数。

（2）评价指标权重的确定。确定各评价指标的权重系数是进行模糊综合评价的关键。当前应用较多的是基于模糊一致矩阵的模糊层次分析法确定危险评价指标权重系数。这一方法确定各指标的权重，首先需要构造模糊一致矩阵。模糊一致矩阵 $R=(r_{ij})_{m×n}$ 是表示因素间两两重要性比较的矩阵，其中，$0≤r_{ij}≤1$，$r_{ij} + r_{ji} = 1$。$r_{ij}$ 表示因素 $r_i$ 比因素 $r_j$ 重要的隶属度。也就是说，$r_{ij}$ 越大，因素 $r_i$ 就比因素 $r_j$ 越重要，而当 $r_{ij} = 0.5$ 时，则表示因素 $r_i$ 与因素 $r_j$ 同等重要。若模糊矩阵 $R=(r_{ij})_{m×n}$ 满足 $r_{ij}=r_{ik}-r_{jk}+0.5$ 则称 $R$ 是模糊一致矩阵。然后根据模糊判断矩阵，通过下式计算求危险性评价指标的权重值（$w_i$）：

$$w_i = \frac{1}{n} - \frac{1}{2a} + \frac{1}{na}\sum_{k=1}^{n} A_{ik} \tag{9-11}$$

式中，$a$ 为计算参数，$a$ 值不同，求得的权重值也不同，$a$ 值越大，权重值之间的差值越小；当 $a=(n-1)/2$ 时，权重值之差达到最大。

（3）建立评价指标集合。通常可将危险性评价等级集合依次分为无危险、可能有危险、显著危险和高危险四级（黄静莉等，2005；Wang et al.，2011），或低危险、中危险、高危险三级（舒有锋等，2010）。每一指标各级的评判标准及其取值范围多根据对历史冰湖溃决事件的经验总结得到（黄静莉等，2005；舒有锋等，2010；王欣等，2009）。在缺乏足够的冰湖溃决事件样本或对某项指标认识不足时，可计算特征统计量确定，如Wang 等（2011）在计算藏东南伯舒拉岭地区所有的 78 个冰碛湖 6 个判别危险冰湖的指标值时，根据各个指标统计量的分布特征，将每个指标划分为四个区间，划分的阈值采用每个指标值的上四分位数、中位数和下四分位数，依次对应从低到高 4 级危险性评价等级。

（4）建立模糊综合评判矩阵。根据某指标值 $x$ 在该项指标值域区间中的位置构造隶属函数，当 $x$ 取两界限的中间值时隶属度为 1；当 $x$ 离开中间值向左或右边界值靠近时，该变量的隶属度从 1 开始减少；当 $x$ 取边界值时隶属度为 0.5。在对西藏洛扎县的冰碛湖进行危险度划分时，根据隶属函数（表 9.4）评定出各个危险性评价指标在危险性评价等级集中各个等级的隶属度，得到单因素评判矩阵，再将其与权重矩阵进行矩阵相乘运算，最后根据最大隶属度原则选取最大值所在等级作为最终评判等级（黄静莉等，2005）。

### 3. 溃决概率事件树模型

事件树分析是一种时序逻辑分析方法，它是按事件的发生发展顺序分成几个阶段，逐步地进行分析，直至最终结果。事件树分析法的理论基础是马尔柯夫（Markov）随机过程中的马尔柯夫链。马尔柯夫链描述了一种状态序列，其每个状态值取决于前面有限个状态。马尔可夫链是具有马尔可夫性质的随机变量 $X_1$，$X_2$，$X_3$，…，$X_n$ 的一个数列。这些变量的范围，即它们所有可能取值的集合，被称为"状态空间"，而 $X_n$ 的值则是在

**表 9.4 隶属函数确定表**（据黄静莉等，2005）

| 区间 | 等级 | | | |
|---|---|---|---|---|
| | 无危险 | 可能有危险 | 显著危险 | 高危险 |
| $a \leqslant x + \leqslant (a+b)/2$ | $\dfrac{1-[(a+b)-2x]}{2(b-a)}$ | 0 | 0 | 0 |
| $(a+b)/2 < x \leqslant b$ | $\dfrac{1-[2x-(b-a)]}{2(b-a)}$ | $\dfrac{[2x-(b-a)]}{2(b-a)}$ | 0 | 0 |
| $b < x \leqslant (b+c)/2$ | $\dfrac{(b+c)-2x}{2(c-b)}$ | $\dfrac{1-[(b+c)-2x]}{2(c-b)}$ | 0 | 0 |
| $(b+c)/2 < x \leqslant c$ | 0 | $\dfrac{1-[2x-(b+c)]}{2(c-d)}$ | $\dfrac{[2x-(b+c)]}{2(c-b)}$ | 0 |
| $c < x \leqslant (c+d)/2$ | 0 | $\dfrac{[(c+d)-2x]}{2(d-c)}$ | $\dfrac{1-[(c+d)-2x]}{2(d-c)}$ | 0 |
| $(c+d)/2 < x \leqslant d$ | 0 | 0 | $\dfrac{1-[2x-(c+d)]}{2(d-c)}$ | $\dfrac{[2x-(c+d)]}{2(d-c)}$ |
| $x > d$ | — | 0 | $\dfrac{d}{2x}$ | $1-\dfrac{d}{2x}$ |

时间 $n$ 的状态。如果 $X_{n+1}$ 对于过去状态的条件概率分布仅是 $X_n$ 的一个函数，那么，这一连串的状态称为"马尔柯夫链"。马尔柯夫链表明，后一种状态的发生完全是由前种状态决定的，与其他状态无关。

在不同气候背景组合形式下，冰碛湖溃决可以划分成由若干具有因果环节（状态）组成的溃决模式（马尔柯夫链）。对于某一溃决模式发生，后一环节（状态）发生的可能性由前一环节（状态）决定。也就是说，冰碛湖溃决环节（状态）是前面若干环节（状态）的条件概率，这是我们借助事件树分析冰碛湖溃决事件最基本的理论依据。冰碛湖溃决概率事件树模型的计算过程如下。

首先，确定冰碛湖溃决的可能荷载。所谓荷载，此处指与冰碛湖溃决密切相关的本底值的度量。冰碛湖溃决归根结底一般是水、热累积的结果，通常取冰碛湖溃决当年的背景气候度量值（Wang et al.，2012）。根据对已溃决冰碛湖当年气候背景的分析和度量，中国已溃决冰碛湖发生的气候背景可分为暖湿、暖干、冷湿和接近常态四种状态，即四种荷载。

其次，确定冰碛湖溃决概率事件树。对某危险性冰碛湖来说，所有可能的荷载作用下的所有可能的破坏途径都应该考虑。"所有可能的荷载"，应根据冰碛湖溃决的实际气候背景情况进行划分。在某一背景气候荷载下，描述溃决事件发展的过程，形成溃决途径，并对每个过程发生的可能性都赋予某一概率值，得到在这一荷载下溃决途径（模式）的发生概率；依次可描述这一荷载下其他可能的溃决途径（模式）和发生概率，最终形成描述冰碛湖溃决概率的事件树。

最后，应用事件树方法计算冰碛湖溃决概率时有 3 个步骤。

（1）计算每种荷载状态下每一溃决途径（模式）的溃坝概率，即各个环节发生的条件概率的乘积。

设在某一气候荷载下某一溃决模式中各环节的条件概率（条件概率，满足概率乘法定理）分别为 $p$（$i$, $j$, $k$），$i=1$, 2, $\cdots$, $n$；$j=1$, 2, $\cdots$, $m$；$k=1$, 2, $\cdots$, $s$；参数 $i$ 为气候荷载，$j$ 为破坏模式，$k$ 为各环节，则第 $i$ 种荷载下第 $j$ 种溃决模式下冰碛湖溃决的概率 $P$（$i$, $j$）为

$$p(i,j) = \prod_{k=1}^{s} p(i,j,k) \tag{9-12}$$

（2）同一荷载状态下的各种破坏模式一般并不是互斥的（即非互不相容事件，不适用概率的加法定理），因此，同一荷载状态的溃决条件概率应可采用 de Morgan 定律计算。设第 $i$ 个荷载状态下有 $m$ 个溃决模式 $A_1$、$A_2$、$A_3$、$\cdots$，$A_m$，其概率分别为 $P$（$i$, 1），$P$（$i$, 2），$\cdots$，$P$（$i$, $n$），则 $n$ 个溃决事件发生的概率 $P$（$A_1+A_2+\cdots+A_m$）为

$$P(A_{1i} + A_{2i} + \cdots + A_{ni}) = 1 - \prod_{j=1}^{n} [1 - P(i,j)] \tag{9-13}$$

de Morgan 定律就是式（9-9）中事件并集概率的上限。$P$（$A_1+A_2+\cdots+A_m$）即为第 $I$ 种荷载下的冰碛湖溃决的概率 $P$（$i$）。

（3）对可能导致冰碛湖溃决的气候背景逐一重复上述步骤，则可以得到"所有可能荷载"下的所有可能溃决途径和溃决概率。由于一般不同荷载状态是互斥的（即互不相容事件，适用概率的加法定理），因此，冰碛湖溃决概率等于各种荷载状态下溃决概率之和。即

$$P = \sum_{i=1}^{m} P(A_{1i} + A_{2i} + \cdots + A_{ni}) + E \tag{9-14}$$

$E$ 为常数，其取值反映非气候荷载模式下冰碛坝溃决的概率。

对于冰碛湖溃决概率计算模型，一方面，冰碛湖溃决事件的发生具有明显的地域性特征，不同地区冰碛湖溃决概率的分析，应立足于本区域已经溃决冰碛湖的历史资料，建立适合本研究区的溃决概率分析方法。另一方面，不同地区冰湖的同一参数，在计算溃决概率时会出现不同的权重系数，甚至出现相反的权重值（如上述死冰参数），任何冰碛湖溃决概率的计算方法都有其地域局限性，将一种方法推广到样本以外的区域时，其参数的选择和应用效果等问题均需进一步探讨。

此外，尽管有学者提出了基于物理过程的冰碛湖溃决的临界水文条件（蒋忠信等，2004），进行了溃坝过程的实验室模拟（Balmforth et al.，2008，2009），当前尚没有基于物理过程的模型对溃决概率进行估算，准确预报一次冰碛湖溃决灾害事件还很难进行。最近提出的有关冰碛湖溃决的非线性预测的方法，如基于支持向量机冰湖溃决预测、基于粗糙集可拓扑学方法（庄树裕，2010）等，在数学模拟计算方面有较大改进，但是，由于缺乏对引起冰碛湖溃决因子、溃决过程、溃决机制等的深入分析和模拟，从而影响了结果的可信性。在当前对冰湖溃决过程缺乏观测、溃决的物理机制认知不足情况下，研究者应注重对溃决因子与冰湖间物理过程的分析和度量，结合数理统计方法提出冰碛湖溃决概率计算方法和危险性评价方法。

# 9.3　典型湖溃决洪水模拟案例

## 9.3.1　冰碛湖溃决洪水

### 1. 龙巴萨巴湖溃决洪水模拟

冰碛湖溃决洪水模拟主要从湖水量计算、洪峰估算、洪水过程模拟、洪水演进模拟等方面进行。本章选取龙巴萨巴湖为研究案例，说明冰碛湖溃决洪水模拟过程。龙巴萨巴湖位于喜马拉雅山朋曲流域的支流给曲的源头，27°56.67′N，88°04.21′E，行政区划属于西藏自治区日喀则地区定结县琼孜乡。近年来当地牧民发现该湖水位不断上升、处于危险状态，并向当地政府汇报，引起了有关部门的重视。2009 年至今，中国科学院寒区旱区环境与工程研究所、湖南科技大学、西北师范大学、西藏自治区定结县水利局等单位联合每年夏季对该湖进行科学考察与观测，并建立了半定位观测站。基于上述观测结果，对龙巴萨巴湖溃决洪水的模拟从以下 4 个方面展开。

#### 1）冰湖库容计算

2009 年 9 月对龙巴萨巴湖科学考察时，研究人员利用 Syqwest 公司生产的 Hydrobox TM 高分辨率回声测深仪对冰湖水深进行测量。共获得 6916 个离散湖水深度数据点，将 6916 个离散点的三维坐标（$X$，$Y$，Depth）和湖泊边界数据，获得龙巴萨巴湖库容量。计算结果表明，2009 年龙巴萨巴湖库容大小为 $0.64×10^8$ $m^3$，湖盆表面积为 1.22 $km^2$，在假设龙巴萨巴湖水深保持不变前提下，利用模拟的 2009 年湖盆形态和不同时期冰湖边界矢量数据，通过空间叠加和三维分析，可计算出龙巴萨巴湖各年库容量大小。结合不同时期龙巴萨巴湖面积和库容量，可得到龙巴萨巴湖库容-面积关系（图 9.5）。

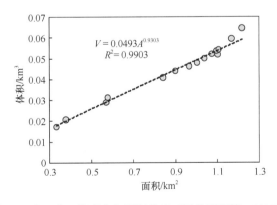

$$V = 0.0493A^{0.9303}$$
$$R^2 = 0.9903$$

图 9.5　龙巴萨巴湖库容与面积关系（据姚晓军等，2010）

#### 2）洪峰流量估算

最大洪峰流量（$Q_{max}$）是评价冰碛湖溃决危险度和估算洪水可能造成的损失的重要参数。本节基于目前用于估算冰碛湖溃决最大洪峰流量的方法，以冰湖储量（＝

$1.066×10^8 m^3$）和冰湖潜能（冰湖体积、坝高和湖水容重的乘积＝$1.07×10^{14}$J）为参数，估算龙巴萨巴湖和皮达湖"最坏"溃决情景下（因龙巴萨巴湖和皮达湖最近相距24m，皮达湖较龙巴萨巴湖高75.9m，皮达湖溢出的水直接流入龙巴萨巴湖。为有利于相关部门规划防洪应急措施，从"最坏"溃决情景来模拟溃决洪水，即皮达湖发生溃决，洪水瞬间倾入龙巴萨巴湖，使其随即溃决）的$Q_{max}$，见表9.5。由表9.5可见，不同的方法估算的冰碛湖溃决最大洪峰流量的差异很大，最大洪峰流平均值量为 $4.7×10^4$ $m^3$/s，变幅在 $1.0×10^4～10^5$ $m^3$/s，离差［（$Q_{max}-\sum Q_{max}$/7）/$\sum Q_{max}$/7］从−79%到133%不等。

**表9.5　龙巴萨巴湖和皮达湖溃决的最大流量的估算**

| 编号 | 公式 | 结果/（$m^3$/s） | 离差/% | 文献 |
|---|---|---|---|---|
| ① | $Q_{max} = 0.0048V^{0.896}$ | $7.5×10^4$ | 59 | Popov，1991 |
| ② | $Q_{max} = 0.72V^{0.53}$ | $1.3×10^4$ | −73 | Evans，1986 |
| ③ | $Q_{max} = 0.045V^{0.66}$ | $1.0×10^4$ | −79 | Walder and O'Connor，1997 |
| ④ | $Q_{max} = 0.00077V^{1.017}$ | $1.1×10^5$ | 133 | Huggel et al.，2002 |
| ⑤ | $Q_{max} = 0.00013P_E^{0.60}$ | $3.4×10^4$ | −28 | Costa and Schuster，1988 |
| ⑥ | $Q_{max} = 0.063P_E^{0.42}$ | $4.9×10^4$ | 4 | Clague and Evans，2000 |
| ⑦ | BREACH model | $4.0×10^4$ | −15 | Fread，1991 |

### 3）溃决口水文过程模拟

本案例选用美国国家气象局开发的基于物理过程的土石坝溃决模型——BREACH模型，对龙巴萨巴湖和皮达湖溃口处溃决洪水水文过程进行模拟。该模型建立在水力学、沉积物传输以及堤坝土壤结构的基础上，运用堰流或孔流方程来模拟水流进入溃决水道后逐渐侵蚀土石坝的流量。BREACH 模型可以适用于三种形式的土石坝溃决：有心墙土石坝、无心墙土石坝和背水坡被草覆盖的土石坝；可以模拟管流溃决、漫顶溃决以及由于湖静水压力超过土石坝的承压力而导致的突然坍塌溃决。基于2005年和2006年的实测数据（表9.6），运用BREACH 模型的漫顶、无心墙、裸露土石坝溃决方式对龙巴萨巴湖和皮达湖溃决模拟，结果显示，在龙巴萨巴湖溃口处溃决洪水将持续5.5小时，溃决后 1.8h 将达到最大流量 $4.0×10^4 m^3$/s，最后溃口的深度、溃口上宽和溃口下宽分别为 100m、97m 和 5m；溃口处溃决洪水水文过程曲线如图9.6。

**表9.6　BREACH 模型预测龙巴萨巴湖和皮达湖溃决的主要参数**

| 冰碛湖参数 | | 堤坝形状参数[②] | | 堤坝材料参数 | |
|---|---|---|---|---|---|
| 总面积/$km^2$ | 2.05 | 坝高/m | 100 | 容重/（$kg/m^3$） | 1700 |
| 总水量/$m^3$ | $1.066×10^8$ | 坝宽/m | 163 | 空隙率/% | 36 |
| 平均深度/m | 52 | 坝顶长度/m | 388 | $D_{50}$ 的粒径/mm | 16 |
| 龙巴萨巴湖入湖水量/（$m^3$/s） | 6.4[①] | 坝底长度/m | 100 | 内摩擦角/（°） | 32 |
| 皮达湖入湖水量/（$m^3$/s） | 2.8[①] | 迎水坡坡度 | 1/4 | 凝聚力/（$kg/m^3$） | 0 |
| | | 背水坡坡度 | 1/4 | | |

①取 2004 年 8 月 1 日，2005 年 8 月 6 日和 18 日实测的平均值；②龙巴萨巴湖堤坝

### 4）洪水演进模拟

根据上述利用BREACH 和FLDWAV 模型对龙巴萨巴冰湖溃决口洪峰流量和洪水演进过程进行了模拟，可利用HEC-RAS 模型给出龙巴萨巴冰湖溃决洪水潜在淹没范围。

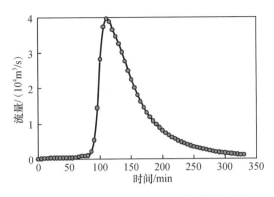

图 9.6　龙巴萨巴湖、皮达湖溃口处溃决洪水水文过程曲线（据 Wang et al.，2008）

HEC-RAS 模型的主要参数/数据包括数字高程模型数据、河道与横断面参数、曼宁系数、边界条件和初始条件参数等（表 9.7），具体流程见图 9.7。为了得到理想的模拟结果，

表 9.7　HEC-RAS 模型的主要参数

| 参数/数据 | 描述 |
| --- | --- |
| 高程模型数据 | ASTER GDEM、1∶5 万地形图 DEM |
| 河道与横断面几何参数 | 河流中心线、河岸线、水流路径中心线、横断面剖面线，其中河流中心线用于建立河网，并确定主河道水流路径；河岸线用于确定河道与河漫滩之间的流动范围；水流路径中心线通过识别每段水流质心位置，来确定主河道及左右河漫滩上的水流路径 |
| 土地利用数据 | 土地利用数据从西藏 1∶10 万土地利用数据中裁剪得到，包括低覆盖度草地、高覆盖度草地、湖泊、裸岩石砾地、山地、永久性冰川雪地等 |
| 曼宁系数 | 主要根据 Engman（1986）的实验结果确定，河道不同土地利用类型的曼宁系数变化于 0.03～0.05 |
| 边界条件与初始条件 | 参照 Wang 等（2008）计算的流量过程曲线和水位过程曲线作为上游边界条件和下游边界条件；正常水深作为下游边界条件，假设为 0.1 m；初始条件中各横断面处流量根据流量过程曲线插值得到，并假设龙巴萨巴冰湖湖水全部溃决，即溃决总水量为 $0.64 \times 10^8$ m$^3$ |

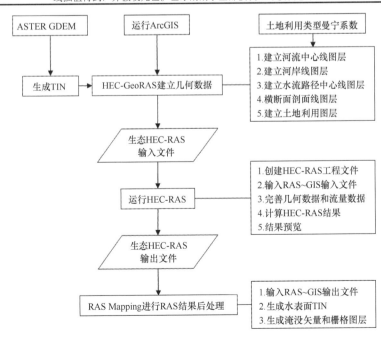

图 9.7　HEC-RAS 运行流程图

在模拟过程中需要反复调整 HEC-RAS 软件中的默认参数,而这是一个极其繁琐的过程。参考模拟结果报告,可以了解在哪些河道横断面处模拟的数值存在错误,根据报告提供的建议,进而调整参数或数字高程模型数据,直到所有的河道横断面处计算结果合理为止。最终,龙巴萨巴湖溃决洪水演进及其淹没范围如图 9.8 所示。

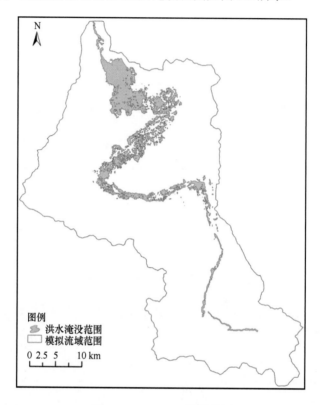

图 9.8　HEC-RAS 模拟结果

## 2. 龙巴萨巴湖演化预估

### 1）判别未来潜在冰湖位置的理论基础

截至目前,关于未来潜在冰湖位置的判别研究极少。一般,通过检测冰床上的过量下蚀区域,就可以判别未来潜在冰湖形成的位置。为了抵消粗糙且不规则的冰床底部对冰川冰的作用力,冰川在一定程度上需通过变形来抵消这部分压力。但是,由于冰并非理想塑性体,冰床的不规则只能部分被补偿,因此,冰川表面地形原则上是与其底部冰床形态近似的一个平滑曲面,当前冰川表面可以作为确认冰川过量下蚀洼地的关键。基于上述认识,Frey 等(2010)提出了判别未来潜在冰湖形成位置的方法,具体包括以下4 个层次(图 9.9)。

### 2）演化预估数据源与技术路线

SRTM 和 ASTER GDEM 两种数字高程模型数据可用于未来潜在冰湖位置的提取。

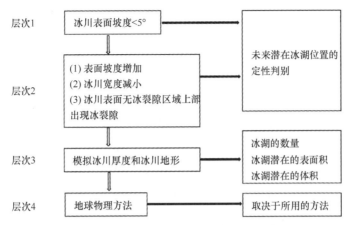

图 9.9　判别未来潜在冰湖形成位置策略的不同等级图示（据 Frey et al.，2010）

在模拟龙巴萨巴冰湖未来情景时，除采用 SRTM 和 ASTER GDEM 两种数字高程模型数据外，还应用了由 1：5 万地形图上等高线生成的 25m 数字高程模型数据，并对利用 3 种数字高程模型提取的结果进行比较。尽管 Landsat TM/ETM+影像可用于冰川表面冰裂隙的判别，但对范围覆盖龙巴萨巴冰川可用的 Landsat TM/ETM+影像调查发现，仅通过目视很难找到冰裂隙的位置，因此，在实际判别时主要是借助 Google Earth 上的高分辨率遥感影像。图 9.10 为判别龙巴萨巴冰川未来潜在冰湖位置技术流程图。其中，冰湖规模的定量计算采用 Linsbaue 等（2009）提出的冰川底部形态模拟方法，其所用数据包括 DEM 数据、冰川边界矢量数据、冰川主流线数据和未来潜在冰湖位置数据，冰湖三维形态模拟技术路线如图 9.11 所示。

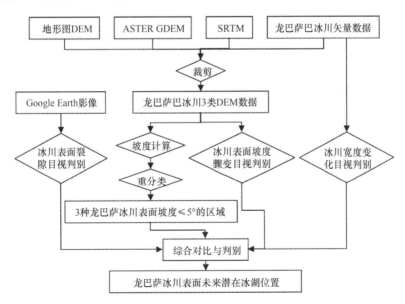

图 9.10　龙巴萨巴冰川未来潜在冰湖位置判别技术路线图

### 3）龙巴萨巴冰川未来潜在冰湖位置与数量

由地形图等高线生成的 DEM、ASTER GDEM 和 SRTM 三种数字高程模型数据提取的龙巴萨巴冰川表面坡度<5°的区域，对上述 3 种 DEM 数据提取的坡度<5°的区域求其并集，并以相邻像元最小面积 $6250\,\mathrm{m}^2$ 作为判别条件，将此作为龙巴萨巴冰川表面上未来可能形成冰湖的位置，其结果如图 9.12 所示。显然，冰川表面坡度<5°的像元可划分

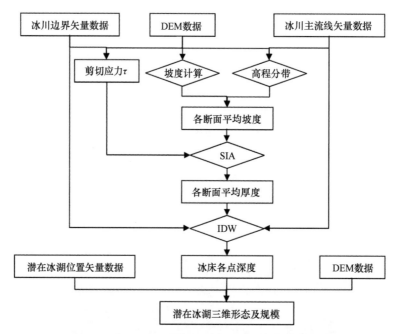

图 9.11　龙巴萨巴冰川未来潜在冰湖三维形态模拟技术路线图

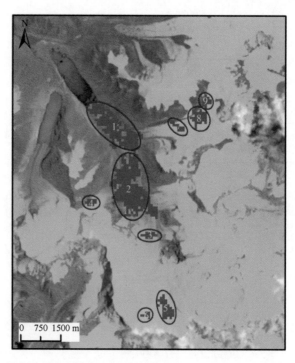

图 9.12　根据冰川表面坡度<5°得到的龙巴萨巴冰川表面未来潜在冰湖区域

蓝色为满足条件的像元，红色椭圆表示冰湖大概位置

为 9 个区域，其中区域 1 北侧与龙巴萨巴冰湖相连，南端与区域 2 连接。根据坡度出现骤变这一条件识别出的 1 处冰川底部过量下蚀洼地与冰川表面坡度<5°判别结果重合，因此，图 9.12 上识别出的冰湖即为龙巴萨巴冰川未来潜在冰湖。如将识别出的区域 1 和区域 2、区域 8 和区域 9 分别合并，则龙巴萨巴冰川表面未来潜在冰湖共有 7 个，总面积约为 4.37km$^2$（表 9.8）。由于龙巴萨巴冰湖与区域 1 相连，因此，在假设龙巴萨巴冰湖不断扩张且不溃决前提下，理论上龙巴萨巴冰湖的最大面积应为 4.87 km$^2$，是其目前面积的 3.63 倍。

表 9.8　龙巴萨巴冰川未来潜在冰湖面积

| 冰湖编号 | 面积/km$^2$ |
| --- | --- |
| 1 和 2 | 3.35 |
| 3 | 0.11 |
| 4 | 0.10 |
| 5 | 0.29 |
| 6 | 0.06 |
| 7 | 0.09 |
| 8 和 9 | 0.37 |

注：冰湖编号与图 9.12 上的编号一致

#### 4）龙巴萨巴冰川未来潜在冰湖规模预测

基于模拟的龙巴萨巴冰川厚度和数字高程模型数据，两者相减即可得到冰床各点高程值，其三维模拟结果可较好地反映龙巴萨巴冰川完全退缩后的地貌形态。根据上述得到的未来潜在冰湖位置以及模拟的冰床数字高程模型数据，可计算出各潜在冰湖的库容，计算结果见表 9.9。

表 9.9　龙巴萨巴冰川未来潜在冰湖规模

| 冰湖编号 | 体积/10$^6$ m$^3$ |
| --- | --- |
| 1 和 2 | 18.98 |
| 3 | 1.15 |
| 4 | 4.85 |
| 5 | 1.20 |
| 6 | 4.20 |
| 7 | 1.08 |
| 8 和 9 | 6.45 |
| 总计 | 37.91 |

注：冰湖编号与图 9.12 上的编号一致

从计算出的各潜在冰湖库容可知，区域 1 和区域 2 冰湖库容最大，其次是区域 8 和区域 9 冰湖，区域 4 和区域 6 处冰湖库容较为接近。尽管区域 5 处冰湖面积较大，但其库容仅为 1.20×10$^6$ m$^3$，由图 9.12 可知，该处冰湖位于龙巴萨巴冰川积累区且接近于冰川源头，冰川厚度较薄且高程变化小，因此，其库容相应较小。考虑到龙巴萨巴冰湖目前海拔为 5500 m，如按此高程值计算，则龙巴萨巴冰湖库容将增加为 15.43×10$^6$ m$^3$。

### 9.3.2 冰川阻塞湖突发洪水

#### 1. 特征与机制

天山昆马力克河源区的麦兹巴赫湖洪水为冰川湖溃决洪水的典型。该湖自从 20 世纪 50 年代以来，几乎每年爆发一次溃决洪水，洪水沿着萨雷贾兹河穿过天山汇入中国境内阿克苏河。对湖水位观测显示，由于洪水期湖水位快速下降与蓄水期湖水位的缓慢上升的交替出现，从长期来看，湖水位的变化呈现锯齿状周期循环。分析阿克苏上游的协和拉水文站记录的 1956～2005 年的 51 次溃决洪水事件显示，麦兹巴赫湖溃决洪水发生的时间存在明显杂乱年际变化，呈现出复杂性。每年洪水平均早 30 天发生，然而这个趋势并没有达到统计意义上的信度水平；大部分自然年发生一次溃决洪水，一些年份没有出现洪水（1960 年、1962 年、1977 年、1979 年），而有些年份发生两次（1956 年、1963 年、1966 年、1978 年、1980 年）；大多数溃决洪水发生在夏末秋初（7～9 月），8月最多，7 月次之，而在 1～4 月没有洪水发生，在 5 月和 12 月洪峰次数不多（图 9.13）。分析发现麦兹巴赫湖溃决洪水的洪峰流量与总蓄水量具有逐年增加的趋势，这种增加趋势与天山地区区域性温暖化有密切的关系（刘时银等，1998）。在一年中，溃决发生的时间呈现弱下降的趋势（线性趋势约为 –0.6 d/a），说明麦兹巴赫湖在自然年中的溃决日期有提前的趋势（图 9.14）。麦兹巴赫冰川湖蓄水、排水及一年内的二次排水取决于当

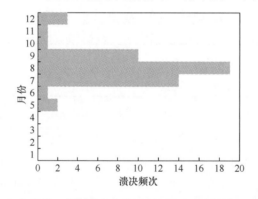

图 9.13　1956～2002 年麦兹巴赫湖洪水事件逐月频次直方图（据 Felix and Liu，2009）

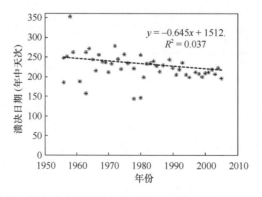

图 9.14　1956～2002 年麦兹巴赫湖洪水暴发的年内日期（纵轴）与年份关系（据 Felix and Liu，2009）

年南、北伊力尔切克冰川表面消融期开始时间的早晚、消融期持续时间的长短以及冰面消融强度，因而与年内气温变化过程密切相关，消融期开始的早，则有可能于夏初发生突发洪水，若夏、秋季节持续高温，则有可能于夏、秋季乃至冬季发生突发洪水，这种发生突发洪水在时间上的不确定性和突发性，往往给洪水预报和防洪减灾带来极大的困难。

　　无论是冰川前进堵塞主河谷蓄水成湖（如喀喇昆仑山亚吉尔冰川阻塞克勒青河谷形成的克亚尔冰川阻塞湖）或者由于支冰川快速退缩与主冰川分离，在支冰川空出的冰蚀谷地中，由主冰川阻塞而形成的冰川阻塞湖（如天山地区的昆马力克河上游的麦兹巴赫湖等），都是以冰川冰体作为坝体拦河蓄水，其溃决的机制与冰川坝的活动密切相关。冰川阻塞湖规律性地以突发性冰下洪水或者冰川阻塞湖溃决洪水形式向外排水，表明冰川阻塞湖系统受某一临界条件所控制（Felix and Liu，2009；Xie et al.，2012），在这个系统中，当湖水蓄积达到一定水深（或者水压）时，冰下水流则很可能冲破冰坝，形成突发洪水。由于洪水期湖水位快速下降与蓄水期湖水位缓慢上升的交替出现，每一溃决周期都经历"蓄水—水位升高—达到临界水位—溃决—再蓄水"过程（图 9.15），蓄水期可能持续几个月、几年或几十年，溃决期可能持续从数小时到数周。从长期来看，湖水位的变化呈现锯齿状周期循环，一般湖水位变化是控制冰川阻塞湖是否溃决的关键因子（Felix and Liu，2009）。

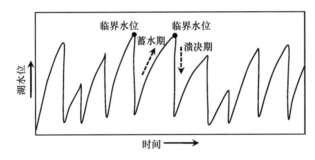

图 9.15　典型冰川阻塞湖湖水位变化的时间系列
每一溃决周期都经历"蓄水—水位升高—达到临界水位—溃决—再蓄水"过程

## 2. 监测与预报

　　麦兹巴赫湖下湖在蓄水期有大量浮冰漂浮（图 9.16），一般浮冰是由于水体连续撞击下湖冰坝和湖体边缘冰川，从而导致冰坝和边缘冰川破裂所致，且浮冰的存在及其运

图 9.16　麦兹巴赫下游湖溃决后的碎冰

动对坝体的撞击有可能加速湖体的溃决，溃决后会在坝体前端残留大量浮冰。因此，浮冰的出现成为冰湖突发洪水发生前的重要特征。依据溃决时湖体的特征，及浮冰面积和湖体总面积的变化与湖体溃决的密切关系，确定了浮冰面积与湖体溃决的关系指数——麦兹巴赫湖洪水溃决指数（Xie et al.，2014）。

$$\text{Index} = (X_{i+1} - X_i) / (Y_{i+1} - Y_i) \tag{9-15}$$

式中，$X_i$，$X_{i+1}$ 分别为当天遥感影像获取的浮冰面积和下一次遥感影像获取的浮冰面积；$Y_i$ 和 $Y_{i+1}$ 分别为当天遥感影像获取的湖体总面积和下一次遥感影像获取的湖体总面积。

由湖体溃决指数公式计算得到 2009 年和 2010 年两年的湖体溃决指数图（图 9.17）。浅蓝色区域指数图表现为上升趋势，表明冰体面积变化的速率比湖面面积快，故处于冰湖的快速冰崩期；此后，蓝色区域和红色区域指数图表现为下降趋势，这两个时期，湖面面积变化速率明显比浮冰面积变化快，故冰湖进入快速蓄水期。但在红色区域，溃决

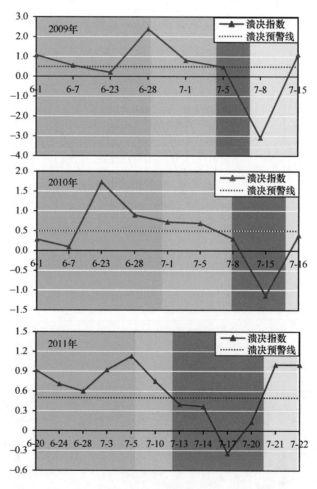

图 9.17　麦兹巴赫冰川湖突发洪水溃决指数

浅蓝色区域为冰湖的快速冰崩期；蓝绿色区域为冰湖的快速蓄水期；粉红色区域为冰湖的溃决预警区；黄色区域为冰湖的溃决后期

指数由正转变为负，这个时候表明，湖面面积在减小，表明湖体的入水量小于出水量，也意味着洪水正在发生，只是不一定达到最大洪峰值，故此期间预警将是最佳选择。在黄色区域，由于部分浮冰随洪水流失且浮冰随湖面减少而更加密集，浮冰面积也存在一定程度的减少，溃决指数再次表现为正，突发洪水进入后期。

通过对两年溃决指数图分析得知，麦兹巴赫湖溃决指数图对于湖体溃决全过程有着很好的指示作用，湖体从蓄水到完全溃决结束按照指数曲线可以划分为四个阶段：快速冰崩期、快速蓄水期、溃决预警期和溃决后期。而对于湖体溃决的预警，最关键的还是溃决预警期的确定。通过 2009 年和 2010 年两年溃决指数图的分析和野外观测研究，最后判定当湖体的面积大于 $3km^2$ 且溃决指数小于 0.5 时，湖体进入溃决预警期，湖体即将在 5～9 天内溃决。并且本实验在溃决后推测具体溃决日期的方法是溃决日期在溃决指数负值最大值到第一个正值之间。由图 9.17 可知，2009 年溃决发生在 7 月 30 日，2010 年溃决发生在 7 月 15 日，这个结论和这两年野外观测得到的溃决日期相符。

利用上述提出的指数公式和溃决预警期的判定对 2011 年麦兹巴赫湖溃决事件进行了预警，并验证本研究所提出的方法对预警麦兹巴赫湖溃决的可行性与有效性。首先从 2011 年 6 月开始利用环境减灾卫星数据对冰湖进行实时监测，并利用实验提出的方法提取冰湖的面积信息并计算溃决指数。然后制作并不断更新 2011 年溃决指数图，进而实现了对 2011 年的湖体溃决进行实时监测与预警。由 2011 年冰湖洪水溃决指数图得，2011 年 7 月 13 日的湖体面积为 $3.3km^2$，溃决指数为 0.4，指示 7 月 13 日麦兹巴赫湖洪水过程已经进入了溃决预警期。按照以前的分析与经验判定，该湖体应在 5～9 天内溃决，即 7 月 18 日到 7 月 22 日之间，所以本研究组向吉尔吉斯斯坦下游的有关部门发出了预警警告，提醒其提前做好防洪准备。经过接下来 13 天的 2011 年麦兹巴赫湖遥感数据下载、监测和更新溃决指数图，得到了 7 月 26 日溃决指数图（图 9.17），从图中分析到 7 月 17 日开始，溃决指数达到负值最大值，而根据前文提到的本实验推测溃决日期的方法，即 2011 年溃决日期在 7 月 17 日～7 月 20 日之间，而实验获得的 7 月 17 日数据，可以看到并没有溃决，所以推断溃决应该发生在 7 月 17 日以后；当地科学家在 7 月 19 日的野外观测也证实麦兹巴赫湖于 7 月 19 日溃决，7 月 21 日溃决一空。此外，由表 9.10 可见，快速蓄水期时间在 9.16 天，预警期的天数为 6.7 天，表明了预警期的稳定性。

表 9.10 快速蓄水期、溃决预警期天数统计

| 年份 | 快速蓄水期（天数） | 预警期（天数） |
| --- | --- | --- |
| 2009 | 11 | 6 |
| 2010 | 16 | 7 |
| 2011 | 8 | 7 |

图 9.18 为由 2012 年冰湖洪水溃决指数图。2012 年在监测期间内遥感影像受云的影响，6 月 24 日～7 月 7 日未能获得遥感影像，13 日以后也未能获得较高质量的影像，这些因素对湖的突发洪水溃决指数的连续性有一定的影响。尽管如此，图中冰崩期清楚，但蓄水期、溃决预警期表现不清楚，直到 7 月 13 日的溃决指数达到负值最大值，7 月 13 日遥感影像显示下湖面积为 $2.27km^2$。说明 13 日溃决已经发生，湖面面积正在缩小。

7月8日的遥感显示，整个湖体充满水，湖水蔓延到冰坝上了。此外，汇水期的时间已经超过20天，种种迹象表明，溃决洪水即将发生。因此，于2012年7月8日通知了相关部门。获取到的13日遥感影像证实了这一成果的有效性。2012年8月，作者再次前往麦兹巴赫湖考察，并与当地观测点交流，表明7月15日，湖水基本排空。应该指出，2012年是在极端数据缺少的情况下进行的综合分析，采用的信息主要包括溃决指数图、经验周期，以及7月8日的遥感解译湖水在冰坝的位置。

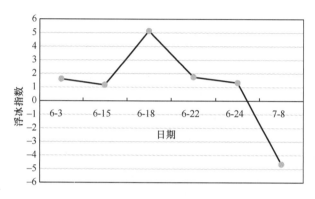

图9.18　2012年冰湖洪水溃决指数图

　　2011年、2012年麦兹巴赫湖溃决事件的成功预警验证了本研究所提出的预警方法的可行性和有效性。本实验提出的面积提取及溃决指数图的制作方法迅速准确，针对麦兹巴赫湖溃决这种突发性事件作出快速反应，将来有望以此技术为基础建立对麦兹巴赫湖的信息进行动态实时监测，对冰湖进行溃决洪水预报，从而及早实施相应预案，确定有效防御该湖突发冰川洪水灾害的对策和措施，为下游的防洪安全和水电安全运行提供科技支持。概括地讲，本方法比单纯依赖冰湖面积的优势在于能及早地预警冰川湖突发洪水。图9.18中显示的预警期比溃决指数为负来得早就是最好的证明。此外，在缺乏数据的情况下，可以根据冰川湖溃决全过程的不同阶段所需要的时间来计算。

## 参 考 文 献

黄静莉, 王常明, 王钢城, 等. 2005. 模糊综合评判在冰湖溃决危险度划分中的应用——以西藏自治区洛扎县为例. 地球与环境, 133(增刊): 109~114

蒋忠信, 催鹏, 蒋良潍. 2004. 冰碛湖漫溢型溃决临界水文条件. 铁道工程学报, 84(4): 21~26

李均力, 盛永伟, 骆剑承, 等. 2011a. 青藏高原内陆湖泊变化的遥感制图. 湖泊科学, 23(3): 311~320

李均力, 盛永伟, 骆剑承. 2011b. 喜马拉雅山地区冰湖信息的遥感自动化提取. 遥感学报, 15(1): 36~43

廖淑芬, 王欣, 谢自楚, 等. 2015. 近40年来中国喜马拉雅山不同流域冰湖演化特征. 自然资源学报, 30(2): 293

刘景时. 1993. 天山南坡昆马力克河冰川阻塞湖暴发洪水及其对河流水情的影响. 水文, 1: 25~29

刘时银, 程国栋, 刘景时. 1998. 天山麦兹巴赫冰川湖突发洪水特征及其与气候变化的关系. 冰川冻土, 20(1): 30~37

吕儒仁, 唐邦兴, 李德基, 等. 1999. 见: 中国科学院—水利部成都山地灾害与环境研究所等. 西藏泥石流与环境. 成都: 成都科技大学出版社舒有锋, 王钢城, 庄树裕, 等. 2010. 基于粗糙集的权重确定方法在我国喜马拉雅山地区典型冰碛湖溃决危险性评价中的应用. 水土保持通报, 3(5): 109～114

王欣, 刘时银, 郭万钦, 等. 2009.我国喜马拉雅山区冰碛湖溃决危险性评价.地理学报, 64(7): 782～790

王欣, 刘时银, 莫宏伟, 等. 2011. 我国喜马拉雅山区冰湖扩张特征及其气候意义.地理学报, 66(7): 895～904

王欣, 刘时银. 2007. 冰碛湖溃决灾害研究进展.冰川冻土, 29(4): 626～635

徐道明, 冯清华. 1988. 冰川泥石流与冰湖溃决灾害研究. 冰川冻土, 10(3): 284～289

姚檀栋, 李治国, 杨威, 等. 2010. 雅鲁藏布江流域冰川分布和物质平衡特征及其对湖泊的影响.科学通报, 55(18): 1750

姚晓军, 刘时银, 魏俊锋. 2010. 喜马拉雅山北坡冰碛湖库容计算及变化——以龙巴萨巴湖为例. 地理学报, 65(11): 1381

张祥松, 周聿超. 1990. 冰湖突发洪水(GLOF)研究综述.见: 张祥松, 周聿超. 喀喇昆仑叶尔羌河冰川湖突发洪水研究. 北京: 科学出版社

朱立平, 谢曼平, 吴艳红. 2010. 西藏纳木错 1971 年湖泊面积变化及其原因的定量分析. 科学通报, 55(18): 1789

Balmforth N J, Hardenberg J von, Provenzale A, et al. 2008. Dam breaking by wave-induced erosional incision. Journal of Geophysical Research, 113

Balmforth N J, Hardenberg J von, Zammett R J, et al. 2009. Dam breaking seiches. Journal of Fluid Mechanics , 628: 1～21

Bolch T, Peters J, Yegorov A, et al. 2011. Identification of potentially dangerous glacial lakes in the northern Tien Shan. Natural Hazards, 59: 1961～1714

Clague J J, Evans S G. 2000. A review of catastrophic drainage of moraine-dammed lakes in British Columbia. Quaternary Science Reviews, 19: 1763～1783

Engman E T. 1986. Roughness coefficients for routing surface runoff. Journal of Irrigation and Drainage Engineering, 112(1): 39～53

Felix N, Liu S Y. 2009. Temporal dynamics of a jökulhlaup system. Journal of Glaciology, 55(192): 651～665

Frey H, Haeberli W, Linsbauer A, et al. 2010. A multi-level strategy for anticipating future glacier lake formation and associated hazard potentials. Natural Hazards and Earth System Sciences, 10(2): 339～352

Gardelle Y, Arnaud Y, Berthier E. 2011. Contrasted evolution of glacial lakes along the Hindu Kush Himalaya mountain range between 1990 and 2009. Global Planetary Change, 75: 47～55

Haeberli W, Linsbauer A. 2013. Global glacier volumes and sea level-Small but systematic effects of ice below the surface of the ocean and of new local lakes on land. The Cryosphere, 7: 817～821

Huggel C, Kääb A, Haeberli W, et al. 2002. Remote sensing based assessment of hazards from glacier lake outbursts: a case study in the Swiss Alps. Canadian Geotechnical Journal, 39: 316～330

Huggel C, Kääb A, Haeberli W, et al. 2003. Regional-scale GIS models for assessment of hazards from glacier lake outbursts: evaluation and application in the Swiss Alps. Natural Hazards and Earth System Sciences, 3: 647～662

Kargel J S, Abrams M J, Bishop M P, et al. 2005. Multispectral imaging contributions to global land ice measurements from space. Remote Sensing of Environment, 99: 187～219

Kim J, Lu W, Lee Z, et al. 2009. Integrated analysis of PALSAR/Radarsat-1 InSAR and ENVISAT altimeter data for mapping of absolute water level changes in Louisiana wetlands. Remote Sens.Environ., 113: 2356～2365

Linsbauer A, Paul F, Hoelzle M, et al. 2009. The Swiss Alps without glaciers-a GIS-based modelling approach for reconstruction of glacier beds. in: Purves R, Gruber S, Straumann R, et al.

Geomorphometry 2009 Conference Proceedings. Zurich: University of Zurich

McKillop R J, Clague J J. 2007. Statistical, remote sensing-based approach for estimating the probability of catastrophic drainage from moraine-dammed lakes in southwestern British Columbia. Global and Planetary Change, 56: 153～171

Song C Q, Huang B, Ke L H, et al. 2014. Remote sensing of alpine lake water environment changes on the Tibetan Plateau and surroundings: A review. ISPRS Journal of Photogrammetry and Remote Sensing, 92: 26～37

Song C Q, Huang B, Ke L H. 2013. Modeling and analysis of lake water storage changes on the Tibetan Plateau using multi-mission satellite data. Remote Sensing of Environment, 135: 25～35

Song C Q, Huang B, Richards K, et al. 2014. Accelerated lake expansion on the Tibetan Plateau in the 2000s: Induced by glacial melting or other processes. Water Resources. Research

Song C Q, Ke L H, Huang B, et al. 2015. Can mountain glacier melting explains the GRACE-observed mass loss in the southeast Tibetan Plateau: From a climate perspective. Global and Planetary Change, 124: 1～9

Song C, Huang B, Ke L, et al. 2014. Inter-annual changes of alpine inland lake water storage on the Tibetan Plateau: detection and analysis by integrating satellite altimetry and optical imagery. Hydrol. Process., Hydrol. Process., 28: 2411～2418

Wang W C, Yao T D, Gao Y. 2011. A First-order Method to Identify Potentially Dangerous Glacial Lakes in a Region of the Southeastern Tibetan Plateau. Mountain Research and Development, 31(2): 122～130

Wang W, Xiang Y, Gao Y, et al. 2014. Rapid expansion of glacial lakes caused by climate and glacier retreat in the Central Himalayas. Hydrol. Process, 29: 859～874

Wang X, Ding Y, Liu S, et al. 2013a. Changes of glacial lakes and implications in Tian Shan, central Asia, based on remote sensing data from 1990 to 2010 Environmental Research Letters, 8: 044052

Wang X, Liu S Y, Ding Y J, et al. 2012. An approach for estimating the breach probabilities of moraine-dammed lakes in the Chinese Himalayas using remote-sensing data. Natural hazards and earth system sciences, 12: 3109～3122

Wang X, Liu S Y, Guo W Q, et al. 2008. Assessment and Simulation of Glacier Lake Outburst floods for Longbasaba and Pida, China. Mountain Research and Development, 28(3/4): 310～317

Wang X, Siegert F, Zhou A G, et al. 2013b. Glacier and glacial lake changes and their relationship in the context of climate change, Central Tibetan Plateau 1972—2010. Glob Planet Change, 111: 246～257

Wessels R L, Kargel J S, Kieffer H H. 2002. ASTER measurements of supraglacial lakes in the Mount Everest region of the Himalaya. Annals of Glaciology, 34: 399～407

Xie Z Y, Shangguan D H, Zhang S Q, et al. 2013. Index for hazard of Glacier Lake Outburst flood of Lake Merzbacher by satellite-based monitoring of lake area and ice cover. Global and Planetary Change, 107(5): 229～237

Zhang G Q, Yao T D, Xie H J, et al. 2015. An inventory of glacial lakes in the Third Pole region and their changes in response to global warming. Global and Planetary Change, 131: 148～157

Zhang G, Xie H, Kang S, et al. 2011. Monitoring lake level changes on the Tibetan Plateau using ICESat altimetry data(2003—2009). Remote Sensing of Environment, 115: 1733～1742

Zhang G, Yao T, Xie H, et al. 2013. Increased mass over the Tibetan Plateau: From lakes or glaciers. Geophys. Res. Lett., 40: 2125～2130

# 第 10 章 结论与展望

## 10.1 结 论

### 10.1.1 冰川遥感与冰川变化监测

本书首先对近年来有关冰雪变化遥感监测与研究方法进展进行了系统梳理。除传统的冰雪分类与变化遥感监测方法之外，三维立体测量、雷达测高、重力测量、干涉测量等技术在冰川学中的应用得到了蓬勃发展，提升了区域冰川学的认识水平，这些技术的应用大大丰富了冰雪可监测参数，除冰川边界等之外，冰雪表面高程及其变化、运动速度、反照率、粉尘和其他吸光性物质分布与通量、区域冰川物质变化、积雪水当量等参数动态变化监测技术和方法快速发展，上述不同参数的数据产品在科研和生产领域都得到了广泛应用。

利用 Landsat TM 的波段比值阈值法对无表碛冰川边界的识别得到了广泛应用，辅以蓝色波段信息，可以提高阴影地区冰雪的识别效果；表碛覆盖区冰川边界提取是遥感冰川监测的难点，相继进行了大量试验，如神经网络方法、监督分类、决策树和纹理分析、表面温度差异、面向对象的地貌学分类、表面运动速度、合成孔径雷达相干系数、合成孔径雷达全极化分解等。这些方法应用于冰川边界识别，目前仍然需要大量的人工检查和修订。在 GIS 技术和数字高程模型支持下，开发自动方法，已可有效进行单条冰川分割和冰川坡度、坡向、高程、主流线、长度等计算。

除传统的冰川物质平衡定位监测外，近期卫星技术发展使得基于高程变化进而计算冰川物质平衡的大地测量方法和基于重力场变化的重力测量法在区域冰川物质平衡监测中得到了广泛应用。基于不同时期数字高程模型（DEM）差值方法需要提高两期 DEM 的匹配精度，消除因两期 DEM 分辨率差异和空间自相关性带来的误差、雷达对冰雪的穿透影响；冰川体积变化换算为水当量时采用的密度也是影响估算结果的因素之一。近年来，卫星激光测高技术在全球冰川物质平衡变化监测方面的快速发展，为新一代激光测高卫星发展奠定了基础。

可见光数据、SAR 影像或后向散射系数、SAR 干涉技术等在监测大范围冰川表面运动速度、雪线高度、反照率、表面温度等方面也得到了广泛应用，这些监测丰富了冰川参数，同时为各类模型分析提供了传统方法无法满足的数据。

利用上述遥感和地理信息系统方法，完成了除念青唐古拉山东段部分地区冰川之外的第二次中国冰川编目（因无高质量遥感影像数据）和基于类似方法的中国第一次冰川数据修订。以修订后第一次冰川编目数据代替念青唐古拉山东段缺第二次冰川编目数据的冰川，则可知在大约 2010 年前后时段，中国有冰川 48571 条，面积为 51766.08 km²，昆仑山山系的冰川数量最多（8922 条），面积最大（11524.13 km²），其数量和面积占全国冰川各自总量的 18.4%和 22.3%；天山山系冰川数量仅次于昆仑山而位居第二，但其总面积少于昆仑山和念青唐古拉山，位居第三。从水系看，东亚内流区（5Y）冰川数量最多，面积亦最大，分别占中国冰川总量的 42.0%和 43.3%；其次是中国境内的恒河—雅鲁藏布江流域（5O），其冰川条数和面积分别占中国冰川总量的 26.0%和 30.4%。利用第一次冰川编目修订数据和第二次冰川编目（除念青唐古拉山东段外），从中挑选出数据质量较好、一致性较高的冰川，比较这些冰川的变化，总计有 36209 条冰川符合要求，这些冰川自 20 世纪 50 年代末以来面积减少 17.7%，冰川面积变化相对速率为 −5.22%/10a。阿尔泰山、冈底斯山和穆斯套岭冰川面积变化幅度最大，面积缩小比例均在 30%以上；喜马拉雅山、天山、横断山、念青唐古拉山和祁连山冰川面积缩小比例介于 20%~30%，帕米尔高原、唐古拉山、阿尔金山和喀喇昆仑山冰川面积减少比例介于 10%~20%，昆仑山和羌塘高原冰川面积减少最少，低于 10%。由冰川面积相对变化百分比可知，冈底斯山冰川退缩速率最快，为−10.43%/10a；其次是穆斯套岭、喜马拉雅山、阿尔泰山、横断山、念青唐古拉山、天山和祁连山，介于−8.83%/10a~−5.68%/10a；位于青藏高原北部和腹地的唐古拉山、帕米尔高原、喀喇昆仑山、阿尔金山、昆仑山和羌塘高原的冰川面积萎缩速率较小，均在−5%/10a 以上，其中，昆仑山和羌塘高原冰川面积萎缩速率不到−3%/10a。

## 10.1.2　冰川物质平衡/径流变化

中国天山乌鲁木齐河源 1 号冰川自 1959 年开始观测，是我国最早开始物质平衡监测的冰川，1966~1978 年观测中断，其缺测物质平衡按统计方法进行了插补。近年来，随着我国西部一些定位/半定位冰川观测站相继建立，监测冰川数目明显增加。总体来看，本地区监测超过 5 年的冰川物质平衡变化趋势与全球平衡物质平衡水平和变化趋势类似，自 2000 年来，冰川物质负平衡加剧。乌鲁木齐河源 1 号冰川东西支因持续退缩于 1993 年完全分离，成为两支独立的冰川。1959~2010 年，1 号冰川累积物质平衡达−13384 mm，相当于冰川厚度平均减薄 13.4 m；1995/1996 年以来该冰川物质呈加速亏损趋势。七一冰川自 1975~1980 年以来处于正平衡物质增加状态，1980~1993 年呈缓慢亏损，而 1993 年以后物质平衡呈加速亏损状态。1975~2010 年，七一冰川累积物质平衡为−6310 mm。小冬克玛底冰川的物质平衡变化过程与七一冰川接近，在监测伊始（1989~1993 年）物质平衡表现为正，之后则呈现加速亏损趋势，1989~2010 年累积冰川物质平衡为−5199 mm。抗物热冰川自开始监测以来物质平衡始终表现为快速的亏损态势，1992~2010 年其累积物质平衡达到−9782 mm。

对比 2005/2006~2009/2010 年中国西部 13 条监测冰川的年物质平衡，发现冰川总体处于负平衡状态，而且负平衡有加速趋势，海洋型冰川物质平衡水平普遍较高，帕龙藏布 12 号冰川负平衡多超过−1000mm/a 水平，其他地区冰川物质平衡水平远小于藏东南、海螺沟等冰川，多在−500 mm 以下，反映出不同类型冰川物质平衡对气候变化的敏感性有较大差异。

应用度日模型模拟了天山地区 5 条典型冰川物质平衡对气温和降水的敏感性，发现天山地区 5 条冰川物质平衡对气温变化的敏感性平均为–0.80 m/（a·K），对降水变化的敏感性平均为+0.35 m/（a·10%）。这 5 条冰川平衡线海拔变化对气温和降水的平均敏感性分别为+142 m/K 和–61 m/（10%），并且各条冰川物质平衡的敏感性存在较大差异：Abramov 冰川的敏感性最高，而 Shumskiy 冰川的敏感性较低。模型估算表明，七一冰川物质平衡对气温变化的敏感性为–0.46 m/（℃·a），而增加 10%的降水对该冰川的物质平衡影响甚微，该结果与基于能量-物质平衡模拟该冰川物质平衡对气温变化的敏感性高于降水的影响结论一致。基于能量-物质平衡模型模拟分析说明位于中纬度西风区的慕士塔格 15 号冰川对气温和降水的敏感性都较低，但对降水的敏感性超过气温；而帕隆藏布 4 号冰川对气温的敏感性最高，超过其对降水的敏感性；扎当冰川对气温的敏感性次之。

### 10.1.3　冰川水资源变化

20 世纪 90 年代初期，综合运用冰川融水径流模数法、流量和气温关系法、对比观测实验法，估算出我国年平均冰川融水径流总量约为 604.65×$10^8$ m³，占全国河川径流量的 2.2%左右，相当于黄河多年平均入海径流量。利用中国最新的第二次冰川编目资料、西部 37 个探空站及再分析数据，初步估算出中国西部地区 2005～2010 年年平均冰川融水径流深为 1206mm，年消融深等值线总体趋势表现出由青藏高原外围向其内陆腹地而递减，冰川年平均融水总量介于 611×$10^8$～681×$10^8$m³，略高于杨针娘的计算结果。

我国西部地区冰川融水径流水资源空间分布不均匀，冰川融水径流对河流的补给比重分布趋势由东南向西北随气候干旱度增强而递增，以新疆最大。冰川融水径流贡献与其冰川覆盖率的函数关系为 $y=12.242\ln x+12.328$。在祁连山区，冰川融水径流比重自东向西随着冰川覆盖率和干旱度的增加呈上升趋势，祁连山东段石羊河流域冰川融水径流比重介于 1.4%～9.9%之间，黑河流域为 3.6%，北大河流域为 12.3%；西段疏勒河和党河流域冰川融水径流比重显著上升，分别为 34.1%和 39.1%；柴达木盆地西侧格尔木河和那棱格勒河流域冰川融水径流比重分别为 23.5%～29.8%。新疆维吾尔自治区的塔里木河盆地和准噶尔盆地主要河流都具有较高的冰川融水径流比重，西昆仑山北坡克里雅河、玉龙喀什河和喀拉喀什河冰川融水径流比重都超过 45%；喀喇昆仑山北坡的叶尔羌河和天山南坡的渭干河冰川融水径流比重则高达 64.2%和 71.5%；天山北坡的玛纳斯河和安集海河冰川融水径流比重虽小于上述塔里木河盆地的几条河流，但其数值也均大于 30%。冰川融水径流对外流水系的补给比重较低，原因在于这些河流降水补给作用较强，初步统计雅鲁藏布江和怒江冰川融水补给比重为 11.6%和 4.8%；中国境内印度河流域冰川融水补给比重高达 48.2%，澜沧江和黄河流域冰川融水比重仅为 1.4%和 0.8%。根据少数流域的研究成果可知，伴随气候变暖，冰川融水补给比重也发生了变化，2000 年之前叶尔羌河流域冰川径流占河川径流的 51.3%，2000 年之后增大到 63.8%；沱沱河流域过去几十年河川径流的补给比例为 32%，20 世纪 90 年代以来，整个流域冰川径流补给比例达到了 47.4%。

与全球趋势一致，预估未来我国西部冰川区也将经历变暖趋势，受此影响，冰川加速退缩不可避免，但冰川径流变化趋势与各流域冰川覆盖率、冰川规模、冰川退缩速率等有较大关系。以天山北坡的乌鲁木齐河源和南坡的台兰河两个流域为例，根据观测的水文气象数据，利用 HBV 模型建立了两个流域冰雪融水、降水-径流关系，研究河流径流对气候变暖和冰川退缩的响应。结果表明，HBV 模型具有较好的适用性。对于冰川规模小、覆盖面积较少的乌鲁木齐河源区，21 世纪中期，冰川全部消失情景，流量将减少 40.4%，冰雪消融产流时间明显延长，春季的流量增加显著，而夏季尤其是 7～8 月的流量锐减，冰川变化对流域水资源及年内分配产生影响；而对台兰河流域，冰川规模和覆盖率都比较大，无论冰川处于哪种退缩情景，21 世纪中期径流表现出增加趋势，未来流量年内分布没有明显变化。

类似的差异性变化趋势也可从其他流域冰川径流变化预估结果得到反映。如 Baltoro 冰川流域和 Langtang 流域将在 21 世纪中期冰川径流达到峰值；海螺沟流域和石羊河流域冰川径流峰值或已出现，未来将呈减少变化；祁连山北大河流域冰川径流峰值可能于 2020s～2030s 出现。总结认为冰川融水径流峰值可能出现时间，小冰川流域融水峰值在 21 世纪前期，中型和大型冰川流域融水最大值将出现在 21 世纪中期或更晚时间，与冰川分布、变化特征以及融水所占河川径流的比例不同关系密切。

## 10.1.4　积雪水资源变化

我国积雪分布范围广阔，有积雪出现的国土面积超过 $900 \times 10^4$ km²，连续积雪面积（大于 60 天）大约为 $340 \times 10^4$ km²，年最大雪水当量可达到 $959 \times 10^8$ m³。西部地区是我国积雪资源最丰富的地区，西北地区冬季积雪鼎盛时期平均雪水当量为 $361.0 \times 10^8$ m³，占该区地表年径流量的 38.2%。积雪最丰富的山区是阿尔泰山，冬季积雪鼎盛时期平均雪深达 50～60 cm；其次为天山、帕米尔和喀喇昆仑山，雪深在 40～50 cm；再次为昆仑山，20～30 cm；最后是祁连山，仅 10～20 cm。此外，额尔齐斯河流域、伊犁河流域和天山北麓山前平原乌苏-木垒一带积雪也相当丰富，雪深达 20～50 cm。近 20 年来，中国西部大部分地区积雪面积呈下降趋势，尤其是青藏高原腹地下降趋势显著，而昆仑山一线至祁连山地区雪深增加趋势显著。我国新疆地区的年积雪量并没有明显的下降，气温升高，积雪融化速度加快，融化期提前，积雪日数下降，从而导致平均雪深下降；青藏高原地区 2003～2010 年期间平均积雪日数呈显著减少趋势，稳定积雪区面积在逐渐扩大，常年积雪区面积在不断缩小；帕米尔高原—天山一线海拔较高处，稳定积雪区约占到该地区总面积的 58.4%，总体上，帕米尔高原积雪日数和平均雪深均出现下降趋势，而降雪量上升，同时该地区近 30 年来积雪日数大面积下降。

积雪变化带来融雪径流水资源的变化，以塔里木河（包含源流区）、额尔齐斯河、黑河以及黄河源区为例，塔里木河流域 4～5 月径流增加；额尔齐斯河流域主要在 4 月；黑河流域 3～4 月融雪径流增加明显且增速稳定；黄河源区径流增加集中在 3 月。塔里木河上游融雪时间不断提前，叶尔羌河上游 2005 年融雪径流时间比 2001 年提前了 12 天，台兰河春季最大径流出现时间 2005 年比 2004 年提前了 5 天，比 2003 年提前了 8

天。额尔齐斯河冰雪融水占河川径流的 30%，库依尔特河富蕴站春季融雪开始时间 1981年在 4 月 19 日，到 2008 年，时间提前了 15 天；克兰河阿勒泰水文站融雪时间 2005 年，和 20 世纪 70 年代相比提前了 18 天。黑河莺落峡以上上游区，1987～1997 年和 1998～2008 年春季径流较 1978～1986 年都有所增加，其中，3 月平均径流分别增加了 1.94m³/s和 4.01m³/s，4 月平均径流分别增加了 3.24m³/s 和 7.12m³/s，5 月平均径流分别增加了 10.65m³/s 和 7.95m³/s。可见受气温变化影响，径流增加是明显的；在融雪开始时间上1998～2008 年较 1978～1986 年提前了两周，比 1987～1997 年提前了一周左右。比较黄河源地区径流变化可知，1956～1987 年和 2008～2012 年春季径流呈增加趋势，但 5 月平均径流有减少变化，出现第一次洪峰是在 3 月 21 日，表明融雪时间提前。

### 10.1.5 冰湖变化与冰湖突发洪水灾害风险

根据最新完成的中国西部冰湖编目数据统计，2013 年中国冰湖数量达到 15290 个，面积为 5782.82 km²，主要分布在喜马拉雅山、喀喇昆仑山、天山、念青唐古拉山、横断山等山地的冰川分布边缘，尤以喜马拉雅山与西藏东南部分布最为密集，其中，念青唐古拉山系的冰湖数量最多，占冰湖总量的 24.1%；喜马拉雅山山系冰湖数量仅次于念青唐古拉山而位居第二，但其面积最大，约占全国冰湖总面积的 27.6%，横断山、唐古拉山和冈底斯山冰湖数量分别占我国冰湖相应总数量和面积的 75.1% 和 51.3%。1990 年以来，天山与阿尔泰山区冰湖面积、数量均呈快速增长，二者增长率分别为 0.69%/a 和1.62%/a，其中，天山从 1990 年到 2013 年面积增加高达 35.5%。阿尔金山冰湖面积增加了 22.9%，但冰湖数量却有所减少，部分单个冰湖面积增加很大。祁连山、昆仑山、横断山、帕米尔高原和羌塘高原冰湖面积增长都较快，变化均高于 10%。青藏高原内陆及南部边缘区冰湖数量、面积呈小幅增加，青藏高原北部区冰湖数量呈整体减少趋势，面积呈整体增加趋势，说明青藏高原北部一些冰湖相较 1990 年面积变大。冰湖数量增加最多的是羌塘高原（54.1%）和横断山（53.6%），意味这一地区有很多新生冰湖的出现，但也有一些山系的数量出现了负增长，如帕米尔高原、阿尔金山和昆仑山等。

通过对已溃决冰湖灾害事件文献及资料整理，结合地形图、遥感影像、中国冰川编目数据、Google Earth、冰湖溃决遗迹记录及野外考察，自 20 世纪 30 年代以来已知西藏地区有 25 个冰湖发生溃决并造成灾害。已有研究表明，在气候由湿冷年代转向湿热或干热年代的过渡年份或气候突变年份的夏秋季节极易发生冰碛湖溃决事件。对我国喜马拉雅山区和中亚天山地区的冰湖危险性评价结果表明，我国喜马拉雅山共有 142 个具有潜在危险性的冰湖，占研究区冰湖总数的 9%，其中，西段 38 个，总面积 13.24km²；中段 58 个，总面积 38.96 km²；东段 47 个，总面积 16.02 km²。这 143 个具有潜在危险性冰碛湖分布在 26 个 4 级流域中，洛扎雄曲—章曲、拿当曲、麻章藏布、绒辖藏布、佩枯错、叶如藏布、雄曲—绒来藏布、库比曲—杰马央宗曲右岸等流域潜在危险性冰湖数量占冰湖总数的 5% 以上。天山 1667 个冰湖中，共有总面积为 17.2km² 的 60 个冰湖存在潜在溃决危险性，这些潜在危险性冰湖以面积快速扩大为主要特征，其中，12 个冰湖为近 20 年新生成，其余 48 个潜在危险性冰湖在 1990～2010 年平均面积增长 46.8%

（2.3%/a），几乎是天山冰湖平均面积增长速度的 3 倍。综合上述潜在冰湖突发洪水评估可知，我国喜马拉雅山地区受冰碛湖溃决洪水（或泥石流）灾害主要影响地区为日喀则市聂拉木县、吉隆县、定结县、定日县、江孜县、亚东县、康马县和山南地区洛扎县、错那县、乃东县；易贡藏布和帕龙藏布流域的林芝地区嘉黎县、波密县、林芝县和昌都地区边坝县属于冰湖溃决洪水灾害影响区。

# 10.2 展 望

## 10.2.1 冰川监测

念青唐古拉山东段帕龙藏布河流域是印度洋季风影响显著的地区，这里山区降水量>2500mm，季风期云量出现频率高、范围大，同时，山区降水多以降雪为主，因而较难获得云、雪影响较小的可见光卫星影像，导致本地区第二次冰川编目未能未完成一些冰川的编目工作，初步统计该地区尚缺第二次编目的冰川共 6201 条，面积为8753.50km²。根据统计，中国境内有 1723 条冰川有表碛分布，表碛覆盖型冰川总面积为 12974km²，表碛所占面积为 1493.69km²，占比 11.5%。利用可见光遥感自动提取表碛覆盖冰川边界存在诸多难点，主要表现在冰川表面冰碛物与周围非冰川下垫面具有类似的光谱特征。此外，无论是第二次冰川编目还是基于遥感的冰川变化研究，多采用开源的 Landsat TM/ETM+/OLI 等数据，尽管通过波段融合，空间分辨率可达 15m，但仍远低于一些商用卫星光学传感器的空间分辨率。我国自主运行的高分专项卫星、测绘卫星等，空间分辨率大幅提高，用于冰川编目和冰川变化监测的潜力巨大，有待开发应用。

受云、雪、表碛以及阴影的影响，无法通过简单的波段比值或常用的分类方法来解决，即使这些方法可以应用，但后期仍需要大量人工修订。国外一些研究表明，除了尝试在轨或即将发射的高分辨率光学卫星之外，合成孔径雷达（SAR）因其不受云量影响，在冰川边界提取方面有较大的应用潜力，表现为 SAR 振幅受下垫面类型和土壤湿度影响，可以用于冰川边界识别；一对 SAR 的干涉系数随冰川表面运动或变化而出现失相干特征，这一特征可用于识别冰川（包括表碛区）边界。不同于其他下垫面，表碛覆盖型冰川仍有运动特征，应用基于光学或雷达技术的冰川表面运动速度提取，可以辅助判断表碛覆盖区冰川的边界。

冰川的动态变化除了表现在冰川规模（如长度、面积等）变化外，冰川表面运动速度、冰面高程、雪线位置、反照率、温度等均随气候变化而变化，这些参数的变化特征也是指示冰川健康状态的关键参数。我国冰川监测在冰川表面运动速度、冰川体积等方面的数据积累严重不足，制约了定量揭示冰川变化的区域差异特征。目前，有较大发展潜力的研究领域包括：

在冰川体积或冰量变化研究方面，基于卫星激光测高技术的冰川体积（冰量或物质平衡）变化随着 ICESAT-2 的即将发射（2017 年或 2018 年）而迎来新的机遇。不同于ICESAT-1 一次过境只能获得单轨测高数据外，ICESat-2 一次过境可以同时获得间隔 3km的三个条带地面激光测高信息，每个地面条带可以同时获得两个测量数据，用于计算同轨或异轨地面坡度。在高亚洲地区 ICESAT 相邻轨道间距约 20km，重访周期 91 天，其脉冲波长为 532 nm，同时，ICESat-2 具备获得几近连续的地面数字高程的能力，针对高亚洲地区冰川性质差异显著的特点，与 ICESAT-2 对应的地面验证从而提高应用潜力的工作可适时开展。

其他具备立体测绘能力的卫星数据应用也亟待开展，目前已有大量存档卫星数据或众多在轨商业卫星可以提供生产高分辨率数字高程数据产品，如 ASTER、中国资源 3 号卫星（ZY3）、印度遥感卫星、日本大地卫星、SPOT5/6/7/Pleiades 卫星等，这些卫星同轨或异轨多视角拍摄的高分辨率影像，其制作的数字高程模型在其他领域得到了广泛应用，在冰川体积变化监测方面的应用潜力巨大。如 Cartosat-1 搭载两个 2.5 m 空间分辨率的可见光全色波段摄像仪，沿轨道方向一个前视角 26°、一个后视角 5°，形成像对有效幅宽为 26 km，基线高度比为 0.62，像对生成 DEM 满足制图精度 1∶25000 要求。资源三号测绘卫星是我国第一颗民用高分辨率光学传输型测绘卫星，卫星于 2012 年 1 月 9 日发射，它搭载了四台光学相机，包括一台地面分辨率为 2.1 m 的正视全色 TDI CCD 相机、两台地面分辨率为 3.6 m 的前视和后视全色 TDI CCD 相机、一台地面分辨率为 5.8 m 的正视多光谱相机，数据主要用于地形图制图、高程建模以及资源调查，可对地球南北纬 84 度以内的地区实现无缝影像覆盖。

德国空间局两颗完全相同的合成孔径雷达卫星 TerraSAR-X 和 TanDEM-X 编队飞行，形成了跨轨和沿轨方向上可调整基线的单通 SAR 高分辨率雷达干扰仪，以 100 m 和 500 m 之间的典型跨轨基线，提取全球高精度、高分辨率高程模型 WorldDEM，该数字高程模型垂直精度可达 2 m（相对）和 4 m（绝对），像元尺寸为 12m×12m，是高海拔偏远地区冰川体积变化监测的宝贵数据。激光测高和数字高程模型产品相结合，可获得可靠的冰川体积/物质平衡变化信息。因体积变化转化为物质平衡变化涉及冰/雪密度取值问题，虽然一些研究推荐了合理的数值范围，但是开展一些地区不同类型冰川粒雪密度分布的地面验证也是值得注意的问题之一。

冰川表面运动速度时间变化是反映冰川变化的重要参数，已有研究表明受气候变暖影响，冰川规模缩小、厚度减薄，冰川运动速度降低，冰川向低海拔输送冰量的能力减弱，区域上不同地区不同冰川规模变化的巨大差异，需要数值模拟方法解决，而数值方法离不开多元（包括运动速度）观测数据的支持；预估的未来气候持续变暖，冰川如何响应，也只能通过利用数字高程模型差值方法（也称大地测量方法）得到的冰川体积变化和冰川运动速度变化，并利用动力学模型予以分析。传统上冰川运动速度依赖于地面观测，人力和财力需求较大，难以大范围开展。目前，大量面向地球观测研究的卫星数据的开放，使得获取大范围连续的冰川表面运动速度成为可能，这些信息对于认识不同类型冰川表面运动速度、冰川跃动、冰川侵蚀、冰面特征形成和演化过程等有重要参考价值。遥感冰川表面运动速度监测可利用一个地区重复光学影像或雷达影像数据，通过特征或噪点追踪，从而计算时段运动距离和速度。利用合成孔径雷达数据的干涉测量，也是获取冰川表面运动速度的有效手段，因冰川表面变化较快，选择有效的时间基线才能确保成功应用。

基于归一化差值水体指数或改进型归一化差值水体指数、波段阈值等方法均可有效用于冰川湖边界提取；综合利用地形信息、水体指数等面向对象的分类方法可以提高冰湖边界提取的自动化水平。冰湖潜在溃决风险评估需要包括冰湖面积及其变化、水量及其变化、坝体稳定性、补给冰川和周围裸露山坡潜在冰雪/岩崩塌、滑坡等的风险评估，上述冰川运动速度监测方法结合地形信息，可以判断冰雪崩/岩崩/滑坡，或坝体变形，继而评估崩塌物规模及其造成的涌浪大小，最终得出存在潜在突发洪水风险的地区。

## 10.2.2　冰川水资源

近年来，国际上对冰川储量估算方法进行了广泛讨论，考虑或不考虑冰川物质平衡和动力问题的体积-面积换算方法在不同研究成果中都有应用，围绕体积-面积换算关系中常数项和乘幂项的确定，仍有广泛探讨的空间，有扩展应用考虑冰川坡度或其他几何参数，以确定常数项。基于三维冰川流动模型，模拟冰川处于平衡状态、非平衡状态、不同几何形态或气候背景状态等分析表明，常数项和乘幂项不同于利用冰川厚度测量结果建立的统计关系，但是，当冰川处于持续退缩状态时，乘幂项趋于接近统计关系所得乘幂项。利用冰川底部剪应力或基于历史冰川遗迹所建立的冰川有效剪应力参数化方案，也有改进的空间，特别是基于局地特征的参数率定。

无论是点尺度/冰川尺度的物质平衡-径流模拟，还是流域尺度径流模拟，均涉及地面观测验证、关键过程参数化、复杂冰川表面产流过程刻画等，能量平衡方法的应用对于冰雪下垫面而言尤为必要。

西部高海拔地区气象水文监测稀少，或监测站点多位于低海拔和出山口地区，没有或很少流域具备满足大尺度水文过程模拟的驱动或验证的完整数据；对冰川而言，有关冰川厚度分布、冰川区降水量（降雪量）等数据极为稀缺，不能满足开展基于冰川动力学的模拟和预估。因此，发展充分应用各类卫星资源，辅以机载遥感和地面观测，完善卫星冰川监测算法，降低基于遥感的数据产品不确定性，为区域尺度（特别是无资料冰川流域）不同时间和空间分辨率水文过程模拟和参数率定，提供输入和验证数据。发展同化技术，建立上述参数面向冰川流域较高时间分辨率的数据产品，并以这些数据产品为参考，冰雪产流模拟和参数化改进必将迎来发展机遇。

随着对冰雪产流过程和冰川变化过程在流域径流模拟重要性认识的不断深入，增强概念或分布式流域水文模型对于冰川积雪产流及其影响的评估能力得到了强化。目前，已在 SWAT 等模型系统中发展出利用冰川储量和面积经验关系的冰川变化模块，模拟气候变化导致冰川变化对径流长期趋势的影响，提升了对于气候变化对冰川流域水资源变化趋势的模拟能力。不同于其他下垫面要素，冰川对气候变化的响应有滞后性，未来需要考虑这种滞后性。此外，冰川区物质平衡过程模拟有待于向基于能量平衡模拟的方向发展，以降低无资料地区模拟结果的不确定性。

## 10.2.3　冰湖及其突发洪水灾害

随着自然和社会环境的变化、科技水平的提高，对冰湖溃决灾害研究提出新的要求。

首先，应加强冰川与冰湖间的水-能耦合研究。研究表明，近 30 年来喜马拉雅山地区冰川消融表现出明显的年代际波动，20 世纪 60 年代末至 70 年代初和 80 年代初为消融高值期，这也恰是我国冰碛湖溃决高发时段。这表明，冰碛湖溃决灾害一般发生在气候变暖和冰碛湖扩张背景下，水、能通过冰川汇聚并改变冰碛湖的水、能状态，最终导致其溃决，即气候变化-冰川响应-冰碛湖溃决具有内在关联性。在气候变暖背景下，冰川变化势必引起上述部分诱因彼此之间发生直接或间接联系，而对这种关系的认识目前尚不清楚。因此，着眼于冰碛湖溃决-冰川消融-气候变化之间的耦合关系，从气候、冰川水文、冰川运动、冰碛湖的动态响应和湖坝物理性状等要素入手，建立气象-冰川-冰碛湖-流域水文观测为一体、野外考察与遥感分析相互补充的监测体系，以水、能在母冰川-冰碛湖、死冰-冰碛坝间传输为主线，探讨冰川-冰碛湖耦合关系及其对冰碛湖溃决机理的影响，为冰碛湖溃决灾害风险评价和减缓提供理论依据和决策支持。

其次，注重对冰碛坝内部结构变化及其稳定性研究。对在近几十年来气候变暖的背景下，冰川作用区广泛发育的冰碛湖，一方面由于冰川快速退缩，冰川融水在湖盆中不断积聚，致使冰湖潜能增大；另一方面，气候变暖引起冰碛湖坝内部结构发生变化，由此导致坝体本身的稳定性发生变化。从坝体的受力状态来看，当冰碛湖水的静水压力大于冰碛坝的阻水应力，坝体就会溃决，而冰碛坝的阻水应力与其内部结构密切相关。如堤坝内有埋藏冰，由于埋藏冰的消融导致冰碛坝下沉和管涌扩大，阻水应力降低，坝体的不稳定性增加；如冰碛坝退化为不稳定的松散冰碛物，抗侵蚀能力下降，易形成漫顶冲刷溃坝。理论上讲，坝体外部水热环境的变化，常常在冰碛坝本身特性上得到体现。所以，分析和模拟其内部结构的变化，是探讨冰碛坝稳定性的关键。

最后，深入开展冰湖区自然-人文环境脆弱性研究。在冰川作用区自然过程变化及其对环境的压迫加大，冰湖变得不稳定，高溃决危险性冰湖增多，致灾源增多、强度加大。当前社会经济的发展和人类活动不断向山区高海地带扩展，其区域承险体的物理暴露量增大。而且，冰湖溃决灾害多发生在边远山区，一般经济欠发达，其灾害响应能力和灾后恢复能力较低，民族文化独具特色、民族关系相对脆弱。由此，在对冰碛湖溃决灾害的评价与减缓中，区域的自然环境与人文环境相互交织，共同作用决定溃决灾害的频次、强度和风险。总之，冰冻圈独特的地理位置和人文环境，其脆弱性表征和内在规律与其他圈层的脆弱性相比既有共性又有个性，冰冻圈变化的影响、适应与对策综合评估为未来冰冻圈科学研究重点之一。